Kurzes Lehrbuch der Elektrotechnik

Von

Günther Oberdorfer

Dipl.-Ing., Dr. techn.

o. Professor der Technischen Hochschule Graz

Mit 231 Textabbildungen

Wien

Springer-Verlag

1952

ISBN-13: 978-3-211-80269-4   e-ISBN-13: 978-3-7091-5062-7
DOI: 10.1007/ 978-3-7091-5062-7

Vorwort

Wissenschaft und Technik, Medizin, Wirtschaft und Gewerbe sind heute ohne Elektrotechnik kaum mehr denkbar. Wenn sie dabei auch oft nur eine dienende Rolle spielt, so ist sie auch in diesen Fällen meist grundlegend und wesentlich. Die Kenntnis der elektrotechnischen Grundlagen und ihrer wichtigsten Anwendungsformen ist daher heute für einen überaus großen Teil der schaffenden, verwaltenden und forschenden Menschheit unumgänglich notwendig. Zur Vermittlung dieser Grundkenntnisse bietet das Schrifttum nur sehr wenig. Es existieren zwar eine ganze Reihe ausgezeichneter Lehrbücher der Elektrotechnik, doch sind diese viel zu umfangreich, um für den genannten Personenkreis in Frage zu kommen. Sie sind meist ausgesprochen für Elektrotechniker geschrieben und verlangen auch ein gerütteltes Maß an mathematischen Kenntnissen. Die daneben noch vorhandenen volkstümlichen Einführungsbücher genügen aber sowohl umfangmäßig als auch in der Exaktheit ihrer Darstellung kaum den zu stellenden Anforderungen. Es erscheint also gerechtfertigt, diese bestehende Lücke durch ein kurzgefaßtes Lehrbuch auszufüllen, das bei voller Exaktheit das ganze Gebiet in großen Zügen behandelt, ohne jedoch zu sehr in Einzelheiten einzugehen und schwierigere mathematische Verfahren heranzuziehen. Die größte Schwierigkeit lag dabei in der Beurteilung der zu wählenden Grenzen, bis zu denen man gehen sollte. Der Verfasser glaubte in diesem Sinne noch die einfachsten Sätze der Differential- und Integralrechnung für die wissenschaftlichen Grundlagen verwenden zu können, hat aber in der Wechselstromtechnik von der komplexen Rechnung Abstand genommen. In den mehr praktischen Kapiteln über die Stromerzeugung, Umformung, Fortleitung der elektrischen Energie, ihrer Verwertung, den Bau elektrischer Anlagen usw. ist auf größere mathematische Auseinandersetzungen überhaupt verzichtet worden. Die Grundzüge der Meßtechnik behandeln die wichtigsten Meßgerätetypen und Meßverfahren. Der Fernmeldetechnik konnte naturgemäß bei der gegebenen Aufgabestellung nur ein kurzes, einführendes Kapitel gewidmet werden, das aber den hier vorliegenden Bedürfnissen genügen dürfte. Besonderer Wert wurde auf die Vermeidung jeder Unklarheit im Maßsystem und in der Einheitenfrage gelegt, die sonst das Lesen einzelner Abschnitte für den nicht sehr Bewanderten oft so schwierig macht. Das ist durch Anwendung des vom Verfasser vorgeschlagenen natürlichen Maßsystems, das die modernen Giorgischen Einheiten benützt, und die konsequente Schreibweise in Größengleichungen erreicht worden. Ein Anschluß an die älteren Darstellungsweisen kann aber jederzeit leicht durch ein kurzes Kapitel über Maßsysteme im Anhang gefunden werden.

Der Verfasser hofft, mit diesem Buche einem vielfach geäußerten Wunsch der nicht engeren Fachwelt nach einer leichtfaßlichen, aber doch ausreichenden Einführung in die Elektrotechnik erfüllt zu haben; er glaubt aber auch, dem engeren Fachmann, vor allem den Studierenden der Elektrotechnik, eine gediegene erste Einführung gegeben zu haben, die ihnen nach damit erhaltenem erstem Überblick über das Gesamtgebiet das ausführliche Detailstudium erleichtern und es mit größerer Freude und Verständnis erfüllen soll.

Dem Springer-Verlag danke ich für die Förderung des Druckvorhabens und Erfüllung meiner Wünsche zur Ausgestaltung des Buches.

Graz, im März 1952.

G. Oberdorfer

Inhaltsverzeichnis

Anhang

§ 1 Einleitung

§ 11 Schreibweise der Gleichungen

Die äußere Natur affiziert unsere Sinne durch Erscheinungen, deren Wesen an und für sich dem Menschen unzugänglich bleibt. Die an die Vernunft weitergeleiteten Sinneseindrücke veranlassen den Verstand, diese zu ordnen und zu verknüpfen, so daß ihr vermeintlicher oder wirklicher Zusammenhang den Menschen befähigt, die Erscheinung zu „verstehen" und vermöge eines Postulates über Ursache und Wirkung vorauszusagen. Die auf diese Weise aufgestellten Gesetze, die als Naturgesetze die Erscheinungen beschreiben oder als Formeln die Berechnung gewünschter Abhängigkeiten oder Festsetzungen möglich machen sollen, bedienen sich als einziger, dem Menschen für diesen Zweck zugänglicher, exakter Sprache der Mathematik. Um diese auf die physikalischen Erscheinungen anwendbar zu machen, ordnet man den Erscheinungen mathematische Buchstabensymbole zu, die man *Größen* nennt und die aus zwei Faktoren bestehen, einer *Maßzahl* und einer *Einheit*. Es ist dann allgemein eine Größe G

$$G = G^* \, (G),$$

das Produkt aus einer Maßzahl G^* und einer Einheit (G). Die Einheit ist ein bestimmtes Exemplar aus einer Vielzahl gleichartiger Größen, dessen Ausdehnung (Abmessung) so günstig liegt, daß es bequem zum Vergleich der Ausdehnung der übrigen gleichartigen Größen dienen kann. Dieser Vergleich, bei dem festgestellt wird, wie oft die Einheit in der mit ihr verglichenen Größe enthalten ist, bildet den Gegenstand des Messens, die Vergleichszahl ist die Maßzahl.

Beziehungen zwischen Größen werden *Größengleichungen* genannt. Sie sind von der Wahl der Einheiten unabhängig. Stellt man lediglich die Beziehungen der Maßzahlen in Gleichungen dar, so erhält man *Maßzahlgleichungen*. Diese ändern ihre Form mit den gewählten Einheiten, sind also von Maßsystem zu Maßsystem verschieden. Der physikalische Charakter des darzustellenden Gesetzes wird dadurch verwischt. In diesem Buche werden daher ausschließlich Größengleichungen verwendet, also Gleichungen, bei denen die Buchstaben bei der Auswertung stets durch ein Produkt aus Zahlenwert und Einheit ersetzt werden müssen.

§ 12 Maßsysteme

In der Elektrotechnik ist die Maßsystemfrage dadurch unübersichtlich geworden, daß sie ursprünglich falsch angepackt wurde und naturgemäß dann zu Unzulänglichkeiten führen mußte. Dies findet seinen Ausdruck vor allem darin, daß im Laufe der Entwicklung eine ganze Reihe von Maßsystemen aufgestellt wurde, die letzten Endes aber alle am gleichen Mangel leiden und sich gegenseitig widersprechen. Erst in letzter Zeit ging man daran, dem Übel abzuhelfen, ohne daß es aber bisher gelang, eine endgültige Lösung zu finden. In diesem Buche wird ein modernes Maßsystem benützt, das der Verfasser als das geeignetste ansieht und — wie er glaubt — keinerlei Schwierigkeiten bietet. Der Anschluß an ältere Systeme wird in einem eigenen Kapitel im Anhang beschrieben.

Zur Aufstellung eines richtigen Maßsystems sind vor allem zwei Formen der die Gesetze darstellenden Gleichungen zu unterscheiden. Die erste Form entsteht, wenn man ein durch einen Versuch der Natur abgelauschtes Gesetz in einer Gleichung darstellen will. Das ist nur möglich in Form einer *Proportion*. So konnte man die Gleichung der Mechanik

$$P = m\,b \tag{1}$$

nur anschreiben, nachdem man versuchsweise festgestellt hat, daß an ein und demselben Körper bei Variation der auf ihn wirkenden Kraft sich die hervorgerufene Beschleunigung im gleichen Maße ändert. Man mußte also Praft P und Beschleunigung b einander proportional setzen und einen Proportionalitätsfaktor m einführen. Ein solcher Proportionalitätsfaktor ist dann immer eine (physikalische) Größe oder eine Naturkonstante. Das ergibt sich schon daraus, daß ja in der Gleichung links und rechts vom Gleichheitszeichen Ausdrücke gleichen physikalischen Charakters stehen müssen, oder, wie man einfacher sagt, diese gleiche Dimension haben müssen. Unter der *Dimension* einer Größe versteht man im allgemeinen ein Exemplar dieser Größe, bei dem man von allen Ausdehnungen abstrahiert hat, also eine Art allgemeine Einheit dieser Größe. Sie wird dann zu einem Kurzzeichen der wesentlichen physikalischen Eigenschaften der Größe. Solche Dimensionen sind beispielsweise die Länge, die Zeit, die Kraft, die Elektrizitätsmenge u. a. m.

In Proportionalitäten hat also der Proportionalitätsfaktor *immer* eine Dimension.

Versuche mit verschiedenen Körpern ergaben, daß die Größe m zwar konstant, im allgemeinen aber von Körper zu Körper verschieden ist, also eine Eigenschaft des Körpers darstellen mußte. Man nannte sie bekanntlich die Masse des Körpers.

Ein zweites, ebenfalls durch Versuch abgeleitetes Gesetz ist das Gravitationsgesetz

$$P = \gamma\,\frac{m_1\,m_2}{r^2}. \tag{2}$$

mit der Proportionalitätskonstanten

$$\gamma = 6{,}68 \cdot 10^{-8}\,\frac{\mathrm{cm}^3}{\mathrm{g\,s^2}} = 66{,}8 \cdot 10^{-12}\,\frac{\mathrm{m}^4}{\mathrm{N\,s^4}}. \tag{3}[1]$$

Hier konnte bereits die Größe Masse übernommen und im Experiment variiert werden, so daß ein weiterer Proportionalitätsfaktor — eben die Gravitationskonstante — gesetzt werden mußte. Wäre man von der Erscheinung der Gravitation ausgegangen, dann hätte man vermutlich die Masse oder Kraft anders definiert und hätte dann aber in der Grundgleichung (1) einen Proportionalitätsfaktor setzen müssen. Offenbar läßt sich durch solche Proportionalitäten immer je eine Größe bestimmen, wenn alle übrigen bekannt sind. Bestehen also in einem abgeschlossenen physikalischen Gebiet n Proportionalitäten (Naturgesetze) mit zusammen m verschiedenen Größen, so müssen demnach $m - n$ Größen bekannt sein, damit alle anderen aus ihnen dargestellt werden können. Diese $m - n$ Größen, deren Wahl im übrigen freisteht, heißen *Grundgrößen* (Grunddimensionen, Grundeinheiten).

---

[1] Das Newton (N) ist die Kraft, die der Kilogrammasse eine Beschleunigung von 1 Meter je Sekunde erteilt. Es ist also $1\,\mathrm{N} = 10^5\,\mathrm{dyn}$.

In der Mechanik stehen zwei Systeme, das *physikalische Maßsystem* mit den Grunddimensionen: Masse, Länge, Zeit und den Grundeinheiten: Gramm, Zentimeter, Sekunde, und das *technische Maßsystem* mit den Grunddimensionen: Kraft, Länge, Zeit, und den Grundeinheiten: Kilopond[1], Zentimeter, Sekunde im Gebrauch.

Für die Elektrotechnik läßt sich nachweisen, daß $6 - 2 = 4$ Grundgrößen gewählt werden müssen. Sie werden im Buch zwanglos im Text eingeführt werden und sind im Anhang in einer Tabelle zusammengestellt. Das gewählte Maßsystem wird als *natürliches Maßsystem* bezeichnet. Es umfaßt in befriedigender Weise auch die mechanischen Größen.

In der mathematischen Beschreibung von physikalischen Vorgängen treten oft Funktionen von Größen auf, die sich immer wieder wiederholen. Man kann sie zur Vereinfachung der Darstellung und Begriffsbildung als neue Größen definieren und nennt dann die zugehörige Gleichung eine *Definition*. Eine solche, häufig wiederkehrende Funktion ist beispielsweise das Verhältnis Weg/Zeit, das man bekanntlich als Geschwindigkeit bezeichnet. Die zugehörige Definitionsgleichung

$$v = \frac{s}{t}$$

enthält jetzt keinen, die Rolle einer Naturkonstanten spielenden, mit Dimension behafteten Proportionalitätsfaktor, da ja die Dimension auf der linken Seite durch die gewollte Definition bestimmt, nämlich gerade durch die rechte Seite definiert ist. Es kann also bei einer Definitionsgleichung niemals ein Dimensionsausgleich erforderlich werden.

Wohl aber können unbenannte Zahlenfaktoren auftreten, die sowohl physikalisch als auch — wie im vorhergehenden Kapitel für Maßzahlgleichungen ausgeführt wurde — durch die Einheitenwahl bedingt sein können. Sind die Einheiten so gewählt worden, daß diese Ausgleichsfaktoren sämtliche 1 werden, dann nennt man das gewählte Einheitensystem ein *kohärentes System*. In einem solchen haben dann Größengleichung und Maßzahlgleichung dieselbe Form. Das natürliche Maßsystem ist ein kohärentes System. Es können also bei der zahlenmäßigen Auswertung der Gleichungen dieses Buches ohne weiteres nur Maßzahlen eingesetzt werden, wenn die Größen im natürlichen Maßsystem gemessen oder angegeben werden.

§ 13 Felder

Unter den Größen, die für die späteren Untersuchungen eine Rolle spielen, kann man zwei Hauptgruppen unterscheiden, die *Mengengrößen*, die in irgendeiner Form materielle Substanz vorstellen, wie Masse, Energie, Elektrizitätsmenge, und die *intensiven Größen*, die vor allem durch die Begriffe Stärke und Richtung gekennzeichnet sind, wie Geschwindigkeit, Kraft usw. Während Mengengrößen also meistens Skalare sind, zeigen die intensiven Größen gewöhnlich vektoriellen Charakter.

Eine Kraft kann nie substantiell verkörpert dargestellt werden und wird lediglich als Ursache einer Bewegungsänderung vorstellbar, in welchem Sinne sie ja auch erstmalig als Muskelkraft in unsere Erfahrung tritt.

Ist nun irgendwo im Raum eine Mengengröße vorhanden, so zeigt die Erfahrung, daß in ihrer Umgebung ein besonderer Zwangszustand des Raumes herrscht, der sich immer durch intensive Größen, hauptsächlich Kräfte, be-

---

[1] Das Kilopond (kp) ist eine neue Bezeichnung für das Kilogrammgewicht, die zur Vermeidung der Verwechslung der Begriffe Kilogrammasse und Kilogrammgewicht eingeführt wurde.

schreiben läßt, die im allgemeinen von Raumpunkt zu Raumpunkt wechseln, also eine Funktion des Ortes darstellen. Man sagt dann, in der Umgebung der Mengengröße habe sich ein *Feld* ausgebildet.

Je nach dem Charakter der ortsveränderlichen Feldgröße unterscheidet man ferner zwischen (skalaren) Potentialfeldern, Temperaturfeldern und (vektoriellen) Kraftfeldern usw. Oft läßt sich ein Feld auch durch mehrere Feldgrößen — skalare und vektorielle — darstellen (z. B. Feldstärke u n d Potential), die dann voneinander abhängig sind.

Die Ausgangspunkte — Quellen — des Feldes sind immer die vorhandenen Mengen. Die Auswirkungen zeigen sich durch Wechselwirkung zwischen Feld und in das Feld gebrachte gleichwertige Mengen.

Das Produkt aus Mengengröße und intensiver Qualitätsgröße ergibt immer eine Energie, wie z. B.:

$$\text{Wassermenge} \times \text{Höhendifferenz} = \text{mechanische Energie,}$$
$$\text{Entropie} \times \text{Temperatur} = \text{Wärmeenergie,}$$
$$\text{Elektrizitätsmenge} \times \text{Spannung} = \text{elektrische Energie.}$$

Eine in ein Feld gebrachte Menge erfährt also eine verschiedene, von der intensiven Feldgröße abhängige Bewertung.

§ 14 Aufbau der Materie

Wird ein Körper mechanisch zerteilt und dieser Vorgang fortgesetzt, so kommt man zu einer Grenze, von der an eine weitere Teilung nicht mehr möglich ist. Die so erhaltenen Kleinstteilchen heißen *Moleküle*. War der Körper chemisch zusammengesetzt, so ist eine weitere chemische Zerlegung in die elementaren Bestandteile möglich, die dann *Atome* genannt werden.

Lange Zeit galten Atome und Moleküle als kleinste Aufbauteilchen der Materie. Die moderne Atomforschung ergab, daß die Atome aber noch weiter zusammengesetzt sind und aus einem materiellen Kern bestehen, der praktisch die ganze Masse des Atoms ausmacht und der von elektrischen Kleinstteilchen, den *Elektronen*, umkreist wird. Die Elektronen sind dabei die kleinstmöglichen in der Natur vorkommenden Elektrizitätsmengen (Ladungen) von der Größe

$$e = -1{,}60 \cdot 10^{-19} \, \text{C}[1]$$

und der sehr kleinen Masse

$$m_e = 9{,}1 \cdot 10^{-28} \, \text{g}.$$

Sie sind die Elementarteilchen der negativen Elektrizität, während der Kern stets positiv erscheint[1]. Negative Elektronen und positive Kernladungen heben sich beim neutralen Atom in ihrer Wirkung nach außen auf.

Kern und Elektronen sind noch wesentlich kleiner als das Atom selbst. Sie bilden zusammen eine Art Planetensystem mit dem Kern als Sonne und den Elektronen als Planeten — und sehr viel Zwischenraum. Die Elektronen kreisen nicht in beliebigen, sondern ganz bestimmten, durch ihren Energieinhalt vorgeschriebenen Bahnen. Die Bahndurchmesser können nur bestimmte Werte annehmen, wobei sich stets mehrere Elektronen in ungefähr gleichem Abstand vom Kern befinden, auf diese Weise eine Art Schale, die *Elektronenschale* bildend. Es kann vorkommen, daß ein Elektron von einer energieärmeren auf eine energiereichere Bahn „gehoben" wird. Es „fällt" dann, ähnlich wie ein schwerer Körper im Schwerefeld, wieder auf die frühere Bahn zurück und gibt die vorher aufgenommene Energie ab, und zwar in Form einer monochromatischen Strahlung.

---

[1] Siehe § 211.

Ein in diesem Zustand befindliches Atom wird angeregtes Atom, der Vorgang selbst als *Anregung* bezeichnet.

Zu einer Anregung kann es kommen durch starke Erhitzung, vor allem aber durch Beschießen mit sehr raschen und damit energiereichen Kleinstteilchen, wie Elektronen und Kernen. Der größte Teil dieser Projektile durchfliegt die Zwischenräume; hin und wieder kommt es aber zu einem Zusammenstoß mit den Elektronen und einer damit verbundenen Energieübertragung.

Bei größerer Energie der stoßenden Teilchen kann die Auswirkung eine wesentlich andere sein; es kann dann das gestoßene Elektron aus dem Atomverband herausgeschleudert werden, so daß bei einem solchen Vorgang ein zweites, freies Elektron auftritt und das Atom jetzt mangels einer kompensierenden Elektronenladung von der durchgreifenden Kernladung positiv geladen erscheint. Diese Erscheinung wird mit *Ionisation* bezeichnet.

Neben der beschriebenen *Stoßionisation* kann Ionisation auch durch starkes Erhitzen zustande kommen. Das Wesentliche bei der Ionisation ist das Entstehen frei beweglicher elektrischer Ladungskörper (Elektronen und Ionen). Da bewegte Elektrizität und elektrischer Strom das gleiche ist, bedeutet das Auftreten einer Ionisation das Leitendwerden des vorher etwa nichtleitenden Körpers. In elektrischen Leitern, vorzüglich in Metallen, stehen eine große Zahl von frei beweglichen Ladungsträgern zur Verfügung. Die Nichtleiter der Elektrizität sind dagegen dadurch gekennzeichnet, daß die Ladungsträger ortsgebunden sind und sich höchstens ein ganz klein wenig verschieben können, bis die dabei auftretenden inneren Gegenkräfte eine weitere Ortsveränderung begrenzen. Ein weiteres Eingehen auf diese vom Atombau beherrschten Verhältnisse muß hier unterbleiben.

Die Zahl der Elektronen in den einzelnen Schalen ist durch Gesetze bestimmt. Sind alle zulässigen Elektronen vorhanden, dann ist die Schale gesättigt. Die Zahl der Elektronen der äußeren Schale bestimmt beim neutralen Atom das charakteristisch chemische Verhalten des Atoms (seine Wertigkeit, seinen Charakter als Alkali, Metall usw.). Edelgase haben gesättigte äußere Schalen. Die übrigen Elemente geben mehr oder minder leicht Elektronen ab oder nehmen solche auf, je nachdem, ob in ihrer äußeren Schale nur wenig Elektronen vorhanden sind oder nur wenig zur Sättigung fehlen. In beiden Fällen entstehen geladene Atome, also Ionen, im zweiten Fall im besonderen negative Ionen.

Eine Ionisation tritt auch im allgemeinen bei der Lösung eines Salzes durch die mechanische Einwirkung des Wassers auf. So wird beispielsweise bei der Auflösung von Kochsalz dieses so zerlegt, daß die Natrium- und Chloratome auseinanderrücken, wobei das Chloratom das Elektron der äußeren Schale des Natriumatoms mit sich nimmt, so daß ein positives Natriumion und ein negatives Chlorion entsteht. Das vor der Lösung des Kochsalzes fast nichtleitende Wasser wird durch die Auflösung des Kochsalzes damit leitend, weil es jetzt frei bewegliche Elektrizitätsträger enthält. Diese Erscheinung wird *Dissoziation* genannt.

§ 2 Wissenschaftliche Grundlagen

§ 21 Elektrostatisches Feld

§ 211 Das elektrostatische Feld im Vakuum

In der Umgebung von elektrischen Ladungen entstehen „elektrische Felder", das sind Felder, deren Auswirkungen man unter dem Begriff „elektrisch" zusammenfaßt. Sind die Ladungen ortsfest und zeitlich konstant, so nennt man das Feld ein *elektrostatisches*.

Das Auftreten von elektrischen Erscheinungen wurde erstmalig bei der sogenannten Reibungselektrizität beobachtet. Es zeigte sich, daß zum Beispiel ein geriebener Glasstab die Fähigkeit erhielt, leichte Körper, wie Papierschnitzel, Hollundermarkkügelchen u. dgl. anzuziehen. Ein gleiches Verhalten zeigt auch Hartgummi, Harz, Paraffin usw. Man nennt den durch Reibung hervorgerufenen Zustand *elektrischen Zustand*, die betroffenen Körper *elektrisch*. Nicht alle Körper sind befähigt, diesen Zustand anzunehmen oder beizubehalten, oder es bedarf hiezu zumindest besonderer Vorsichtsmaßregeln. Die Metalle bleiben z. B. nur elektrisch, wenn sie von der Erde oder vom menschlichen Körper durch Körper der ersten Art getrennt sind. Ansonsten verlieren sie ihren elektrischen Zustand augenblicklich.

Offenbar ist dieser Zustand durch das Vorhandensein eines gewissen fluidalen Etwas bedingt, das im ersten Falle am Körper haften bleibt, im zweiten Falle „abfließt". Dieses Fluidum wird Elektrizität oder elektrische Ladung genannt. Die Körper der ersten Art, die die Elektrizität gebunden halten, heißen dann *Isolatoren* oder Nichtleiter, die der zweiten Art *Leiter* der Elektrizität. Wie es zur Leitung der Elektrizität — namentlich in den Metallen — kommt, wurde bereits im vorigen Paragraphen angedeutet. Glas und Ebonit sind also Nichtleiter, der menschliche Körper, die Metalle, die Erde Leiter der Elektrizität. Ein absoluter Nichtleiter ist nur das vollkommene Vakuum, weil dort keinerlei Elektrizitätsträger vorhanden sein können. Im übrigen ist jedes Medium in gewissem Grade leitend, und man spricht daher auch von schlechten und guten Leitern.

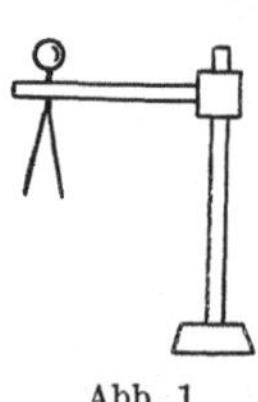
Abb. 1
Elektroskop

Der geriebene Glas- und Ebonitstab zeigt nun nicht genau das gleiche Verhalten, sondern eine entgegengesetzte Wirkung, indem Teilchen, die von einem angezogen, vom andern abgestoßen werden. Da sich auch zwei geriebene Glasstäbe oder Ebonitstäbe gegenseitig abstoßen, Glas und Ebonit aber anziehen, sah man sich veranlaßt, den elektrischen Erscheinungen einen dualen Charakter zuzuschreiben und zwischen „positiver" und „negativer" Elektrizität zu unterscheiden. Gleichnamige Elektrizitätsmengen stoßen sich dann erfahrungsgemäß ab, ungleichnamige ziehen einander an.

Diese Erscheinung kann vorteilhaft zu einem Vergleich von Elektrizitätsmengen (Messung oder Anzeige) dienen. Im *Elektroskop* (Abb. 1) werden dazu zwei isoliert aufgehängte Metallfolien verwendet, die sich nach Aufladung gegenseitig abstoßen und je nach der Größe der Ladung mehr oder weniger

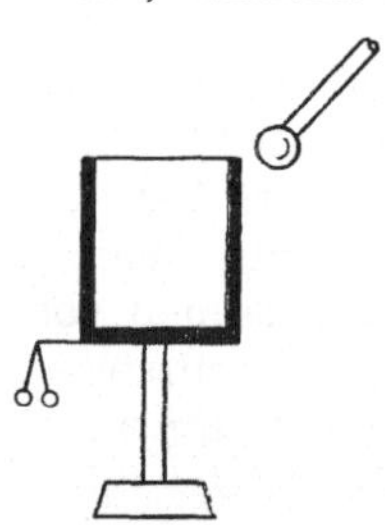
Abb. 2 Faradayscher Becher

weit ausschlagen. Man kann jetzt elektrische Körper auf ihren Ladezustand überprüfen, indem man sie mit einem Elektroskop zur Berührung bringt und den Ausschlag desselben beobachtet.

Ein grundlegender Versuch bedient sich des *Faradayschen Bechers*. Dieser ist nach Abb. 2 ein isoliert aufgestelltes, oben offenes Gefäß, dessen Ladezustand etwa durch ein angebrachtes Elektroskop sichtbar gemacht wird. Zur Verfügung steht ferner eine an einem isolierenden Griff angebrachte Metallkugel. Die folgenden Versuche können nun leicht gezeigt werden:

1. Die ungeladene Kugel wird mit einem geladenen Körper in Berührung gebracht. Sie erweist sich nachher als elektrisch (Prüfung am Elektroskop).

2. Man berührt die geladene Kugel von außen mit dem ungeladenen Becher. Der Becher erscheint jetzt geladen; die Kugel hat nahezu ihre ganze Ladung eingebüßt.

3. Wird die ungeladene Kugel außen mit dem geladenen Becher in Berührung gebracht, so erweist sie sich nachher als elektrisch.

4. Erfolgt die Berührung nach 2. innen, so verliert die Kugel ihre Ladung vollständig. (Die Elektrizität sitzt also offenbar nur außen an der Becheroberfläche.)

5. Bringt man die ungeladene Kugel innen mit dem geladenen Becher in Berührung und untersucht sie nachher, so erweist sie sich als ungeladen.

Das wesentliche Ergebnis dieser Versuche ist die Erkenntnis, daß die Elektrizität übertragbar ist, daß es einen Sinn hat, von elektrischen Mengen zu sprechen und daß zwischen elektrischen Ladungen Kräfte auftreten. Die Übertragung erfolgt so, daß bei der Berührung zweier leitender Körper, bei der diese eine gemeinsame Oberfläche bilden, die Elektrizitätsteilchen (Elektronen) infolge ihrer gleichnamigen Ladungen gegenseitig abgestoßen werden und sich daher so weit als möglich voneinander entfernen. Sie sammeln sich also an der Oberfläche des leitenden Körpers an und verteilen sich so lange, bis sich die auf jedes Teilchen ausgeübten Kräfte aufheben. So erklärt sich, daß im zweiten Versuch die ladende Kugel noch etwas elektrisch blieb, weil sie einen Teil der gemeinsamen Oberfläche bildete, während sie im vierten Versuch alle Elektrizitätsmenge an die Becheroberfläche, von der sie jetzt keinen Teil bildete, abgeben mußte. Aus dem gleichen Grunde konnte auch im fünften Versuch keine Ladung aus dem Inneren des Bechers entnommen werden, während dies im dritten Versuch von außen möglich war.

Bei Isolatoren wird bei Berührung mit einem geladenen Körper nur an der Berührungsstelle Elektrizität übertragen, die dann an dieser Stelle haften bleibt. Es können dann an nahe benachbarten Stellen sehr unterschiedliche Elektrizitätsmengen, ja auch solche verschiedenen Vorzeichens sitzen, ohne daß es zu einem Ausgleich kommt. Sind bei einem Leiter Elektrizitätsmengen ungleichen Vorzeichens — vorübergehend — gleichzeitig vorhanden, dann heben sie sich auf und der Körper erscheint unelektrisch, wenn die Teilladungen gleich groß waren. Ist das nicht der Fall, dann erscheint der Leiter mit der Differenzladung geladen. Man kann also jeden ungeladenen Leiter so auffassen, als ob er gleich viel positive und negative Elektrizitätsmenge enthielte und die Ladung entweder durch Zufuhr von Elektrizitätsmenge eines Vorzeichens oder auch dadurch entstünde, daß durch Einwirkung elektrischer Kräfte die ungleichnamigen Ladungen voneinander getrennt (verschoben) werden.

Manchmal kann es anschaulicher sein, nur eine Ladungspolarität anzunehmen und die zweite als Mangel an der ersten anzusehen. Das kommt im wesentlichen auf dasselbe hinaus, da gewissermaßen nur der Nullpunkt der Betrachtungsweise verschoben wurde. Was physikalisch das Richtige ist, wird sich im Laufe der weiteren Beschreibung von selbst ergeben.

Wirken elektrische Kräfte auf die Ladungen eines beweglichen Körpers und haben sich auf diesen schon die elektrischen Mengen stabil eingestellt, so werden die Kräfte als ponderomotorische Kräfte auf den Körper übertragen und trachten, diese Körper in Bewegung zu setzen. Auf diese Weise wird es möglich, die auftretenden Kräfte zu messen und ihre Gesetzmäßigkeiten zu ermitteln. Systematische Untersuchungen, bei denen zwei Elektrizitätsmengen Q_1 und Q_2 und ihr gegenseitiger Abstand r variiert werden, ergeben, daß die auftretende Kraft den Ladungen direkt und dem Quadrat ihrer Entfernung verkehrt proportional ist. Sie wirkt ferner in der Verbindungslinie der beiden (punktförmigen) Ladungen als Anziehung oder Abstoßung, je nachdem, ob die Ladungen ungleichnamig oder gleichnamig sind. Für das so gewonnene Naturgesetz gilt also die Proportion

$$P = K_e \frac{Q_1 Q_2}{r^2}. \tag{1}$$

mit dem Proportionalitätsfaktor K_e, der eine Naturkonstante darstellt. In dieser Gleichung sind außer den aus der Mechanik bekannten Größen Kraft und Länge noch *zwei* Größen unbekannt, die Ladung Q und der Proportionalitätsfaktor K_e. Man hat die Gleichung dazu benutzt, um für die Ladung eine Einheit zu definieren. Es soll das jene Ladung sein, die auf eine gleich große, im Abstand 1 cm mit einer Kraft von 1 dyn einwirkt. Diese Ladung heißt 1 *Priestley* (Pr). Die Konstante K_e hat dann die Größe

$$K_e = 1 \frac{\mathrm{dyn\, cm^2}}{\mathrm{Pr^2}}. \tag{2}$$

Das ist eine sehr kleine Einheit; in der Praxis verwendet man daher meist eine größere Einheit, das *Coulomb* (C).

$$1\,\mathrm{C} = 3 \cdot 10^9\,\mathrm{Pr}. \tag{3}$$

Es ist dann auch

$$K_e = 9 \cdot 10^9 \frac{\mathrm{N\, m^2}}{\mathrm{C^2}}. \tag{4}$$

Das durch (1) ausgedrückte Gesetz heißt *Priestleysches Gesetz*[1].

Die Kraftwirkung zwischen zwei Ladungen Q_1 und Q_2 kann auch so aufgefaßt werden, daß die Ladung Q_1 vorerst allein vorhanden ist und in ihrer Umgebung ein Feld erzeugt. Wird in dieses eine zweite Ladung Q_2 gebracht, so ist die auf sie ausgeübte Kraft jetzt das Ergebnis der Einwirkung des Feldes an dieser Stelle auf die Ladung. Man sagt dann, das Feld habe an der betrachteten Stelle eine bestimmte Stärke und definiert als *elektrische Feldstärke* $\mathfrak{E}$ die auf eine an die Stelle gebrachte Einheitsladung ausgeübte Kraft. Nach (1) ist diese Feldstärke in der Entfernung r von einer punktförmigen Ladung Q ($Q_1 = Q$, $\mathfrak{E} = \frac{P}{Q_2}$)

$$\mathfrak{E} = K_e \frac{Q}{r^2}. \tag{5}$$

Hat anderseits ein Feld die Stärke $\mathfrak{E}$, so ist die Kraft, die auf eine Ladung Q ausgeübt wird, wenn diese in das Feld gebracht wird,

$$\boxed{\mathfrak{P} = Q\,\mathfrak{E}.} \tag{6}$$

Wird im elektrischen Feld eine Ladung in der Richtung der Feldstärke bewegt, so wird je Längenelement ds die Arbeit $P\,ds = Q\,\mathfrak{E}\,ds$ geleistet oder verbraucht. Erfolgt die Verschiebung senkrecht zur Feldstärke, dann ist diese Arbeit Null. Auf allen Flächen senkrecht zur Feldstärke kann also elektrische Ladung ohne Arbeitsaufwand verschoben werden. Diese Flächen heißen *Niveauflächen*.

Geht man von einem Punkt des elektrostatischen Feldes in Richtung der Feldstärke um ein unendlich kleines Stück weiter, so hat sich im allgemeinen auch die Feldstärke der Größe und Richtung nach geändert. Folgt man der neuen Richtung wieder bis zu dem unendlich benachbarten Punkt und setzt dies dauernd fort, so erhält man eine *Feldlinie* — genauer $\mathfrak{E}$-Linie —, deren Tangente in jedem Punkt die Richtung der dort vorhandenen Feldstärke angibt. Da jeder Punkt des Feldes zum Ausgangspunkt dieser Betrachtung gewählt werden kann, gibt es unendlich viele $\mathfrak{E}$-Linien. Sie füllen den Feldraum kontinuierlich aus und geben ihm eine bestimmte Struktur, ähnlich wie die Meridiane auf der Erdkugel, ohne selbst etwa irgendeine materielle Wirklichkeit zu sein. Nach dem Gesagten müssen die $\mathfrak{E}$-Linien an den Ladungen entspringen und die orthogonalen Trajektorien zu den Niveauflächen bilden.

---

[1] Häufig auch als Coulombsches Gesetz für Elektrizität bezeichnet.

Befindet sich nach Abb. 3 eine Ladung Q auf der Niveaufläche φ_1 und folgt sie der Kraft längs einer $\mathfrak{E}$-Linie bis zu einer nächsten Niveaufläche φ_2 im Abstand Δn, so wird die Arbeit

$$\Delta A = Q\,\mathfrak{E}\,\Delta n$$

geleistet. Die auf der Niveaufläche φ_1 befindliche Ladung hat also gegenüber φ_2 ein gewisses Arbeitsvermögen oder eine potentielle Energie, ähnlich einem Stein höherer Lage gegenüber einer tieferen Fläche. Zur Kennzeichnung dieser potentiellen Energie als spezifische Feldgröße bezieht man wieder auf die Einheitsladung und nennt die so definierte Bezugsgröße

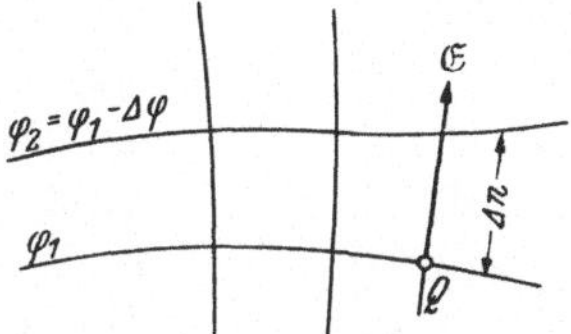

Abb. 3 Ladung im elektrischen Feld

das *Potential* des Feldes. Eigentlich kann hier lediglich eine Potentialdifferenz definiert werden, da die Arbeitsfähigkeit nur gegenüber einem Bezugsniveau angegeben werden kann, wie ja auch beim freien Fall die potentielle Energie auf ein Ausgangsniveau (z. B. den Meeresspiegel) bezogen werden muß.

Im besonderen wird die Potentialdifferenz zwischen den beiden Niveauflächen φ_1 und φ_2

$$\varphi_1 - \varphi_2 = \Delta\varphi = \frac{\Delta A}{Q} = \mathfrak{E}\,\Delta n.$$

Dabei ist

$$\varphi_2 = \varphi_1 - \Delta\varphi,$$

da die Feldstärke stets vom höheren zum niedrigeren Potential weist. Werden die Differenzen unendlich klein, so ist mit

$$\boxed{\mathfrak{E} = \frac{\mathrm{d}\varphi}{\mathrm{d}n}} \qquad (7)$$

die Feldstärke die auf die Längeneinheit bezogene Potentialdifferenz, während umgekehrt die Potentialdifferenz zwischen irgend zwei Punkten des Feldes

$$\boxed{\varphi_1 - \varphi_2 = \int_1^2 \mathfrak{E}\,\mathrm{d}n = U_{12}} \qquad (8)$$

dem Linienintegral der Feldstärke gleich ist. Diese Potentialdifferenz wird auch *elektrische Spannung* zwischen den Punkten 1 und 2 genannt und mit U bezeichnet. Die elektrische Spannung kann also auch als die beim Ladungstransport auftretende, auf die Ladungseinheit bezogene Arbeit aufgefaßt werden.

Tritt bei der Verschiebung von 1 Coulomb eine Arbeit von 1 Joule auf, so bezeichnet man die dazu notwendige Potentialdifferenz mit 1 *Volt* (V). Die so erhaltene Spannungseinheit genügt demnach der Einheitengleichung

$$1\,\mathrm{V} = 1\,\frac{\mathrm{J}}{\mathrm{C}} = 1\,\frac{\mathrm{N\,m}}{\mathrm{C}}. \qquad (9)$$

Nach (7) erhält man dann als Einheit der elektrischen Feldstärke 1 V/m, wofür kein besonderer Name gebräuchlich ist.

Da die Niveauflächen konstantes Potential haben, werden sie auch *Äquipotentialflächen* genannt.

Feldlinien und Äquipotentialflächen können auch zur numerischen Darstellung der Felder verwendet werden, indem man den Abstand der Feldlinien und der Äquipotentiallinien verkehrt proportional zum Betrag der Feldstärke macht. Man braucht dann nur die Anzahl der gezeichneten Linien je Zentimeter Länge abzuzählen, um die Stärke des Feldes zu erhalten.

Der Faradaysche Becher läßt noch einen weiteren, lehrreichen Versuch zu. Nähert man dem ungeladenen Becher die geladene Kugel und taucht sie im besonderen in den Becher ein, ohne diesen aber zu berühren, so zeigt sich der Becher geladen. Die Ladung verschwindet aber sofort, wenn die Kugel wieder entfernt wird. Durch Vergleich des Ausschlages am Elektroskop findet man, daß die Ladung gleich groß ist wie bei einer Berührung des Bechers. Eine Erklärung ergibt sich nach Abb. 4 aus der Anwendung des Kraftgesetzes. Durch die Anwesenheit der positiven Kugelladung findet eine Trennung der Ladungen im Becher derart statt, daß negative Ladung angezogen, positive abgestoßen wird. Die negative Ladung wird an der Becherinnenseite gebunden, die positive Ladung wird nach außen an die Oberfläche — zu der auch das Elektroskop gehört — abgedrängt. Die Teilladungen sind gleich groß. Nach Entfernen der Kugel heben sich die Ladungen im Becher wieder auf.

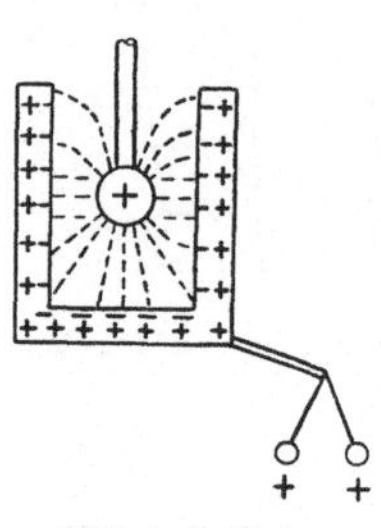
Abb. 4 Influenz

Die Erscheinung der Entstehung einer Ladung ohne direkte Übertragung wird *Influenz* genannt. Wird ein leitendes Flächenelement df in ein elektrostatisches Feld gebracht, dann wird auf ihm elektrische Ladung dQ_i durch

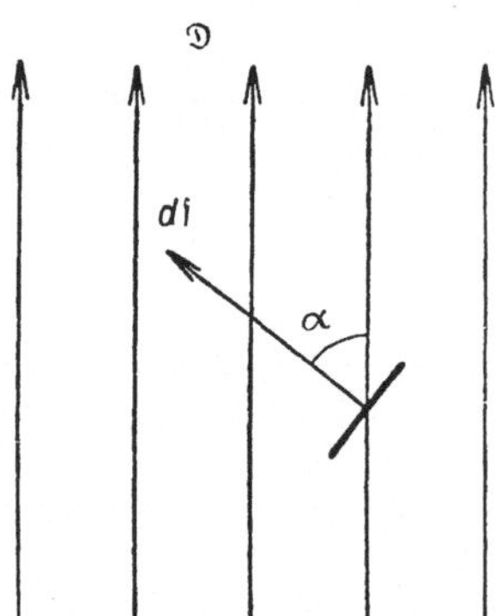
Abb. 5 Verschiebung

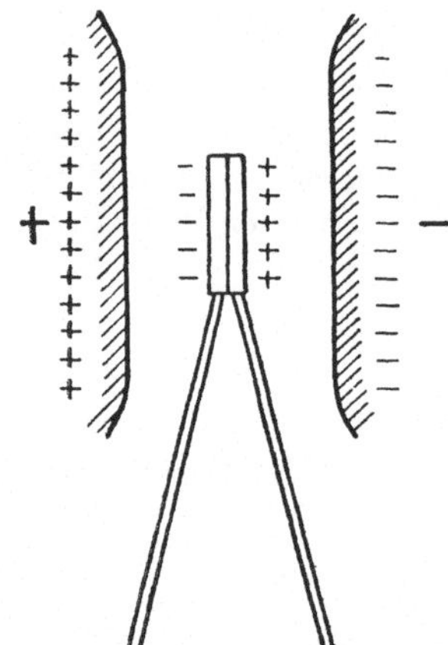
Abb. 6 Maxwellsche Doppelplatten

Influenz erzeugt. Dabei hängt die Größe dieser Ladung von der Winkellage des Flächenelementes zur Feldrichtung ab (Abb. 5). Das Maximum tritt in der Normalenlage ($\alpha = 0°$) ein; für $\alpha = 90°$ ist die Wirkung Null. In den Zwischenlagen wächst die influierte Ladung mit dem Cosinus des Winkels α. Der Nachweis läßt sich leicht mit den Maxwellschen Doppelplatten bringen. Es sind dies zwei an isolierten Stielen befestigte Metallplättchen, die, wie in der Abb. 6 gezeichnet, in ein elektrisches Feld gebracht werden können. Werden die Platten noch im Feld voneinander getrennt und dann herausgezogen, so zeigt sich die eine positiv, die andere negativ geladen. Werden die Platten zusammen gelassen, dann sind sie außerhalb des Feldes wieder ungeladen, da sich die gleich großen Teilladungen aufheben. Bei schräger Lage ist die Influenzladung gemäß dem Cosinus des Neigungswinkels kleiner.

Durch systematische Versuche findet man, daß die Influenzwirkung der Größe der Fläche und der Stärke des Feldes proportional ist. Es wird also

$$dQ_i = \varepsilon_0 \, \mathfrak{E} \, df \cos \alpha$$

mit dem Proportionalitätsfaktor ε_0. Das Produkt

$$\boxed{\mathfrak{D} = \varepsilon_0 \mathfrak{E}} \tag{10}$$

wird meist zusammengefaßt als neue Feldgröße $\mathfrak{D}$ betrachtet, der man jetzt die Influenzwirkung zuschreibt und die wegen der ladungsverschiebenden Folgen *elektrische Verschiebung* genannt wird. Sie fällt mit der Richtung der Feldstärke zusammen. In der Hauptlage ist dann mit $\cos \alpha = 1$

$$\boxed{\mathfrak{D} = \frac{dQ}{df}}, \tag{11}$$

also die Verschiebung zahlenmäßig gleich der Dichte der durch Influenz erzeugten Ladung. Die Ladung auf einer endlichen Fläche ist dann

$$Q_i = \int \mathfrak{D}\,df.$$

Betrachtet man in einem elektrischen Feld eine geschlossene Fläche, dann kann auf ihr eine Influenzladung nur auftreten, wenn die Fläche eine elektrische Ladung einschließt, wie das ja auch im Influenzversuch mit dem Faradayschen Becher beschrieben wurde. Wie dort ebenfalls schon angegeben wurde, ist die influierte Ladung der eingeschlossenen Ladung gleich, also das „Hüllenintegral"

$$\oint \mathfrak{D}\,df \cos \alpha = Q. \tag{12}$$

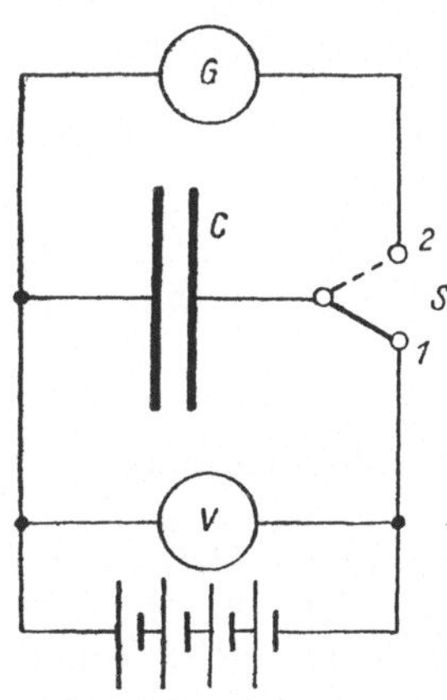

Abb. 7   Zur Messung der Influenzkonstante

Die Naturkonstante ε_0, die den Namen *Influenzkonstante* erhielt, läßt sich etwa aus dem in der Abb. 7 angedeuteten Versuch messen. Steht der Schalter S in der Stellung 1, dann werden die Platten C an Spannung gelegt und es entsteht zwischen ihnen ein elektrisches Feld. Ist die Spannung U und der Plattenabstand d, dann wird die Feldstärke

$$\mathfrak{E} = \frac{U}{d}.$$

Wird jetzt der Schalter in die Stellung 2 umgelegt, dann können sich die entgegengesetzten Ladungen der Platten über das Meßgerät G ausgleichen, das die Größe der Ladung mißt. Ist diese Q und die Fläche der Platten F, so errechnet sich daraus die Verschiebung zu

$$\mathfrak{D} = \frac{Q}{F},$$

so daß also

$$\varepsilon_0 = \frac{\mathfrak{D}}{\mathfrak{E}} = \frac{Q\,d}{U\,F} \tag{13}$$

aus der Messung bestimmt werden kann. Es ist

$$\boxed{\varepsilon_0 = 8{,}859 \cdot 10^{-12}\,\frac{\mathrm{C}}{\mathrm{V\,m}}}. \tag{14}$$

Man kann jetzt für die Konstante K_e im Priestleyschen Gesetz eine Beziehung zu ε_0 finden. Eine punktförmige Ladung Q_1 erzeugt im Abstand r ein elektrisches Feld, für das sich die Verschiebung $\mathfrak{D}$ leicht berechnen läßt. Für eine konzentrische Kugel mit dem Halbmesser r um Q_1 wird nach (12)

$$\oint \mathfrak{D}\,df \cos \alpha = \mathfrak{D} \cdot 4\,\pi\,r^2 = Q_1,$$

$$\mathfrak{D} = \frac{1}{4\,\pi}\,\frac{Q_1}{r^2}$$

und daher die Feldstärke

$$\mathfrak{E} = \frac{1}{4\,\pi\,\varepsilon_0}\,\frac{Q_1}{r^2}.$$

Es ist also nach (5)

$$K_e = \frac{1}{4\,\pi\,\varepsilon_0}. \tag{15}$$

K_e ist also keine selbständige, sondern eine von der fundamentalen Naturkonstanten ε_0 abgeleitete Konstante. Das Priestleysche Gesetz bekommt somit die endgültige Form

$$P = \frac{1}{4\,\pi\,\varepsilon_0}\,\frac{Q_1\,Q_2}{r^2}. \tag{16}$$

Es sei nun nochmals an den in Abb. 7 beschriebenen Versuch angeknüpft. Die Gl. (13) zeigt, daß zwischen der den Platten aufgedrückten Spannung U und der von ihnen aufgenommenen Ladung Q der Zusammenhang

$$Q = \varepsilon_0\,\frac{F}{d}\,U = C\,U \tag{17}$$

besteht. Ladung und Spannung sind also einander proportional. Der Proportionalitätsfaktor C wird als *Kapazität* der Anordnung bezeichnet. Die Kapazität ist also ein Maß dafür, wieviel Ladung sich bei gegebener Spannung aufspeichern läßt. Sie ist offenbar eine Funktion der geometrischen Abmessungen der Anordnung. Jede Anordnung, die zur Bildung elektrischer Felder führt, insbesondere die Gegenüberstellung leitender Flächen, hat Kapazität.

Ist die Anordnung bewußt so ausgelegt, daß ihre Kapazität möglichst groß ist oder einen bestimmten geforderten Wert hat, so nennt man sie einen *Kondensator*.

Die Einheit der Kapazität hat ein Kondensator, der, an eine Spannung von 1 Volt gelegt, die Ladung 1 Coulomb aufnimmt. Diese Einheit heißt *Farad* (F). Es ist also

$$1\,\mathrm{F} = 1\cdot\frac{\mathrm{C}}{\mathrm{V}}. \tag{18}$$

§ 212 Das elektrostatische Feld im Dielektrikum

Es soll nochmals von dem in der Abb. 211/7 beschriebenen Versuch ausgegangen und untersucht werden, wie sich die Verhältnisse ändern, wenn die Zwischenschicht im Kondensator durch ein Medium, das dann als Träger des elektrischen Feldes *Dielektrikum* genannt wird, ausgefüllt wird. Das Ergebnis ist eine Erhöhung der Kapazität um einen Faktor ε, der eine dem verwendeten Dielektrikum eigentümliche Materialkonstante darstellt. Eine nähere Untersuchung kann grundsätzlich in zwei verschiedenen Arten vorgenommen werden.

Läßt man die angelegte Spannung konstant, so muß auch die Feldstärke $\mathfrak{E} = U/l$ konstant bleiben, also $\mathfrak{E} = \mathfrak{E}_0$ sein, wenn der Zeiger 0 auf das Vakuum hinweist. Bei flüssigem Dielektrikum kann dies durch Messung der Kraft auf eine Probeladung experimentell nachgewiesen werden. Die Ladungen auf den Platten und damit auch die Verschiebung nehmen aber ε-mal zu, so daß

$$Q = \varepsilon\,Q_0 \quad \text{und} \quad \mathfrak{D} = \varepsilon\,\mathfrak{D}_0.$$

Es ist jetzt mit $\mathfrak{D}_0 = \varepsilon_0\,\mathfrak{E}_0$

$$\mathfrak{D} = \varepsilon\,\varepsilon_0\,\mathfrak{E} = \varepsilon\,\mathfrak{E},$$

wenn

$$\boxed{\varepsilon = E\,\varepsilon_0}$$ (1)

gesetzt wird.

Wurde anderseits die Ladung Q konstant gehalten, indem der Kondensator nach der Aufladung von der Stromquelle abgeschaltet wird, so muß $\mathfrak{D} = \mathfrak{D}_0$ sein. Die Feldstärke wird jetzt E-mal so klein, wovon man sich wiederum durch Versuch mit flüssigem Dielektrikum überzeugen kann. Mit

$$Q = Q_0, \qquad \mathfrak{D} = \mathfrak{D}_0 = \varepsilon_0\,\mathfrak{E}_0, \qquad \mathfrak{E} = \frac{1}{E}\,\mathfrak{E}_0$$

wird wieder

$$\boxed{\mathfrak{D} = \varepsilon\,\mathfrak{E}}.$$ (2)

Es spielt also ε im Dielektrikum dieselbe Rolle wie ε_0 im Vakuum, mit dem es auch dimensionsgleich ist. Man nennt ε die *Dielektrizitätskonstante* des Dielektrikums, die unbenannte Zahl $E = \varepsilon/\varepsilon_0$ seine *Dielektrizitätszahl*[1]. Die Influenzkonstante ε_0 ist also nichts anderes als der spezielle Wert der Dielektrizitätskonstante für das Vakuum. Alle bisher erhaltenen Gleichungen gelten also unverändert auch im Dielektrikum, wenn die spezielle Größe ε_0 durch die allgemeinere ε ersetzt wird. Insbesondere lautet das Priestleysche Gesetz jetzt

$$\boxed{P = \frac{1}{4\,\pi\,\varepsilon}\,\frac{Q_1\,Q_2}{r^2}}.$$ (3)

Was spielt sich nun physikalisch im Dielektrikum ab? Durch die auf Kern und Elektronen wirkenden Feldkräfte werden diese ein wenig gegeneinander verschoben, solange dies die entstehenden, inneren Atomkräfte zulassen (dielektr. Polarisation). Fallen schon im normalen Zustand die Schwerpunkte der positiven und negativen Ladungen im Atom nicht zusammen (polarisiertes Atom mit Dipolmoment), so werden diese ungeordnet verteilten, und sich daher in ihrer Wirkung nach außen aufhebenden Dipole durch das äußere Feld gleichgerichtet und verstärken so dasselbe.

In jedem Falle ist aber das entscheidende Merkmal die Elastizität der Beanspruchung, die den ursprünglichen Zustand sofort wiederherstellt, sobald die äußeren Feldkräfte verschwinden. Jeder Kondensator kann also in Analogie zu einer elastischen Feder gebracht werden, deren Elastizität um so größer erscheint, je größer die Kapazität ist.

Jetzt läßt sich auch der Einschalt- und Entladevorgang eines Kondensators leicht überblicken. Beim Anschalten an eine Gleichspannung nimmt ein Kondensator zunächst einen vergleichsweise hohen Strom auf, der um so höher ist, je größer seine Kapazität ist und der dann allmählich auf Null absinkt, wenn der Kondensator geladen ist. Der Vorgang entspricht völlig dem Spannen einer elastischen Feder oder dem Füllen eines Gummiballons mit Druckwasser oder einer mit Druckwasser beanspruchten, in einer geschlossenen Dose eingespannten Membran, wie es in der Abb. 1 dargestellt ist. Werden die Umweghähne 1 in die Richtung zur Umwälzpumpe P gestellt, so wird die Membrane dem Druck und ihrer Elastizität entsprechend ausgebuchtet. In die eine Gefäßhälfte tritt Wasser ein, aus der anderen aus, so lange, bis die Gegenkräfte der deformierten Membrane den Druckkräften das Gleichgewicht halten: die Wasserströmung kommt zur Ruhe. Der analoge Vorgang spielt sich beim Laden eines Kondensators ab. In der unteren Stellung des Schalters S liefert die Stromquelle G Elektrizität an die Platten des Kondensators C. Die eine Platte wird positiv,

---

[1] Sie wird auch häufig relative Dielektrizitätskonstante genannt und mit ε_r bezeichnet.

die andere negativ aufgeladen. Die Zwischenschicht wird dielektrisch deformiert, so lange, bis die inneren Kräfte den Feldkräften das Gleichgewicht halten. Die Elektrizitätsströmung hört dann auf; der Kondensator ist aufgeladen.

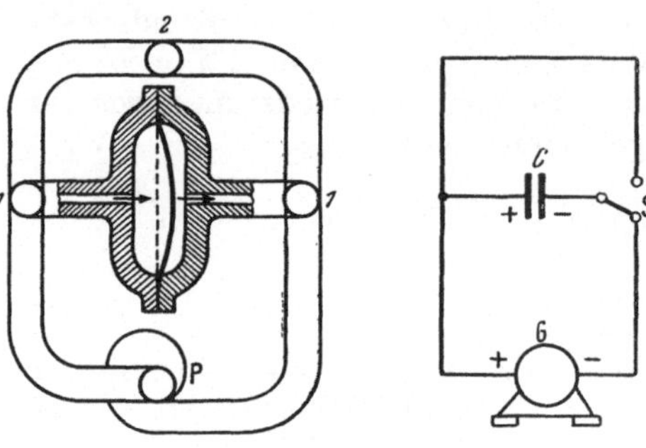

Abb. 1 Schalten eines Kondensators

Die Deformation und damit die verschobene Wasser- oder Elektrizitätsmenge ist proportional dem Druck bzw. der aufgedrückten Spannung. Sie wächst ferner mit der Deformierbarkeit bzw. Kapazität. Während im ersten Augenblick des Einschaltens ein widerstandsloser Durchtritt für das Wasser bzw. den elektrischen Strom zu bestehen scheint, stellt die Anordnung nach erfolgter Aufladung eine Unterbrechung dar. Würde die Dehnbarkeit der Membrane (Kapazität) verändert werden können — etwa durch Erwärmung oder Veränderung ihrer wirksamen Oberfläche durch Verstellen einer Art Irisblende —, so würde sich bei konstant bleibendem Druck (Spannung) die aufgenommene Wassermenge (Elektrizitätsmenge) in gleichem Sinne $\left(Q_1 = \dfrac{C_1}{C} \, Q_0 = E \, Q_0 \right)$, bzw. nach Abschalten und Absperren durch die Hähne 1 bei konstant eingeschlossener Wassermenge (Elektrizitätsmenge) der Druck (Spannung) im Gegensinne ändern

$$\left(U_1 = \frac{C}{C_1} \, U = \frac{1}{E} \, U_0 \right).$$

Wird nach beendeter Aufladung der Hahn 2 geöffnet (der Schalter S umgeschaltet), dann erfolgt eine sofortige Entladung durch Wirkung der Deformationskräfte der gespannten Membrane (des gespannten Dielektrikums).

Stoff	E	Stoff	E
Bakelit	4,5 ... 7,5	Luft.....................	1,0006
Ebonit..................	2,5 ... 3,5	Papier	1,8 ... 2,6
Glas.	3,5 ... 16	Porzellan	4,5 ... 6,0
Glimmer..............	5 ... 7	Preßspan	2,5
Hartgummi	2,5 ... 3,5	Transformatorenöl	2,2 ... 2,5
Holz	3 ... 6,5	Wasser, destilliert........	81,0

Die elektrische Erklärung der großen Aufnahmefähigkeit eines Kondensators bei Anwesenheit eines Dielektrikums liegt darin, daß die im Dielektrikum auftretenden Ladungen einen Teil der Ladungen an den Kondensatorplatten bindet, so daß weitere Ladungsmengen zugeführt werden können und müssen, wenn die Spannung konstant bleiben soll.

Die Dielektrizitätszahlen verschiedener Stoffe nennt die obenstehende Tabelle.

§ 213 Beispiele einfacher Felder und Kondensatoren

Bereits behandelt wurde das Feld einer *punktförmigen Ladung*. Nach S. 12 ist im Abstand r

$$\mathfrak{E} = \frac{1}{4 \pi \varepsilon} \frac{Q}{r^2} \tag{1}$$

und daraus das Potential (gegenüber einem unendlichen entfernten Bezugspunkt)

$$\varphi = \int_r^\infty \mathfrak{E} \, dr = \frac{1}{4 \pi \varepsilon} \frac{Q}{r}. \tag{2}$$

Die Äquipotentialflächen sind mit $r = \text{konstant}$ konzentrische Kugelflächen. Das Feldbild zeigt die Abb. 1.

Sind mehrere punktförmige Ladungen vorhanden, dann sind die Feldbilder der einzelnen Ladungen zu überlagern. Es ist dann im besonderen bei n Ladungen

$$\varphi = \frac{1}{4\,\pi\,\varepsilon} \sum_{i=1}^{n} \frac{Q_i}{r_i}. \qquad (3)$$

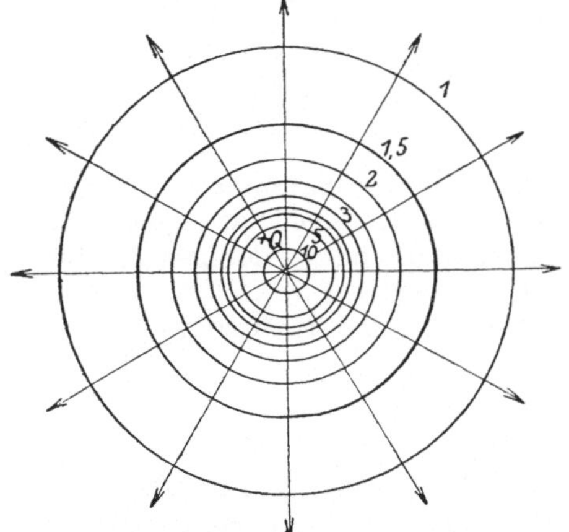

Abb. 1 Feld einer punktförmigen Ladung

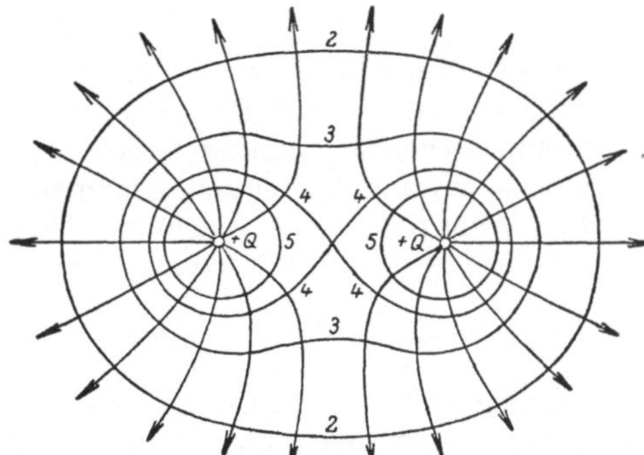

Abb. 2 Feldbild zweier gleich großer, gleichnamiger Punktladungen

Die Teilfeldstärken müssen vektoriell addiert werden.

Ein häufiger Sonderfall tritt bei *zwei gleich großen Ladungen* auf. Es ist dann je nach dem Vorzeichen der Ladungen

$$\varphi = \frac{Q}{4\,\pi\,\varepsilon}\left(\frac{1}{r_1} \pm \frac{1}{r_2}\right) \qquad (4)$$

und die Gleichung der Äquipotentialflächen

$$\frac{1}{r_1} \pm \frac{1}{r_2} = K.$$

Die Feldbilder zeigen die Abb. 2 und 3. Die Anordnung zweier gleichgroßer Ladungen entgegengesetzter Polarität wird *Dipol* genannt.

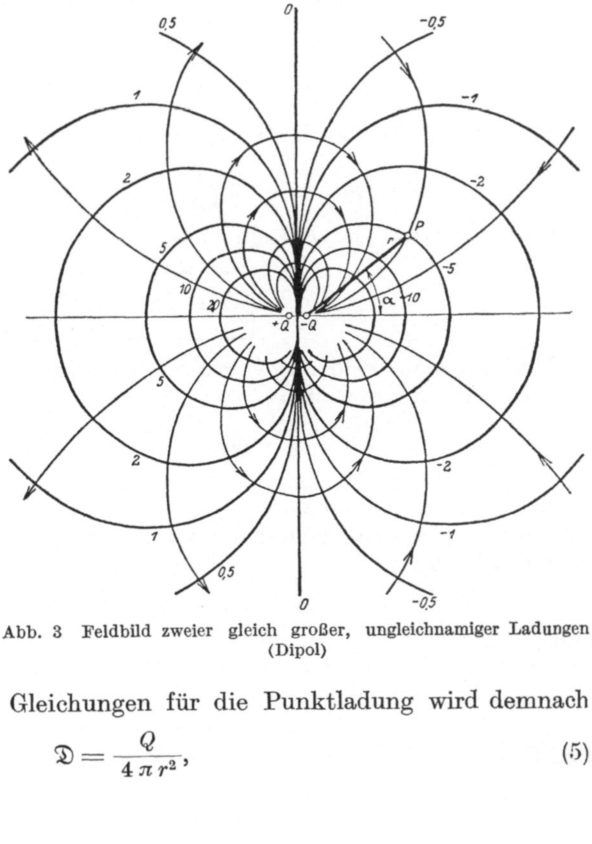

Das Feldbild der *geladenen Kugel* ergibt sich aus dem der Punktladung, wenn man eine der Äquipotentialflächen als metallische Fläche verifiziert (verstofflicht). Das Feld bleibt damit ungeändert und verschwindet lediglich im Inneren der Kugel. Nach den Gleichungen für die Punktladung wird demnach

Abb. 3 Feldbild zweier gleich großer, ungleichnamiger Ladungen (Dipol)

$$\mathfrak{D} = \frac{Q}{4\,\pi\,r^2}, \qquad (5)$$

$$\mathfrak{E} = \frac{Q}{4\,\pi\,\varepsilon\,r^2}\,, \tag{6}$$

$$\varphi = \frac{Q}{4\,\pi\,\varepsilon\,r}\,, \tag{7}$$

wobei $r \geqq R$ ist, mit R als Kugelhalbmesser.

Die größte Feldstärke tritt an der Kugeloberfläche mit dem Wert

$$\mathfrak{E}_{max} = \frac{Q}{4\,\pi\,\varepsilon\,R^2} \tag{6 a}$$

auf. Sie ist um so größer, je kleiner R, je stärker also die Krümmung ist. Das gilt allgemein und führt aus Gründen der Überschlagssicherheit zur allgemeinen Forderung der Hochspannungstechnik, scharfe Krümmungen oder gar Kanten an Hochspannung führenden Anlagenteilen zu vermeiden.

Das Potential an der Kugeloberfläche, oder genauer die Spannung U_0 gegen den unendlich entfernten Bezugspunkt ist

$$\varphi_0 = U_0 = \frac{Q}{4\,\pi\,\varepsilon\,R}.$$

Die Kapazität $C = Q/U_0$ der Kugel gegen die unendlich entfernte Bezugsfläche — meist kurz, aber unkorrekt Kapazität der Kugel genannt — ist dann

$$C = 4\,\pi\,\varepsilon\,R. \tag{8}$$

Praktisch tritt der Fall bei einer isoliert aufgestellten Kugel auf, wobei die Wände des Aufstellungsraumes die sehr weit entfernte Bezugsfläche darstellen.

Der *Kugelkondensator* entsteht, wenn man im Felde der punktförmigen Ladung zwei Äquipotentialflächen verifiziert. Sind die Kugelhalbmesser der inneren und äußeren Kugel R_i und R_a, so werden jetzt die Potentiale auf den Kugeloberflächen

$$\varphi_i = \frac{Q}{4\,\pi\,\varepsilon\,R_i}\,, \qquad \varphi_a = \frac{Q}{4\,\pi\,\varepsilon\,R_a}.$$

Werden die Kugeln an die Spannung U gelegt, so wird also

$$U = \varphi_i - \varphi_a = \frac{Q}{4\,\pi\,\varepsilon}\left(\frac{1}{R_i} - \frac{1}{R_a}\right) = \frac{Q}{4\,\pi\,\varepsilon}\,\frac{R_a - R_i}{R_a\,R_i}$$

und die Kapazität des Kugelkondensators

$$\boxed{C = 4\,\pi\,\varepsilon\,\frac{R_a\,R_i}{R_a - R_i}}. \tag{9}$$

Die maximale Feldstärke tritt wieder an der Oberfläche der inneren Kugel auf; sie hat dort den Wert

$$\mathfrak{E}_{max} = \frac{U}{R_i}\,\frac{R_a}{R_a - R_i}. \tag{10}$$

Beim *Plattenkondensator* liegen zwei ebene Platten im Abstand d einander gegenüber. Die Feldgleichungen wurden bereits im § 211 angegeben. Es war im besonderen

$$\mathfrak{E} = \frac{U}{d} \tag{11}$$

und

$$\boxed{C = \varepsilon\,\frac{F}{d}}. \tag{12}$$

Das Potential nimmt von der einen Platte mit dem Wert φ_1 linear nach

$$\varphi = \varphi_1 \int \mathfrak{E}\, dx = \varphi_1 + \frac{U}{d}\, x$$

bis

$$\varphi_2 = \varphi_1 + U$$

auf der zweiten Platte zu. Die Feldstärke ist nach (11) im ganzen Zwischenraum konstant: das Feld ist *homogen*.

Der *Zylinderkondensator*, bestehend aus zwei konzentrischen Zylindern, kann wieder aus dem Feldbild einer unendlich langen linearen Ladung abgeleitet werden. Für diese erhält man für einen Abschnitt von der Länge l zunächst die Verschiebung im Abstand r aus

$$\int \mathfrak{D}\, df = \mathfrak{D}\, 2\pi r l = Q$$

zu

$$\mathfrak{D} = \frac{Q}{2\pi r l}, \tag{13}$$

woraus

$$\mathfrak{E} = \frac{Q}{2\pi \varepsilon r l} \tag{14}$$

und

$$\varphi = -\frac{Q}{2\pi \varepsilon l}\ln r + K \tag{15}$$

mit der unbestimmten Integrationskonstanten K (Bezugspotential).

Die Äquipotentialflächen werden mit $r = $ konst. zu konzentrischen Zylinderflächen. Werden zwei davon mit den Halbmessern R_i und R_a verifiziert, so entsteht der Zylinderkondensator. Für diesen ist dann

$$U = \varphi_i - \varphi_a = -\frac{Q}{2\pi \varepsilon l}(\ln R_i - \ln R_a) = \frac{Q}{2\pi \varepsilon l}\ln \frac{R_a}{R_i}$$

und daraus die Kapazität

$$\boxed{C = \frac{2\pi \varepsilon l}{\ln \dfrac{R_a}{R_i}}}. \tag{16}$$

Durch Einführen der Spannung erhält man an Stelle von (14) auch die Gleichung

$$\mathfrak{E} = \frac{U}{r \ln \dfrac{R_a}{R_i}}. \tag{17}$$

Der maximale Wert tritt wieder an der Oberfläche des inneren Zylinders in der Höhe von

$$\mathfrak{E}_{max} = \frac{U}{R_i \ln \dfrac{R_a}{R_i}} \tag{17 a}$$

auf.

Für die praktischen Anwendungen wichtig ist noch das Feld *zweier paralleler Zylinder*.

Es kann aus dem Feldbild zweier paralleler, linienförmiger Leiter abgeleitet werden. Ein Punkt im Abstand r_1 und r_2 von den Leitern hat das Potential

$$\varphi = \varphi_1 + \varphi_2 = -\frac{1}{2\pi \varepsilon l}(Q\ln r_1 - Q\ln r_2) = \frac{Q}{2\pi \varepsilon l}\ln \frac{r_2}{r_1}.$$

Mit $r_2/r_1 = $ konst. ergeben sich die Äquipotentialflächen zu parallelen, exzentrischen Zylinderflächen. Ihre Achsen liegen in der Verbindungsebene der Linienquellen. Das Feldbild zeigt die Abb. 4.

Werden zwei der Äquipotentialflächen verifiziert, so erhält man den aus zwei parallelen Zylindern gebildeten Kondensator. Haben beide Zylinder den Durchmesser d und ist ihr Achsenabstand D, so findet man für das Potential in der Verbindungsebene der beiden Achsen nach kurzer Zwischenrechnung

$$\varphi = \frac{Q}{2\,\pi\,\varepsilon\,l}\ln\frac{\sqrt{D^2-d^2}-2\,x}{\sqrt{D^2-d^2}+2\,x},\tag{18}$$

wobei x von der Symmetrieebene aus gerechnet wird.

Man findet daraus

$$U = \varphi_1 - \varphi_2 = \frac{Q}{2\,\pi\,\varepsilon\,l}\left(\ln\frac{\sqrt{D^2-d^2}+D-d}{\sqrt{D^2-d^2}-D+d} - \ln\frac{\sqrt{D^2-d^2}-D+d}{\sqrt{D^2-d^2}+D-d}\right) =$$

$$= \frac{Q}{\pi\,\varepsilon\,l}\ln\frac{\sqrt{D^2-d^2}+D-d}{\sqrt{D^2-d^2}-D+d},$$

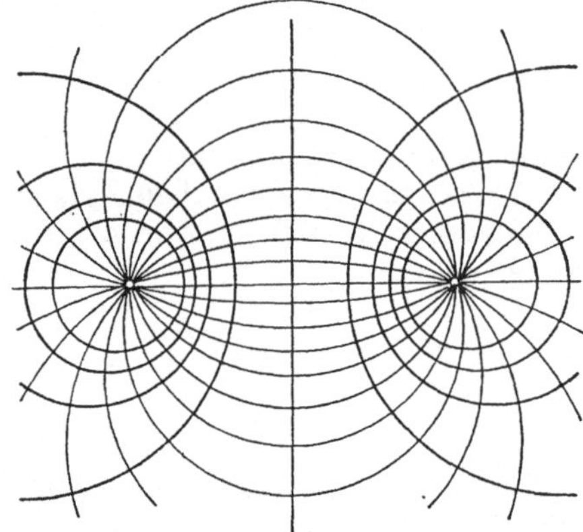

Abb. 4 Feldbild zweier paralleler Linienquellen

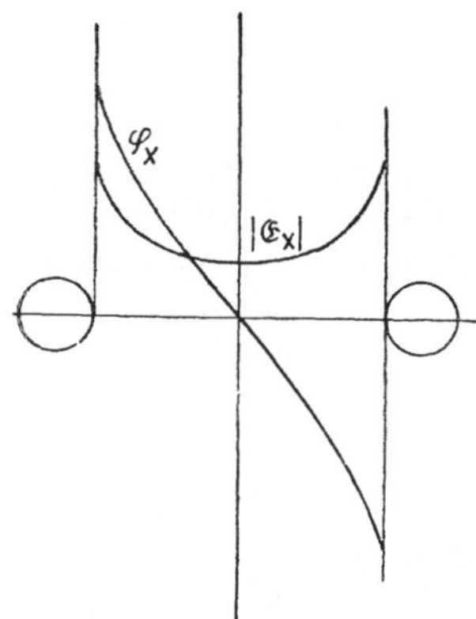

Abb. 5   Feldverlauf zwischen zwei parallelen, geladenen Zylindern

woraus nach kurzer Umformung

$$\boxed{C = \frac{\pi\,\varepsilon\,l}{\ln\left[\dfrac{D}{d}+\sqrt{\left(\dfrac{D}{d}\right)^2-1}\right]}.}\tag{19}$$

In ähnlicher Weise wird für die Verbindungsebene

$$\mathfrak{E} = \frac{Q}{\pi\,\varepsilon\,l}\frac{2\,\sqrt{D^2-d^2}}{D^2-d^2-4\,x^2}.\tag{20}$$

Die maximale Feldstärke an der Leiteroberfläche ist daraus mit

$$x = \frac{D-d}{2}$$

$$\mathfrak{E}_{\max} = \frac{U}{d}\frac{\sqrt{\left(\dfrac{D}{d}\right)^2-1}}{\left(\dfrac{D}{d}-1\right)\ln\left[\dfrac{D}{d}+\sqrt{\left(\dfrac{D}{d}\right)^2-1}\right]}.\tag{21}$$

Den Verlauf von Potential und Feldstärke zeigt die Abb. 5.

Ist in besonderen Fällen 1 gegen D/d vernachlässigbar, so erhält man die Näherungsgleichungen

$$C = \frac{\pi \varepsilon l}{\ln \dfrac{2D}{d}}, \tag{19 a}$$

$$\mathfrak{E}_{\max} = \frac{U}{d \ln \dfrac{2D}{d}}. \tag{21 a}$$

§ 214   Raumladungsfelder

Bisher wurde eine punktförmige oder flächenhafte Verteilung elektrischer Ladungen angenommen. Die Bedeutung räumlich verteilter Elektrizität hat seit Anwendung der Erkenntnisse der Elektronentheorie immer mehr zugenommen.

Für räumlich verteilte Elektrizität definiert man zunächst die Raumladungsdichte

$$\varrho = \frac{\mathrm{d}Q}{\mathrm{d}V},$$

das ist die in der Raumeinheit enthaltene Elektrizitätsmenge, die im allgemeinen von Punkt zu Punkt verschieden und eine Funktion des Ortes sein kann.

Der wesentliche Einfluß von Raumladungen sei an einem einfachen Beispiel gezeigt. Angenommen sei ein Plattenkondensator, der im Dielektrikum eine Raumladung enthält, die mit irgendwelchen, hier nicht interessierenden Mitteln konstant gehalten werden möge. In irgendeiner

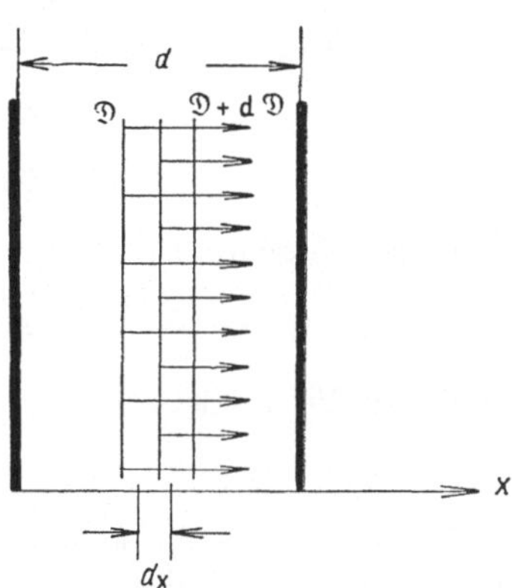

Abb. 1 Plattenkondensator mit Raumladung

Zwischenschicht im Abstand x von der linken Platte (s. Abb. 1) ist dann die Verschiebung $\mathfrak{D}$ vorhanden. In der benachbarten Schicht $x + \mathrm{d}x$ hat sich die

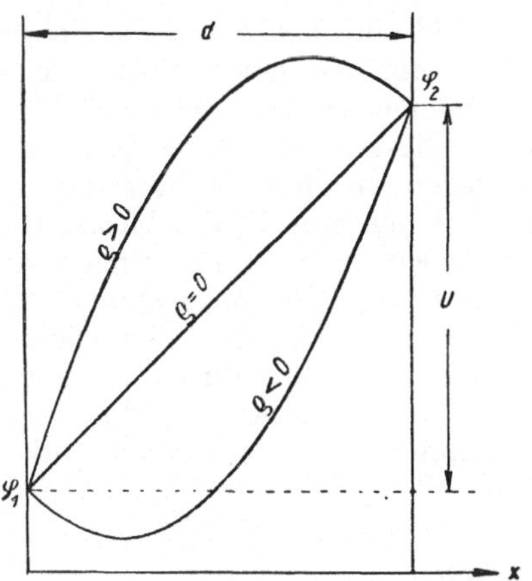

Abb. 2 Potentialverlauf im Kondensator mit Raumladung

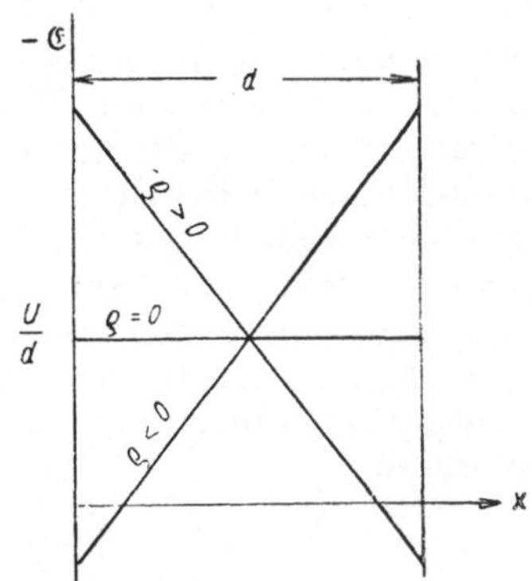

Abb. 3   Feldstärkenverlauf im Kondensator mit Raumladung

Verschiebung um den Differentialwert $\mathrm{d}\mathfrak{D}$ geändert. Ein kleiner Quader mit den Stirnflächen $\mathrm{d}f$ enthält die Elektrizitätsmenge $\mathrm{d}Q = \varrho \, \mathrm{d}f \, \mathrm{d}x$. Dieser Menge muß das Hüllenintegral der Verschiebung

$$\oint \mathfrak{D}\, \mathrm{d}f = (\mathfrak{D} + \mathrm{d}\mathfrak{D})\, \mathrm{d}f - \mathfrak{D}\, \mathrm{d}f = \mathrm{d}\mathfrak{D}\, \mathrm{d}f$$

gleich sein, das aber nur an den Stirnflächen Anteile erhält. Es ist also $\varrho\, \mathrm{d}f\, \mathrm{d}x = \mathrm{d}\mathfrak{D}\, \mathrm{d}f$, oder

$$\varrho = \frac{\mathrm{d}\mathfrak{D}}{\mathrm{d}x} = \varepsilon\, \frac{\mathrm{d}\mathfrak{E}}{\mathrm{d}x} \tag{1}$$

und

$$\frac{\mathrm{d}^2\varphi}{\mathrm{d}x^2} = -\frac{\varrho}{\varepsilon}. \tag{2}$$

Eine Lösung dieser Differentialgleichungen gelingt mit dem Ansatz

$$\varphi = a + b\, x + c\, x^2,$$

worin sich die Konstanten a, b, c aus den Grenzbedingungen

$$x = 0: \qquad\qquad x = d:$$
$$\varphi = \varphi_1 = -\frac{U}{2} \qquad \varphi = \varphi_2 = +\frac{U}{2}$$

ermitteln lassen. Die Durchrechnung liefert schließlich für das Potential

$$\varphi = \varphi_1 + \left(\frac{U}{d} + \frac{\varrho}{2\,\varepsilon}\, d\right) x - \frac{\varrho}{2\,\varepsilon}\, x^2. \tag{3}$$

und für die Feldstärke

$$\mathfrak{E} = \frac{U}{d} + \frac{\varrho}{2\,\varepsilon}\, (d - 2\, x). \tag{4}$$

Der Verlauf ist für positive und negative Raumladungen in den Abb. 2 und 3 dargestellt. Grundsätzlich ähnlich liegen auch die Verhältnisse bei anderer Ladungsverteilung. Wesentlich ist dabei die Erkenntnis, daß die Raumladung stets das Feld vor der ungleichnamigen Elektrode stärkt und vor der gleichnamigen schwächt.

§ 215 Energieinhalt des elektrischen Feldes

Betrachtet man in einem elektrostatischen Feld eine Feldröhre, die sich von der Oberflächenladung $+q$ eines Flächenelementes der einen Elektrode zur Oberflächenladung $-q$ des zugehörigen Flächenelementes der zweiten Elektrode erstreckt, so kann der (potentielle) Energieinhalt dieser Röhre nur so entstanden sein, daß diese Ladungen, den Feldkräften entgegen, an die Orte ihrer Wirksamkeit gebracht wurden. Da mit jedem Ladungsteilchen eine Feldänderung stattfindet, darf dabei lediglich die aufgewandte Arbeit beim Heranbringen einer solchen Elementarladung etwa von einem Punkt mit dem Bezugspotential φ_0 betrachtet werden. Die gesamte aufgewandte Arbeit, die dann dem Energieinhalt der Feldröhre gleich sein muß, erhält man schließlich durch Integration über alle Elementarladungen. Für eine Elementarladung ist die Arbeit $\mathrm{d}q\, (\varphi_1 - \varphi_0)$ aufzubringen, also für die gesamte Ladung $+q$ der einen Stirnfläche der Feldröhre

$$A_1 = \int\limits_0^q + \mathrm{d}q\, (\varphi_1 - \varphi_0);$$

ebenso für die zweite Stirnfläche

$$A_2 = \int\limits_0^q - \mathrm{d}q\, (\varphi_2 - \varphi_0).$$

Der gesamte Aufwand und damit der Energieinhalt W_e der Röhre wird damit

$$A = A_1 + A_2 = W_c = \int_0^q \mathrm{d}q \, (\varphi_1 - \varphi_2).$$

Nun bilden aber die Stirnflächen der Röhre einen Kondensator, für den die Grundgleichung $q = C \, (\varphi_1 - \varphi_2)$ gilt, so daß

$$W_e = \frac{1}{C} \int_0^q q \, \mathrm{d}q = \frac{1}{C} \frac{q^2}{2} = \frac{q}{2} \, (\varphi_1 - \varphi_2).$$

Beachtet man jetzt, daß

$$\varphi_1 - \varphi_2 = \int_1^2 \mathfrak{E} \, \mathrm{d}s \qquad \text{und} \qquad q = \oint \mathfrak{D} \, \mathrm{d}f$$

ist, so wird

$$W_e = \frac{1}{2} \oint \mathfrak{D} \, \mathrm{d}f \int_1^2 \mathfrak{E} \, \mathrm{d}s = \frac{1}{2} \int \mathfrak{E} \mathfrak{D} \, \mathrm{d}v$$

und der Energieinhalt der Raumeinheit

$$W_{1e} = \frac{\mathfrak{E} \mathfrak{D}}{2} = \frac{\varepsilon \, \mathfrak{E}^2}{2} = \frac{\mathfrak{D}^2}{2 \, \varepsilon}. \tag{1}$$

Für den Energieinhalt eines Kondensators wird daraus mit $q = Q$ und $\varphi_1 - \varphi_2 = U$

$$W = \frac{Q \, U}{2} = \frac{C \, U^2}{2} = \frac{Q^2}{2 C}. \tag{2}$$

§ 22 Stationäres elektrisches Strömungsfeld

§ 221 Die stationäre räumliche Strömung

Können sich Elektrizitätsteilchen frei bewegen, so folgen sie den in einem elektrischen Felde auf sie wirkenden Kräften und bewegen sich in der Richtung der Feldlinien, die positiven im Sinne der Feldstärke, die negativen im Gegensinne. Bei konstanter Feldstärke wird die Bewegung eine gleichförmig beschleunigte, wenn sie im widerstandslosen Mittel — im Vakuum — erfolgt, oder eine gleichförmige, wenn die Bewegung auf konstanten Widerstand stößt. Das Verhalten ist grundsätzlich das gleiche wie beim freien Fall. Im leeren Raum fällt eine Feder gleichförmig beschleunigt, in Luft nimmt sie eine durch Gewicht und Luftwiderstand bedingte gleichförmige Geschwindigkeit an. Im Falle der gleichförmigen Bewegung spricht man von einer stationären Strömung. Es tritt dann durch eine im Strömungsfeld vorhandene oder gedachte Fläche F in gleichen Zeitabschnitten immer die gleiche Elektrizitätsmenge Q. Die in der Zeiteinheit den Querschnitt durchströmende Menge $I = Q/t$ wird *Stromstärke* genannt, die Erscheinung als solche elektrischer Strom. Ist die Strömung nicht stationär, sondern ändert sie sich mit der Zeit, dann kann sie für ein genügend kleines Zeitintervall als stationär angesehen werden, so daß die Stromstärke genauer durch den Differentialquotienten

$$\boxed{I = \frac{\mathrm{d}Q}{\mathrm{d}t}} \tag{1}$$

definiert ist. Dabei ist es völlig gleichgültig, wie die Bewegung der elektrischen Ladung zustande kommt. Auch mechanisch bewegte Ladung hat alle Kennzeichen eines elektrischen Stromes.

Erfolgt die Strömung räumlich, dann ist die Angabe einer Stromstärke wenig befriedigend, weil sie ja nur einen Sinn hat, wenn das Flächenelement angegeben wird, durch das die Strömung erfolgt. Diese kann aber von Punkt zu Punkt im Strömungsfeld verschieden sein. Im räumlichen Strömungsfeld bezieht man daher vorteilhaft auf die Flächeneinheit und nennt

$$\mathfrak{G} = \frac{\mathrm{d}I}{\mathrm{d}f} \tag{2}$$

die *Strömungsdichte*. Sie gibt neben der Stärke der Strömung auch deren Richtung an, ist also ein Vektor, ähnlich der Geschwindigkeit bei einer Flüssigkeitsströmung. Das elektrische Strömungsfeld ist also durch die Feldstärke und die Strömungsdichte in gleicher Weise bestimmt wie das elektrostatische Feld durch die Feldstärke und die Verschiebung. Die Äquipotentialflächen sind wieder wie dort die Normalflächen zu den Feld- und Strömungslinien.

Eine Einheit der elektrischen Stromstärke ergibt sich aus (1) durch Einsetzen der Ladungseinheit Coulomb. Sie wird *Ampere* (A) genannt. Es ist also

$$1\,\mathrm{A} = 1\,\frac{\mathrm{C}}{\mathrm{s}} \tag{3}$$

und damit auch umgekehrt

$$1\,\mathrm{C} = 1\,\mathrm{A\ s}.$$

Für die Strömungsdichte stehen keine selbständigen Einheiten im Gebrauch.

Strömungsdichte und Feldstärke stehen in einfacher Beziehung zueinander. Systematische Versuche ergeben die Proportionalität

$$\mathfrak{G} = \varkappa\,\mathfrak{E} \tag{4}$$

oder

$$\mathfrak{E} = \varrho\,\mathfrak{G} \tag{5}$$

mit

$$\varkappa = \frac{1}{\varrho}. \tag{6}$$

Die Proportionalitätskonstante $\varkappa$ wird *Leitfähigkeit*, ihr Kehrwert ϱ *spezifischer Widerstand* genannt. Beide sind Materialkonstante des Mediums, in dem sich das Strömungsfeld ausbildet. Ihre Bedeutung liegt darin, daß sie den Widerstand beschreiben, den das Medium dem Fließen des elektrischen Stromes entgegensetzt, bzw. die Leichtigkeit, mit der die Elektrizitätsteilchen ihren Weg zwischen den Molekülen des Leiters durchfinden.

§ 222 Die stationäre lineare Strömung, Gleichstromtechnik

§ 2221 Ohmsches Gesetz

Von besonderer praktischer Bedeutung ist die stationäre Strömung, wenn sie sich in Leitern abspielt, deren eine Abmessung gegenüber den anderen groß ist, wie in Drähten, Stäben u. ä. Hier hat die Angabe der Stromstärke einen Sinn. Sie ist bei einem Leiterquerschnitt F

$$I = F\,\mathfrak{G}.$$

Hat der Leiter ferner die Länge l und wird er an eine Spannung U gelegt, so ist die Feldstärke in ihm

$$\mathfrak{E} = \frac{U}{l}$$

und aus (221/5)

$$\frac{U}{l} = \varrho\,\frac{I}{F},$$

woraus mit

$$R = \varrho \, \frac{l}{F} \tag{1}$$

$$I = \frac{U}{R}. \tag{2}$$

Die durch (2) ausgedrückte Proportionalität zwischen Strom und Spannung wird *Ohmsches Gesetz* genannt. R heißt *Widerstand* des Leiters. Er ist der Länge direkt, dem Querschnitt verkehrt proportional und enthält den spezifischen Widerstand als Materialfaktor. Der Kehrwert

$$G = \frac{1}{R} \tag{3}$$

ist der *Leitwert* des Leiters.

Eine Widerstandseinheit ist das *Ohm* (Ω)

$$1\,\Omega = 1\,\frac{\mathrm{V}}{\mathrm{A}}. \tag{4}$$

Sein Kehrwert ist das *Siemens* (S)

$$1\,\mathrm{S} = \frac{1}{\Omega} = 1\,\frac{\mathrm{A}}{\mathrm{V}}. \tag{5}$$

Zahlenwerte für die spezifischen Widerstände und Leitfähigkeiten einzelner wichtiger Stoffe nennt die untenstehende Tabelle.

Tabelle 1. Spezifische Widerstände und Leitfähigkeiten wichtiger Leiter

Material	Spezifischer Widerstand bei 20° C $\Omega = \dfrac{\mathrm{mm}^2}{\mathrm{m}}$	Leitfähigkeit bei 20° C $S = \dfrac{\mathrm{m}}{\mathrm{mm}^2}$
Aluminium	0,03…0,04	34
Blei	0,21	5
Eisen	0,10…0,14	10
Erde	$10^8…10^{10}$	$10^{-10}…10^{-8}$
Kohle … im Mittel	100	0,01
Konstantan	0,49…0,51	2
Kupfer … im Mittel	0,0175	57
Manganin	0,42	2,4
Nickel	0,10…0,12	9
Platin	0,1	10
Quecksilber	0,96	1,04
Silber	0,016	62
Wolfram	0,05	20
Zink	0,06	16,7
Kochsalzlösung … je nach	$9,3 \cdot 10^8…1,35 \cdot 10^5$	$1,08 \cdot 10^{-9}…7,4 \cdot 10^{-6}$
Salzsäure … Konzen-	$(2,5…1,3)\,10^4$	$(4…7,7)\,10^{-5}$
Schwefelsäure … tration	$(4,8…1,4)\,10^4$	$(2,1…7,1)\,10^{-5}$
Flüssige Luft	10^{22}	10^{-22}
Transformatorenöl	$10^{17}…10^{18}$	$10^{-17}…10^{-18}$
Destilliertes Wasser	10^{10}	10^{-10}
Luft bei Normalverhältnissen	10^{16}	10^{-16}

Der Widerstand eines Leiters ist im allgemeinen keine konstante Größe, sondern ändert sich mit der Temperatur. Diese Änderung folgt dem Gesetz

$$\varrho = \varrho_a \left[1 + \alpha \left(\vartheta - \vartheta_a\right)\right] = \varrho_a \frac{\vartheta_0 + \vartheta}{\vartheta_0 + \vartheta_a}, \tag{6}$$

worin

ϱ_a den spezifischen Widerstand bei der Ausgangstemperatur,
ϑ_a die Ausgangstemperatur der Messung,
ϑ die Temperatur der neuen Messung,
ϑ_0 die „kritische Temperatur" (Materialkonstante),
α den Temperaturkoeffizienten

bedeuten. Zahlenwerte für ϑ_0 und α nennt die folgende Tabelle.

Tabelle 2. **Kritische Temperaturen und Temperaturkoeffizienten elektrischer Leiter**

Material	Kritische Temperatur ° C	Temperaturkoeffizient bei 20° C
Aluminium	— 258	$+ 3,6 . 10^{-3}$
Eisen	— 200	$+ 4,5 . 10^{-3}$
Kohle	(+ 24)	$-(0,2 \ldots 0,8) . 10^{-3}$
Konstantan	—	$- 0,005 . 10^{-3}$
Kupfer	— 235	$+ 3,9 . 10^{-3}$
Manganin	—	$+ 0,01 . 10^{-3}$
Zink	— 250	$+ 3,7 . 10^{-3}$

Bei den meisten Körpern, vor allem den Metallen, wächst der Widerstand mit zunehmender Temperatur, bei einigen anderen sinkt er mit ihr, wie z. B. bei der Kohle und den flüssigen Leitern. Für Meßzwecke werden möglichst temperaturunabhängige Widerstände benötigt, die man aus Legierungen von Kupfer mit Mangan und Nickel erhält (Manganin und Konstantan).

§ 2222 Kirchhoffsche Gesetze

Die Strömung von Elektrizität ist eine quellenfreie, das heißt, es kann nirgends im Leiter elektrische Ladung entstehen oder verschwinden. Der elektrische

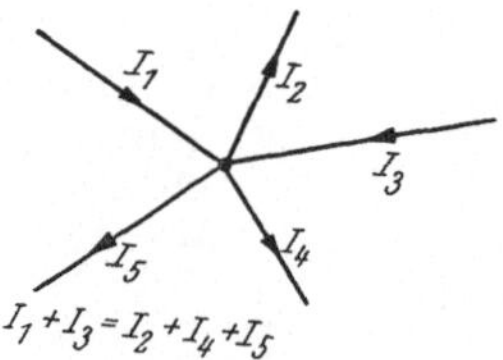

Abb. 1 Zum ersten Kirchhoffschen Gesetz

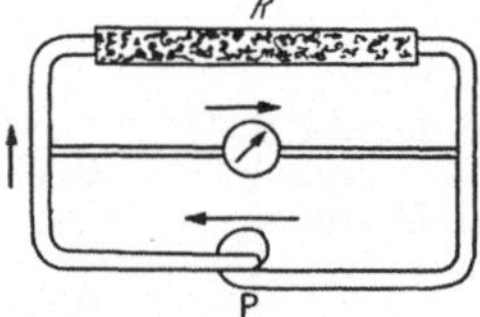

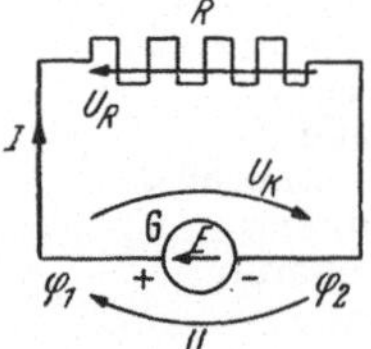

Abb. 2 Druck, elektromotorische Kraft, Spannung

Strom verhält sich dann wie eine unzusammendrückbare Flüssigkeit. An einem Verzweigungspunkt muß somit die Summe der ankommenden gleich der Summe der abgehenden Ströme sein (s. Abb. 1). Werden die einen mit positivem, die andern mit negativem Vorzeichen angeschrieben, so gilt demnach für jeden Knotenpunkt

$$\boxed{\sum I = 0} \tag{1}$$

Das ist der Inhalt des *ersten Kirchhoffschen Gesetzes.*

Zur Ableitung eines weiteren Gesetzes wird der Begriff der elektromotorischen Kraft benötigt. Die Elektrizitätsteilchen bewegen sich — wenn vorerst der Einfachheit halber nur positive Teilchen angenommen werden — vom höheren zum niedrigeren Potential. Voraussetzung der Strömung ist das Bestehen einer

Potentialdifferenz und das Vorhandensein eines Leiters (der die für den Elektrizitätstransport erforderlichen Ladungsträger zur Verfügung stellt). Ist die Potentialdifferenz durch örtliche Ansammlung von Ladungen entstanden (z. B. zwei isoliert aufgestellte, mit entgegengesetzter Ladung geladene Kugeln), so würde bei einer leitenden Verbindung der beiden auf verschiedenem Potential stehenden, geladenen Körper zwar eine Strömung auftreten, sie würde aber rasch auf Null abklingen, da mit dem Abtransport der Ladung auch die Potentialdifferenz verschwindet. Das Feld wird durch die leitende Verbindung vernichtet, die Ladungen gleichen sich aus.

Eine dauernde Potentialdifferenz kann nur durch Hilfseinrichtungen geschaffen werden, die den Abtransport der Ladungen wieder wettmachen. Zum Verständnis dessen, worauf es hier ankommt, sei von dem hydraulischen Analogon nach Abb. 2 ausgegangen. Eine Pumpe P treibt Flüssigkeit durch das etwa mit Fließpapier ausgefüllte Rohr R. Dazu ist je nach Querschnitt und Länge des Rohres sowie Art und Dichte des Fließpapieres ein bestimmter Druck erforderlich, dem die beförderte Flüssigkeitsmenge proportional ist. Die Strömung erfolgt nicht etwa so, daß einzelne Flüssigkeitsteilchen einen Kreislauf machen, sondern daß die ganze, in der Rohrleitung befindliche Flüssigkeitssäule in Bewegung gesetzt wird. Der Druck wird im Reibungswiderstand abgearbeitet und in der Pumpe wieder hergestellt. Das Manometer mißt den Druck vom höheren zum tieferen Wert; die treibende Wirkung der Pumpe hat die entgegengesetzte Richtung. vom tieferen zum höheren Druck. Beide Begriffe haben dieselbe Dimension, sind aber physikalisch sehr verschieden. Der vom Manometer gemessene Druck gibt eine Zustandsgröße an, in der Pumpe tritt hingegen eine treibende Kraft auf. Diese ist erforderlich, um die entgegenwirkende Widerstandskraft im Rohr R zu überwinden. Die Strömung stellt sich mit einer solchen Stärke ein, daß die treibende und die Widerstandskraft im Gleichgewicht stehen.

Genau das Analoge spielt sich im elektrischen Stromkreis ab. Der Generator G, dessen Wirkungsweise später besprochen werden wird, hebt das niedrige Potential φ_2 auf das hohe Potential φ_1, indem in ihm eine elektrizitätstreibende Kraft E wirkt, die die Elektrizitätsteilchen der gesamten Leitung einschließlich des Widerstandes R in Bewegung setzt. Die Stärke des elektrischen Stromes I stellt sich dabei so ein, daß die im Widerstand sich der Strömung widersetzende Gegenkraft (nach dem Ohmschen Gesetz gleich IR) der treibenden Kraft das Gleichgewicht hält. Die treibende Kraft E wird hier *elektromotorische Kraft* (EMK), die Gegenkraft U_R *gegenelektromotorische Kraft* genannt.

Physikalisch verschieden davon ist die Spannung, das ist die Potentialdifferenz an den Generatorklemmen, die wiederum vom höheren zum niedrigeren Potential weist und somit der elektromotorischen Kraft entgegengesetzt gerichtet ist. Eine Addition von elektromotorischen Kräften mit Spannungen ist physikalisch anfechtbar und sollte unterlassen werden. Die Gleichungen des Stromkreises sind daher wie folgt anzuschreiben.

Rechnet man Ströme und Spannungen positiv in dem im Schaltbild eingezeichneten Sinn, dann ist die im Widerstand auftretende Gegen-EMK nach dem Ohmschen Gesetz

$$U_R = -IR.$$

Sie muß der treibenden EMK das Gleichgewicht halten. Es ist also

$$E + U_R = E - IR = 0 \quad \text{oder} \quad E = IR.$$

Die Spannung an den Generatorklemmen ist

$$U_k = -E.$$

Obige Gleichung entspricht der Forderung, in derselben Gleichung elektromotorische Kräfte und Spannungen einzusetzen, nicht. Man kann aber auch den negativen Wert der (Klemmen-)Spannung $U = - U_k$ in der Bedeutung einer elektromotorischen Kraft einführen und sie als Ersatzstromquelle ansehen,

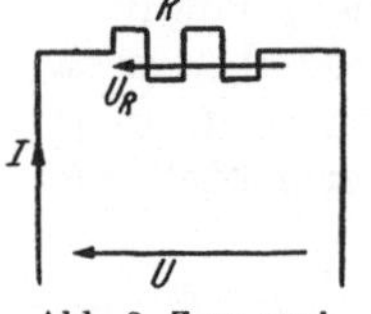

Abb. 3 Zum zweiten Kirchhoffschen Gesetz

die als „aufgedrückte Spannung" den Strom I durch den Kreis treibt (Abb. 3). Es gilt dann

$$\sum U = U + U_R = U - I R = 0$$

und sämtliche Größen sind im Sinne elektromotorischer Kräfte gebraucht. In diesem Sinne soll auch in Hinkunft der Spannungsbegriff verwendet werden. Die in einem Widerstand R auftretende (Gegen-)Spannung ist dann immer gleich dem Produkt aus Strom und $- R$, gerechnet im Sinne des im Schaltbild eingetragenen Richtungspfeiles für I. Im entgegengesetzten Sinn ist dann I durch $- I$ zu ersetzen.

Liegen im Stromkreis nach Abb. 4 mehrere Widerstände, so sind die in ihnen auftretenden Gegen-EMKe im Umlaufsinn von E gezählt $- I_1 R_1$, $- I_2 R_2$, $- I_4 R_4$. Es gilt also allgemein für eine geschlossene Schleife mit mehreren EMKen

$$\boxed{\sum U = \sum E + \sum I(- R) = 0} \qquad (2)$$

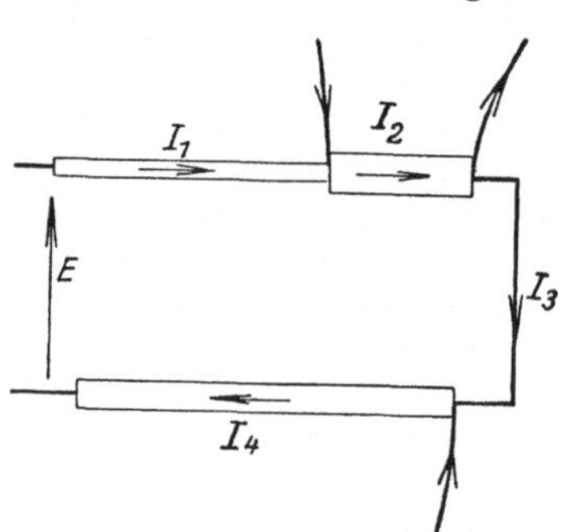

Abb. 4 Zur allgemeinen Form des zweiten Kirchhoffschen Gesetzes

Das ist das *zweite Kirchhoffsche Gesetz*. In einem geschlossenen Kreis ist die Summe aller Spannungen (elektromotorischen Kräfte) Null.

Die beiden grundsätzlichen Schaltungen, die Reihen und die Parallelschaltung von Widerständen, lassen sich jetzt leicht behandeln. Bei der *Reihenschaltung* ist nach Abb. 5

$$\sum U = E - I R_1 - I R_2 - I R_3 = 0,$$

woraus allgemein bei n Widerständen

$$I = \frac{E}{\sum\limits_{i=1}^{n} R_i}. \qquad (3)$$

Der Stromkreis nimmt den gleichen Strom auf, wenn die Widerstände durch einen einzigen Widerstand

$$R = \sum R_i \qquad (4)$$

ersetzt werden. Bei der Reihenschaltung ist also der Ersatzwiderstand gleich der Summe der Teilwiderstände. Die an den Widerständen liegenden Teilspannungen verhalten sich wie die Widerstände.

Bei der *Parallelschaltung* von Widerständen nach Abb. 6 liegen alle Widerstände an derselben Spannung. Die in ihnen fließenden Ströme sind also

$$I_1 = \frac{E}{R_1}, \qquad I_2 = \frac{E}{R_2}, \qquad I_3 = \frac{E}{R_3},$$

allgemein $I_i = E/R_i$. Nach dem ersten Kirchhoffschen Gesetz gilt ferner für den Anschlußpunkt der Widerstände

$$I = I_1 + I_2 + I_3 = \sum I_i = E \sum \frac{1}{R_i}.$$

Es ist also

$$I = E \sum G_i \tag{5}$$

und der Ersatzwiderstand R gegeben durch seinen Leitwert

$$G = \frac{1}{R} = \sum G_i = \sum \frac{1}{R_i}. \tag{6}$$

Bei der Parallelschaltung ist also der Ersatzleitwert gleich der Summe der Teil-leitwerte. Die Teilströme verhalten sich wie die Leitwerte.

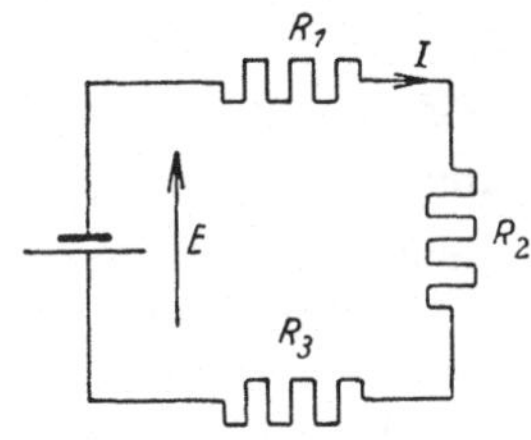

Abb. 5 Reihenschaltung von Widerständen

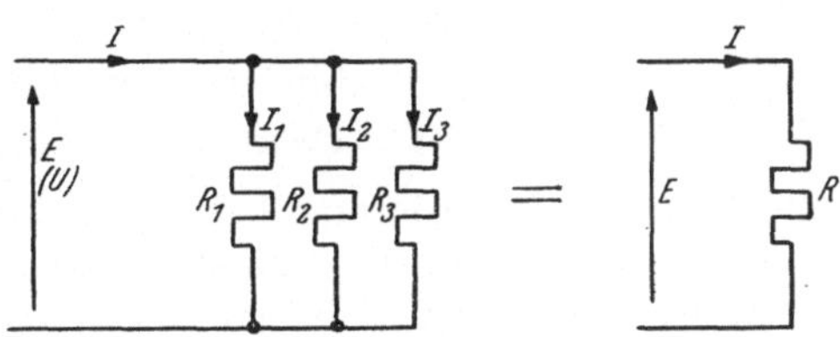

Abb. 6 Parallelschaltung von Widerständen

Sind im besonderen nur zwei Widerstände parallelgeschaltet, so ist

$$R = \frac{R_1 R_2}{R_1 + R_2}, \tag{7}$$

$$\frac{I_1}{I_2} = \frac{R_2}{R_1}. \tag{8}$$

Der Ersatzwiderstand ist immer kleiner als einer der Teilwiderstände.

§ 2223 Joulesches Gesetz, Leistung

Wird bei einer elektrischen Strömung im Strömungsquerschnitt $\mathrm{d}F$ die Elektrizitätsmenge $\mathrm{d}Q$ verschoben, so ist die Kraft $\mathrm{d}Q\,\mathfrak{E}$ aufzubringen, je Längen-element also die Arbeit $\mathrm{d}Q\,\mathfrak{E}\,\mathrm{d}s$ zu liefern. Im homogenen Feld ist demnach die Arbeit während des Zeitelementes $\mathrm{d}t$

$$\mathrm{d}A = \int \mathrm{d}Q\,\mathfrak{E}\,\mathrm{d}s = \mathrm{d}Q\,U = U\,I\,\mathrm{d}t$$

und in der Zeit t

$$A = U\,I\,t. \tag{1}$$

Daraus ergibt sich die Leistung zu

$$\boxed{N = U\,I}. \tag{2}$$

Sie ist dem Produkt aus Strom und Spannung gleich. Ihre Einheit ist das *Watt* (W)

$$1\,\mathrm{W} = 1\,\mathrm{VA} = 1\,\mathrm{V.\,A.} \tag{3}$$

Wird elektrische Leistung in einem Widerstand verbraucht, dann ergibt das Ohmsche Gesetz zusammen mit (2) für die Leistung

$$N = U\,I = I^2 R = \frac{U^2}{R} \tag{4}$$

und die im Widerstand verbrauchte Energie

$$W = I^2 R\,t.$$

Diese wird zur Gänze in Wärme umgewandelt und dient zur Erwärmung des Widerstandes. Die im Widerstand entwickelte Wärme ist dann

$$W_t = I^2 R t = U I t. \tag{5}$$

Drückt man sie in Kalorien aus, so ist noch mit

$$A = 0{,}239 \frac{\mathrm{cal}}{\mathrm{W\,s}} = \frac{1}{4{,}184} \frac{\mathrm{cal}}{\mathrm{W\,s}} \tag{5a}$$

zu multiplizieren. Man nennt sie in diesem Zusammenhang häufig Joulesche Wärme und die Beziehung (5) das *Joulesche Gesetz*.

§ 223 Elektronen- und Ionenströme

§ 2231 Elektrizitätsleitung in Metallen

Jede Elektrizitätsströmung kann nur zustande kommen, wenn bewegliche Ladungsträger in genügender Anzahl vorhanden sind. Der Mechanismus der Strömung ist bei festen, flüssigen und gasförmigen Leitern sehr verschieden. Er ist bei den festen Leitern, unter denen vor allem die Metalle praktisch in Betracht kommen, sehr verwickelt, kommt aber im wesentlichen darauf hinaus, daß die Metalle innerhalb ihrer Atom- oder Molekülverbände eine große Zahl frei beweglicher Elektronen (Leitungselektronen) enthalten, die den Ladungstransport vermitteln. Die metallische Leitung ist also eine reine Elektronenleitung; positive Ladungen geben keinen Beitrag zur Strömung.

Da die Elektronen im Gegensinn zur Feldstärke wandern, ist die tatsächliche Ladungsbewegung dem Richtungssinn entgegengesetzt gerichtet, der konventionell für den positiven elektrischen Strom zugrunde gelegt wird, nämlich vom höheren zum niedrigeren Potential. Die Elektronen wandern entgegengesetzt der Stromrichtung vom niedrigeren zum höheren Potential.

Die Gesetze der Elektrizitätsleitung in Metallen wurden in den vorangegangenen Kapiteln der §§ 221 und 222 besprochen.

Die gute Leitfähigkeit der Metalle rührt von der großen Zahl freier Leitungselektronen her, die in der Größenordnung von 10^{23} je Kubikzentimeter liegt. Ihre Wanderungsgeschwindigkeit ist außerordentlich gering; sie beträgt Bruchteile von Millimetern in der Sekunde. Die großen Stromstärken entstehen nicht durch die wesentlich gesteigerte Geschwindigkeit der Ladungsträger, sondern infolge deren ungeheuren Anzahl.

§ 2232 Elektrizitätsleitung in Flüssigkeiten

Im Gegensatz zur metallischen Leitung ist die Elektrizitätsleitung in Flüssigkeiten eine Ionenleitung. Positive und negative Ionen bewegen sich zwischen den in eine Flüssigkeit eingetauchten Elektroden (Stromzuführungen) und bilden zusammen den elektrischen Strom.

Während chemisch reines Wasser mit $\varrho = 10^{10}\,\Omega\ \mathrm{mm^2/m}$ einen sehr hohen Leitungswiderstand hat, genügen kleine Beimengungen eines löslichen Salzes oder saure oder basische Zusätze, um es gut leitend zu machen. Der Grund hiefür ist die Bildung von Ionen durch Dissoziation (s. § 14), die jetzt den Elektrizitätstransport durchführen können, wenn die Elektroden an Spannung gelegt werden. Dabei wandern die positiven Ionen zur negativen Elektrode, der *Kathode*, und die negativen Ionen zur positiven Elektrode, der *Anode*. Die Flüssigkeit wird als Trägerin der Strömung *Elektrolyt* genannt.

Sobald nach Anlegen der Spannung die Bewegung der Ionen einsetzt, findet also eine chemische Zerlegung des Elektrolyten statt, die man *Elektrolyse* nennt und bei der auch noch sekundäre chemische Reaktionen auftreten können. In

verdünnter Schwefelsäure erhält man beispielsweise an der Kathode Wasserstoff und an der Anode Sauerstoff, so daß scheinbar das Wasser zersetzt wurde.
Tatsächlich findet zunächst eine Trennung der Schwefelsäure in H_2 und SO_4
statt. Während der Wasserstoff an der Kathode in Form von Blasen entweicht,
verbinden sich die zur Anode wandernden SO_4-Ionen mit dem Wasser nach

$$SO_4 + H_2O = H_2SO_4 + O$$

zu Schwefelsäure, wobei Sauerstoff frei wird.

Bei der Elektrolyse wandern immer die Metallatome und Wasserstoff zur
Kathode, die Atome der Nichtmetalle und Säurereste zur Anode. Radikale verhalten sich wie Wasserstoff. Nun enthält jedes Mol[1] eines Stoffes

$$L = 6{,}027 \cdot 10^{23}$$

Moleküle. Diese Zahl gilt für alle Stoffe und heißt *Loschmidtsche Zahl*. Sie gibt
gleichzeitig die Anzahl der Ionen im Molekül an. Sind die Ionen n-wertig, dann
trägt jedes die Ladung ne. Im Mol ist also die Ladung Lne
vorhanden. Um bei der Elektrolyse ein Mol in Bewegung zu
setzen, das heißt ein Mol eines Stoffes auszuscheiden, ist
daher eine Ladung

$$Q = Lne = n \cdot F \qquad (1)$$

erforderlich, worin

$$F = Le = 6{,}027 \cdot 1{,}60 \cdot 10^4 \, C = 96\,500 \, C \qquad (2)$$

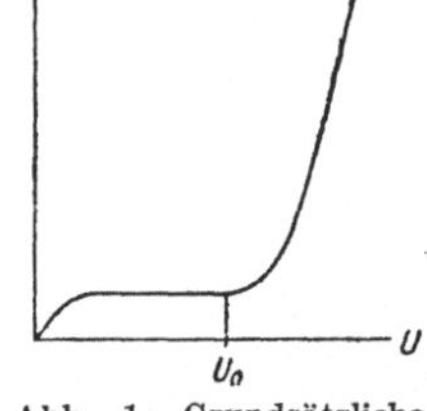

Abb. 1 Grundsätzliche
Kennlinie für die Elek-
trizitätsleitung in einer
isolierenden Flüssigkeit

Äquivalentladung genannt wird. Sie ist zur Ausscheidung
eines Moles eines einwertigen Stoffes aufzubringen. Die
durch (1) dargestellte Beziehung wird *Faradaysches Gesetz*
genannt. Seine Ableitung zeigt, daß — wenigstens innerhalb
bestimmter Grenzen — bei der elektrischen Strömung durch wässerige Lösungen
Strom und Spannung einander proportional sind, also dem Ohmschen Gesetz
gehorchen. Der Widerstand der Lösung ist dabei stark von der Konzentration
der Lösung abhängig. Er sinkt mit zunehmender Konzentration und wachsender
Temperatur (negativer Temperaturkoeffizient).

Bei nichtelektrolytischen Flüssigkeiten, vor allem bei den isolierenden Flüssigkeiten, wie etwa den technischen Isolierölen, ist der Zusammenhang ein ver-
wickelterer. Er ist im wesentlichen durch die Abb. 1 dargestellt und hängt stark
von der Viskosität der Flüssigkeit ab.

Die Stromstärken sind dem isolierenden Charakter entsprechend zunächst
sehr klein. Bei Erhöhung der angelegten Spannung verliert aber schließlich die
Flüssigkeit ihre Isolationsfähigkeit und wird leitend, so daß größere Stromstärken
auftreten; es kommt zu einem *Durchschlag*. Der Mechanismus des Durchschlages
ist sehr verwickelt und kann hier nicht behandelt werden. Von praktischer
Bedeutung ist vor allem die Bestimmung der Durchschlagsspannung, das ist der
Spannung, bei der der Durchschlag erfolgt.

§ 2233 Elektrizitätsleitung in Gasen

Die Elektrizitätsströmung in Gasen ist eine Ionenströmung und ähnelt in
diesem Belange der Strömung durch isolierende Flüssigkeiten. Für das Zustandekommen der Strömung ist auch hier das Vorhandensein von Elektrizitätsträgern

---

[1] Ein Mol (Grammatom) eines Stoffes ist jene Menge in Gramm, die dem Mole-
kulargewicht (Atomgewicht) des Stoffes gleich ist, z. B. ein Mol $H_2O = 2$ g $H +$
$+ 16$ g $O = 18$ g Wasser.

wesentlich. Sie kommen auf zwei verschiedene Arten in die Entladungsbahn, durch Austritt von Elektronen aus der Kathode oder durch Ionisation des Gases.

Ist die Strömungsbahn das Vakuum, so kann nur die erste Art der Trägerbereitstellung in Frage kommen, da ja keine Gasmoleküle vorhanden sind, die ionisiert werden könnten. Der Elektronenaustritt aus der Kathode erfolgt durch *Glühemission*. Dazu wird die als Glühfaden ausgebildete Kathode stark erhitzt und damit ihre Aufbauteilchen einschließlich der freien Leitungselektronen in erhöhte Schwingungen versetzt (Temperaturschwingungen). Die Elektronen können schließlich eine kinetische Energie erreichen, die sie befähigt, den Molekülverband zu verlassen und aus der Oberfläche auszutreten. Vor der Kathode sammelt sich dann eine Wolke von Elektronen an.

Wird das Vakuum in einem abgeschlossenen Gefäß (Elektronenröhre) erzeugt und dieses durch eine zweite Elektrode (Anode) ergänzt, und legt man zwischen Kathode und Anode eine Gleichspannung, so erhalten die Elektronen Kräfte im entstandenen elektrischen Feld, die sie aus der Elektronenwolke um die

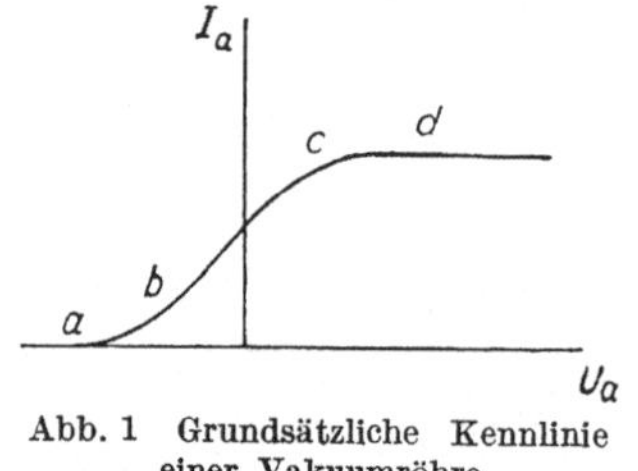

Abb. 1 Grundsätzliche Kennlinie
einer Vakuumröhre

Kathode ziehen und gegen die Anode führen. Es entsteht so im Außenkreis ein elektrischer Strom vergleichsweise kleiner Stromstärke, der sich in der Röhre von der Anode zur Kathode fortsetzt. Alle Radioröhren bauen auf diesem Grundprinzip auf. Die grundsätzliche Kennlinie einer Vakuumröhre zeigt die Abb. 1. Der Strom strebt einem Sättigungswert zu, der durch die in der Zeiteinheit von der Kathode emittierten Elektronen, also durch die Heizung der Kathode bestimmt wird. Für die praktischen Anwendungen ist der mittlere, nahezu geradlinige Teil der Kennlinie der wichtigste. Er folgt dem „Raumladungsgesetz"

$$I = K\, U^{3/2}, \tag{1}$$

in dem die Konstante K von den Abmessungen der Röhre abhängt.

Ist das Entladungsgefäß mit Gas gefüllt, so stellen sich bei Glühmission ganz ähnliche Verhältnisse ein. Es besteht aber noch eine andere Möglichkeit der Trägerbildung.

Zunächst enthält das Gas immer eine kleine Zahl von Elektronen und Ionen, die durch Ionisation aus von außen kommender Radium- oder Höhenstrahlung entstehen. Demgemäß kommt beim Anlegen einer Spannung eine schwache Strömung zustande, die bald einem Sättigungswert zustrebt, der durch die in der Zeiteinheit entstehende Ionenanzahl bestimmt ist.

Bei Steigerung der Spannung wird zwar die Geschwindigkeit der Elektronen vergrößert, doch bleibt die Stromstärke aus dem eben erwähnten Grund konstant und von der Spannung unabhängig. Schließlich erreichen aber die Elektronen eine solche Geschwindigkeit, daß sie beim Zusammenstoß mit den Gasmolekülen diese ionisieren (Stoßionisation) und damit neue Ionen bilden. Das Gas erhält damit eine wesentlich größere Leitfähigkeit; der Strom steigt stark an. Gleichzeitig wird eine Leuchterscheinung sichtbar, die davon herrührt, daß nicht alle Zusammenstöße zu einer Ionisierung, sondern vielfach nur zu einer Anregung (s. § 14) führen.

Bei weiterer Erhöhung der Spannung werden die Stoßionisationen so zahlreich, daß der Ionengehalt lawinenhaft ansteigt. Von den entstandenen positiven Ionen, die zur Kathode fliegen, werden nun einzelne befähigt, selbst Gasmoleküle zu ionisieren oder beim Aufprallen auf die Kathode aus dieser Elektronen zu befreien. Erreicht diese Erscheinung ein Ausmaß, bei dem in der Zeiteinheit ebensoviele Elektronen neu entstehen als verlorengehen, dann ist zur Aufrechterhaltung der Entladung eine Energiezufuhr nicht mehr erforderlich. Die bisher als unselbständig bezeichnete Entladung ist *selbständig* geworden. Die Spannung, bei der dies eintritt, wird *Zündspannung* genannt.

Eine weitere Steigerung der Stromstärke hat jetzt nicht nur keine Spannungssteigerung, sondern im allgemeinen sogar eine Spannungsabsenkung zur Folge. Dabei nimmt die Entladung typische Kennzeichen in den Formen und Leuchterscheinungen an. Zwei Hauptformen können im wesentlichen unterschieden werden, die Glimmentladung und die Bogenentladung. Eine große Zahl von Zwischenformen und Übergängen erschweren eine systematische Einteilung.

Für die *Glimmentladung* ist kalte Kathode und milde Leuchterscheinung kennzeichnend. Sie tritt meist bei stark inhomogenen Feldern auf, also an Spitzen, Kanten und starken Krümmungen. Da die Glimmschicht leitend ist, wird durch sie die Oberfläche des glimmenden Körpers vergrößert, und zwar in solchem Ausmaß, daß die Feldstärke unter die Zündfeldstärke sinkt.

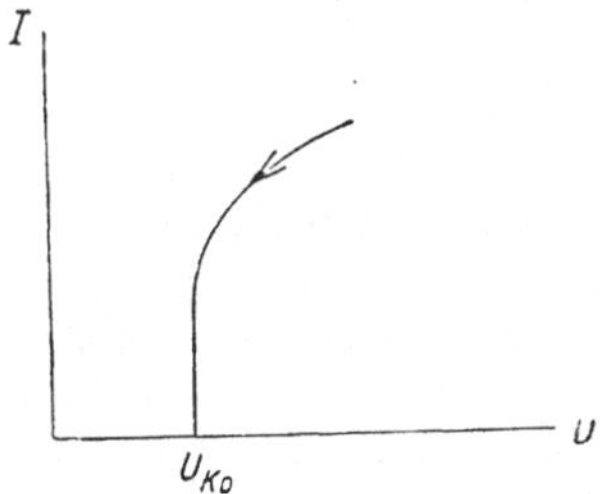

Abb. 2 Kennlinie einer Glimmentladung

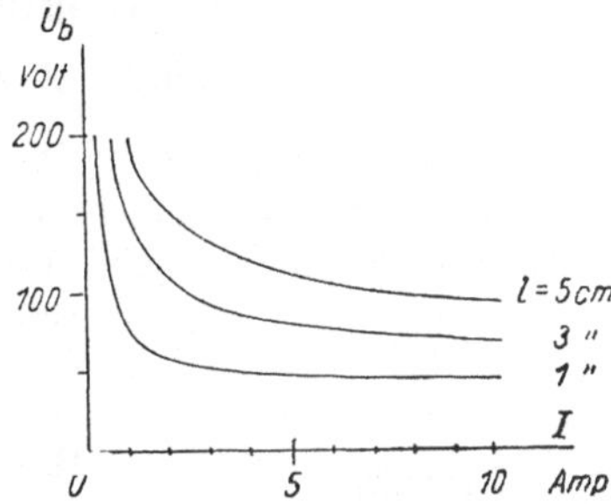

Abb. 3 Kennlinie der Bogenentladung

Die Kennlinie einer Glimmentladung ist in der Abb. 2 angegeben. Sie zeigt für einen großen Strombereich Unabhängigkeit von der Spannung. Die zugehörige Spannung U_{k0} wird „normaler Kathodenfall" genannt. Zahlenwerte hiefür nennt die folgende Tab. 1.

Tabelle 1. Normaler Kathodenfall in Volt

Kathodenmaterial	Luft	N$_2$	Gas H$_2$	He	Ne	Hg	Ar
Aluminium	229	179	171	141	120	245	100
Eisen	269	215	198	161	153	298	131
Kalium	—	170	94	59	68	—	64
Kupfer	252	208	214	177	—	447	131
Platin	277	216	276	165	152	340	131
Zink	277	216	184	143	—	—	119

Die *Bogenentladung* tritt mehr bei homogenen Feldern und Speisung durch eine stromstarke Stromquelle auf. Meist erwärmt sich dabei die Kathode sehr stark, so daß sie viele Elektronen emittiert (thermischer Bogen). Oft werden aber Elektronen auch durch sehr starke Felder vor der Kathode aus dieser herausgezogen (Feldbogen). Die Leuchterscheinung wird wesentlich intensiver und nimmt die Form eines Lichtbogens an.

Die Kennlinie ist fallend und hängt von der Bogenlänge ab (s. Abb. 3). Sie wird gerne durch die *Ayrtonsche* Gleichung

$$U = a + bl + \frac{c + dl}{J} \qquad (1)$$

angenähert. Werte für die Konstanten $a \ldots d$ nennt die folgende Zahlentafel.

Tabelle 2. Konstante zur Ayrtonschen Gleichung

Elektrodenmaterial	a V	b V/cm	c W	d W/cm
Eisen	16	25	9	150
Kohle.......................	39	21	12	105
Kupfer......................	21	30	11	152
Platin.......................	24	48	—	203
Silber	14	36	11	190

§ 23 Elektromagnetisches Feld

§ 231 Das ruhende elektromagnetische Feld im Vakuum

§ 2311 Grundbegriffe und Feldgleichungen

Fließt in einem Leiter ein elektrischer Strom, so zeigt die Erfahrung, daß in seiner Umgebung magnetische Wirkungen auftreten. Magnetisierbare Körper werden magnetisch und durch ponderomotorische Kräfte beeinflußt. Ein solches magnetisches Feld entsteht bei jeder elektrischen Strömung im Raum der Strömung und in ihrer Umgebung.

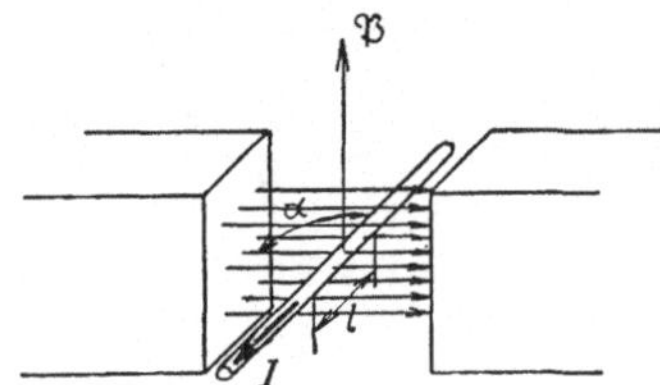

Abb. 1 Kraftwirkung auf einen stromdurchflossenen Leiter im magnetischen Feld

Die magnetische Wirkung eines stromdurchflossenen Drahtes wird vervielfacht, wenn man ihn zu einer Spule zusammenbiegt, innerhalb der sich die Wirkungen der einzelnen Windungen addieren. Untersucht man das magnetische Feld im Innern einer gestreckten Spule, so findet man, daß dieses der Stromstärke I und der Windungszahl w in der Spule direkt, der Länge der Spule verkehrt proportional ist. Es ist also auch der Größe

$$H = \frac{I\,w}{l} \qquad (1)$$

verhältnisgleich. In dieser bezeichnet man das Produkt aus Stromstärke und Windungszahl als *Amperewindungen* (abgekürzt AW); H ist also die auf die Längeneinheit bezogene Amperewindungszahl. Sie ist maßgebend für die Erregung des magnetischen Feldes und wird *magnetische Erregung*[1] genannt. Je konzentrierter die Amperewindungen sind, desto größer ist der „Druck", der das magnetische Feld erzeugt. Die Größe H ist also zunächst nicht die physikalische Feldgröße, sondern die primäre Größe, die erst zur Ausbildung des magnetischen Feldes führt. Dieses letztere wird durch eine Feldgröße dargestellt, die sich aus dem in der Abb. 1 beschriebenen Versuch ableiten läßt.

Ein elektrischer Leiter (Kupferdraht) wird in senkrechte Lage zu einem Magnetfeld gebracht und an Spannung gelegt. Sobald in ihm Strom fließt, wird der Leiter senkrecht zur Feld- und Stromrichtung aus dem Feld getrieben. Die auftretende Kraft erweist sich proportional der Stromstärke I und der Länge l

---

[1] Im Schrifttum ist leider hiefür vielfach noch die historisch entstandene Bezeichnung *magnetische Feldstärke* gebräuchlich.

des sich im Magnetfeld befindlichen Leiterstückes. Bei nicht senkrechter Lage des Leiters zum Magnetfeld nimmt die Kraft mit dem Sinus des Neigungswinkels ab. Es ist also

$$\boxed{P = B\,I\,l\sin\alpha}, \tag{2}$$

worin B zunächst die Proportionalitätskonstante des Erfahrungsgesetzes darstellt. Versucht man die physikalische Bedeutung dieser Größe zu ergründen, so kommt man zu dem Ergebnis, daß sie nur die Stärke des magnetischen Feldes darstellen kann, das ja zweifellos in die Gleichung eingehen muß. Man nennt daher B die *Feldstärke* des magnetischen Feldes[1]. Da sie eine Richtung im Raum hat, wird sie oft als Vektorgröße geschrieben und dann mit $\mathfrak{B}$ bezeichnet.

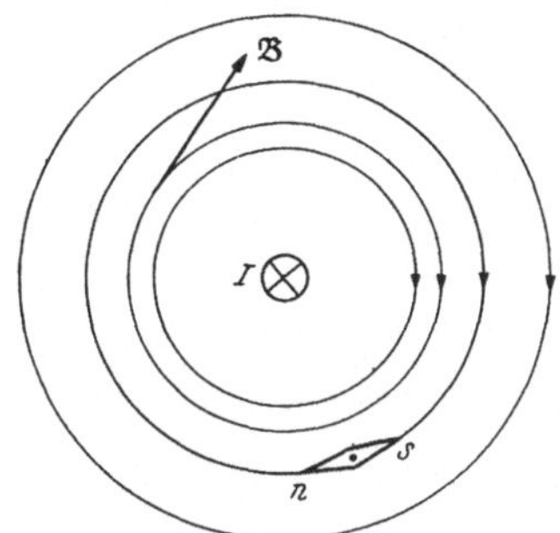
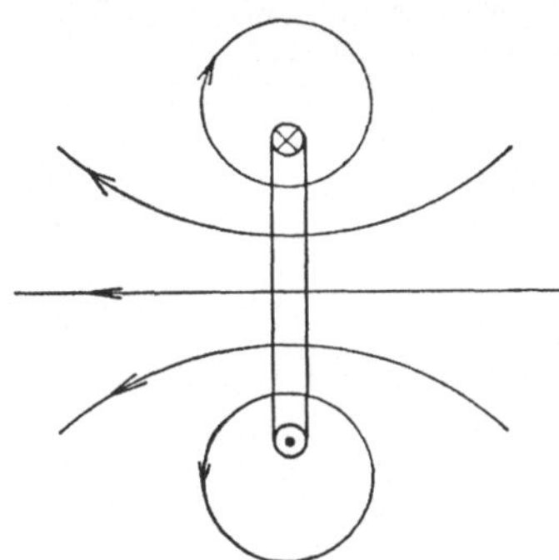

Abb. 2 Feldbild eines unendlich langen, strom- Abb. 3 Feldbild einer stromdurchflossenen Windung
durchflossenen Leiters

$\mathfrak{B}$ ist jetzt tatsächlich eine Kenngröße des physikalischen magnetischen Feldes. Natürlich mußte dieses irgendwie erregt worden sein, so daß man von vornherein bei der Darstellung des Kraftgesetzes die Erregung H hätte berücksichtigen können. Es hätte dann ein anderer Proportionalitätsfaktor μ_0 gesetzt werden müssen, so daß das Kraftgesetz die Form

$$P = \mu_0\,H\,I\,l\sin\alpha \tag{3}$$

angenommen hätte. Der Faktor μ_0, dessen Bedeutung sich am besten aus der aus (2) und (3) gewonnenen Beziehung

$$\mathfrak{B} = \mu_0\,\mathfrak{H} \tag{4}$$

erkennen läßt, erhielt den Namen *Induktionskonstante*[2].

Auch die Erregung $\mathfrak{H}$ hat eine Richtung im Raum, nämlich die Richtung der Achse der erregenden Feldspule. Da $\mathfrak{H}$ und $\mathfrak{B}$ im allgemeinen gleichgerichtet sind, konnte (4) in Vektorform geschrieben werden.

Genau so wie in der Elektrostatik, kann man auch das magnetische Feld durch Feldlinien darstellen und beschreiben. Äquipotentialflächen lassen sich aber nur in besonderen Fällen angeben. So zeigen die Abb. 2 bis 4 beispielsweise einige typische Feldlinienbilder. In jedem Punkt hat die Feldstärke $\mathfrak{B}$ die

---

[1] Im Schrifttum wird für B meist die Bezeichnung *magnetische Induktion* gebraucht, da bereits für H der Ausdruck magnetische Feldstärke vorweggenommen wurde. Es ist höchste Zeit, daß einmal der Mut aufgebracht wird, von dieser historisch entstandenen, aber physikalisch unrichtigen und vor allem im Unterricht irreführenden Bezeichnung abzugehen. Erstmalig geschah dies bereits durch W. WESTPHAL in seinem bekannten Lehrbuch der Physik.

[2] Im Schrifttum auch absolute Permeabilität des Vakuums genannt.

Richtung der Tangente an die Feldlinie; eine frei bewegliche Magnetnadel stellt
sich also in die Tangentenrichtung ein.

Das Kraftgesetz (2) ist noch durch eine Richtungsregel zu ergänzen. Strom,
Feld und Kraft stehen senkrecht aufeinander und bilden ein rechtwinkeliges
Rechtssystem. Da ähnliche Verhältnisse auch in weiteren Gesetzen auftreten,
sei in Abb. 5 eine *allgemeine Richtungsregel* angeführt. Dabei handelt es sich
immer um eine auslösende Ursache in einem Felde, die zu einer Wirkung führt.
Ursache, Feld und Wirkung bilden dann stets ein Rechtssystem, derart, daß eine
Verdrehung des Vektors der auslösen-
den Ursache in die Richtung des Feldes

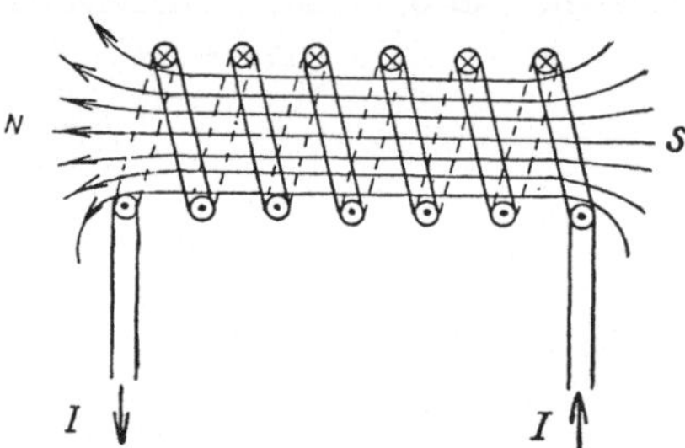

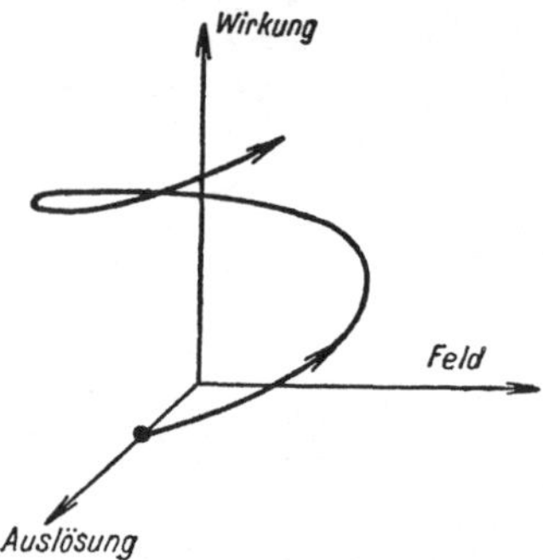

Abb. 4 Feldbild einer stromdurchflossenen Spule Abb. 5 Allgemeine Richtungsregel

bei einer Rechtsschraubung in die Richtung der Wirkung zeigt. Im vorliegenden
Falle ist die auslösende Ursache der elektrische Strom, das Feld das vorhandene
magnetische Feld und die Wirkung die auftretende Kraft.

Die Gl. (2) ermöglicht die Definition einer Einheit für die magnetische Feldstärke. Es ist

$$(B) = \frac{\mathrm{N}}{\mathrm{A\,m}} = \frac{\mathrm{N\,m}}{\mathrm{A\,m^2}} = \frac{\mathrm{W\,s}}{\mathrm{A\,m^2}} = \frac{\mathrm{V\,s}}{\mathrm{m^2}}.$$

Leider ist für diese Einheit kein Name gebräuchlich. Es steht vielmehr noch
die 10^4mal so kleine, nicht kohärente Einheit Gauß (G)

$$1\,\mathrm{G} = 1\,\frac{\mathrm{V\,s}}{\mathrm{cm^2}} = 10^{-4}\,\frac{\mathrm{V\,s}}{\mathrm{m^2}}$$

im Gebrauch.

Für die magnetische Erregung erhält man aus (1) die Einheit

$$(H) = 1\,\frac{\mathrm{A}}{\mathrm{m}},$$

für die ebenfalls kein besonderer Name besteht.

Genaue Messungen von $\mathfrak{H}$ und $\mathfrak{B}$ ergeben jetzt für die Induktionskonstante
den Wert

$$\boxed{\mu_0 = 1{,}256 \cdot 10^{-8}\,\frac{\mathrm{V\,s}}{\mathrm{A\,m}}}. \tag{5}$$

An Stelle des elektrischen Stromes I im besprochenen Kraftgesetz kann
auch eine bewegte Ladung Q treten, die mit einer Geschwindigkeit v die Be-
einflussungsstrecke l durchläuft. Es ist dann mit

$$Q = I\,t, \qquad t = \frac{l}{v}, \quad \text{also} \quad I = \frac{Q\,v}{l}.$$

$$P = B\,Q\,v \sin \alpha. \tag{6}$$

Ist $Q = e$ die Elementarladung, so gibt (6) z. B. die Kraft an, mit der ein mit der Geschwindigkeit v unter dem Winkel α in ein magnetisches Feld eintretendes Elektron beeinflußt wird. Die vorhin angegebene Richtungsregel gilt auch hier; auslösende Ursache ist jetzt die Geschwindigkeit v[1].

Das magnetische Feld erschien bisher als von elektrischen Strömen erzeugt. Die Natur liefert aber in den Dauermagneten offenbar auch von elektrischen Strömen unabhängige Magnete. Tatsächlich wurden diese in der historischen Entwicklung auch zuerst beobachtet und das daraus entwickelte Gebiet des Magnetismus als abgeschlossener Zweig der Physik angesehen. Erst später erkannte man, daß es sich um einen Sonderfall auf dem Gebiet der Elektrizitätslehre handelt.

Bei den Dauermagneten stellte man fest, daß sie — ähnlich den elektrischen Ladungen — eine zweifache Polarität aufweisen und ihre Hauptwirkung in zwei ausgeprägten Punkten des Magneten, den Polen, zeigen (Nordpol und Südpol). Trotzdem diese Pole immer paarweise auftreten, auch wenn man einen vorhandenen Magneten beliebig oft auseinanderbrach, ordnete man den Polen ähnlich den elektrischen Ladungen auf einem Dipol „magnetische Mengen" zu, die man Polstärken nannte, über deren substantiellen Charakter man sich aber keine Vorstellungen machen konnte. Immerhin war es möglich, durch Verwendung sehr langer Stabmagnete den Einfluß eines Poles praktisch auszuschalten und damit einzelne Pole zu untersuchen. Man fand dann auf experimentellem Wege ein dem Priestleyschen Gesetz entsprechendes Kraftgesetz von der Form

$$P = K_m \frac{p_1 p_2}{r^2}, \tag{7}$$

worin p die Polstärken und K_m die Proportionalitätskonstante bedeuten. Dieses Gesetz wird Coulombsches Gesetz genannt. Wie in der Elektrizitätslehre, kann man auch hier von der Theorie der Fernwirkung auf die Nahewirkung übergehen, indem man für die Wirkung eines Poles mit der Polstärke p eine Feldstärke $\mathfrak{B}$ als Quotient aus Kraft und Polstärke definiert.

$$\mathfrak{B} = \frac{P}{p} = K_m \frac{p}{r^2}. \tag{8}$$

Da über die Konstante K_m noch frei verfügt werden kann, soll die so definierte Feldstärke der bereits in (2) definierten gleichgesetzt werden. Damit ist eine völlige Analogie zur Elektrostatik erzielt.

Die Kraft, die ein Magnetpol p in einem magnetischen Feld von der Stärke $\mathfrak{B}$ erfährt, ist dann

$$P = p \, \mathfrak{B}. \tag{9}$$

Die Feldlinien gehen jetzt offenbar wieder von den Magnetpolen aus und endigen an jenen entgegengesetzter Polarität. Außerhalb der Magnete existiert ein Potential und es können wie im elektrostatischen Feld Äquipotentialflächen gezogen werden.

Es kann nun leicht ein Zusammenhang zwischen den beiden Kraftgesetzen (6) und (7) aufgezeigt werden. Setzt man in (6) die Feldstärke nach (8) ein, so wird

$$P = K_m \frac{Q \, p}{r^2} \, v \sin \alpha$$

als Kraft einer bewegten Ladung auf einem ruhenden Magnetpol oder zwischen einem bewegten Magnetpol und einer ruhenden Ladung. Diese Gleichung wird

---

[1] Für ein Elektron ist natürlich die Elementarladung mit negativem Vorzeichen einzuführen.

elektrodynamisches Grundgesetz genannt. Die Feldstärke ist jetzt auch gegeben durch

$$\mathfrak{B} = \frac{P}{p} = K_m \frac{Q}{r^2} v \sin \alpha.$$

In den bisherigen Gleichungen ist der noch nicht näher bestimmte Faktor K_m und die noch nicht definierte Polstärke p enthalten. Für beide sollen nun noch endgültige Ausdrücke gewonnen werden. Betrachtet man das Feldbild einer Spule (Abb. 4), so erkennt man, daß es dem Feldbild eines Stabmagneten gleicht, wenn man beim letzteren die Feldlinien in das Innere des Magneten fortsetzt und schließt. Man wird so unmittelbar zu der Ansicht geführt, daß auch bei den permanenten Magneten das Feld durch elektrische Ströme, die durch die in den Atomen kreisenden Elektronen gebildet werden, verursacht ist. Schematisch ist dies etwa durch die Abb. 6 angedeutet, aus der zu erkennen ist, daß die atomaren Elementarströme i wie ein Spulenstrom I wirken. Es gibt dann also keine eigene „magnetische Substanz", sondern der Magnetismus ist stets eine Äußerung des elektrischen Stromes. Die Feldlinien sind dann aber immer geschlossene Linien.

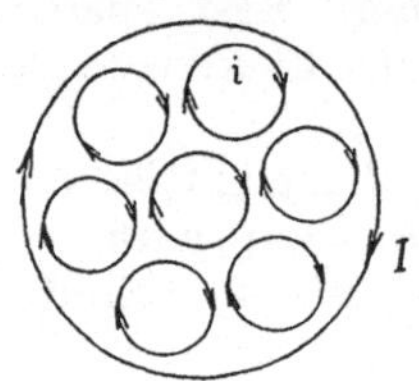

Abb. 6 Schematische Darstellung der Wirkung der atomaren Elementarströme

Um nun zu einer Deutung des Begriffes Polstärke zu kommen, sei von dem in den Abb. 7 und 8 dargestellten Vergleich ausgegangen. Bei diesem wird in einem Magnetfeld $\mathfrak{B}$ einmal eine Spule und dann ein Stabmagnet gleicher Länge angeordnet und die

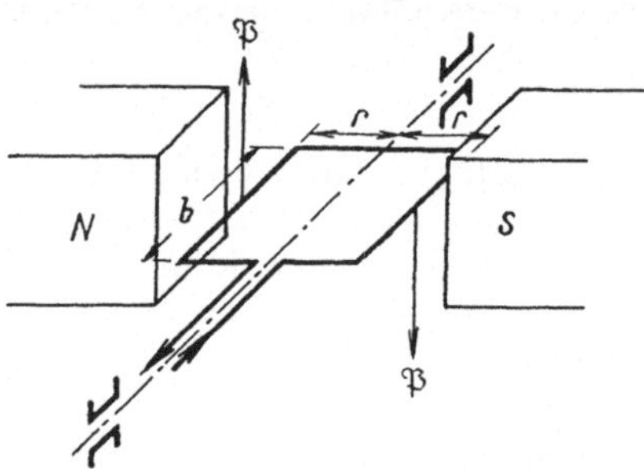

Abb. 7 Spule im Magnetfeld

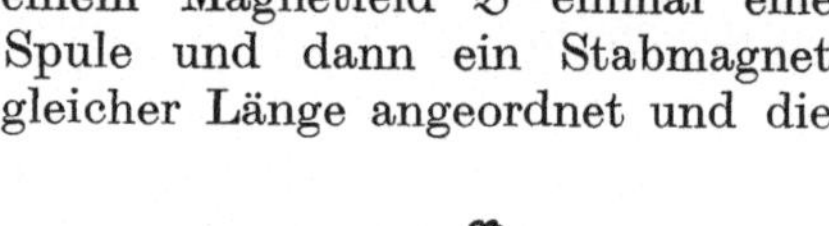
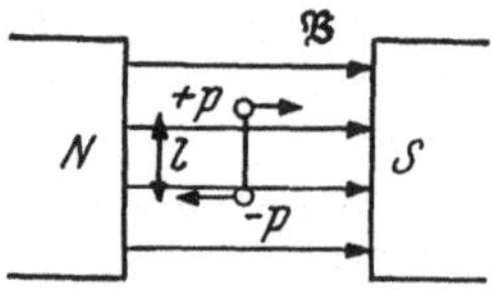

Abb. 8 Stabmagnet im Magnetfeld

Spulenerregung so lange geändert, bis in beiden Fällen das gleiche Verhalten erzielt wird.

Besteht die Spule aus einer Windung und ist ihre Breite im Magnetfeld b (Abb. 7), so erfährt jede Spulenseite nach (2) eine Kraft $P = B I b$, die Spule also ein Drehmoment

$$D = 2 P r = B I b \, 2 r = B I F,$$

wenn F die Spulenfläche ist. Hat die Spule w Windungen, so wird das Drehmoment

$$D = w B I F.$$

Nun erzeugt die Spule selbst ein magnetisches Feld vermöge ihrer Erregung $H_{Sp} = I w / l$ von der Größe

$$B_{Sp} = \mu_0 \frac{I w}{l}.$$

Erweitert man diese Gleichung mit der Spulenfläche F, so steht links das Produkt aus Feldstärke und Fläche. Dieses Produkt wird *magnetischer Fluß* genannt und mit Φ bezeichnet. Es ist dann also

$$\Phi = \mu_0 \frac{F w}{l} I \quad \text{oder} \quad I = \Phi \frac{l}{\mu_0 \, w \, F}.$$

und das Drehmoment in Abhängigkeit vom Spulenfluß

$$D = \frac{\Phi}{\mu_0}\, B\, l.$$

Wird die Spule durch den Drehmagnet mit den Polstärken p ersetzt (Abb. 8), so ist

$$D = p\, B\, l.$$

Durch Gleichsetzen wird

$$\boxed{p = \frac{\Phi}{\mu_0} = H\, F}. \tag{10}$$

Die Polstärke eines Magneten ist also nichts anderes als der $\mu_0$te Teil seines magnetischen Flusses oder sein Erregungsfluß.

Für den magnetischen Fluß erhält man als Einheit die Voltsekunde (Vs). Leider wird auch hier noch eine Einheit aus dem Gauß abgeleitet, und zwar

$$1 \text{ Maxwell (M)} = 1 \text{ G cm}^2 = 10^{-8} \text{ Vs.}$$

Mit der Definition (10) der Polstärke läßt sich jetzt auch das Coulombsche Gesetz wie folgt ableiten.

Ein Pol von der Stärke $p_1 = \Phi_1/\mu_0$ erzeugt in der Entfernung r ein Magnetfeld von der Stärke

$$B = \frac{\Phi_1}{4\, r^2\, \pi} = \mu_0 \frac{p_1}{4\, r^2\, \pi}. \tag{11}$$

Wird dorthin jetzt ein Pol von der Stärke $p_2 = \Phi_2/\mu_0$ gebracht, so erfährt er eine Kraft $P = p_2\, B$ oder nach Einsetzen

$$\boxed{P = \frac{\mu_0}{4\,\pi}\, \frac{p_1\, p_2}{r^2} = \frac{1}{4\,\pi\,\mu_0}\, \frac{\Phi_1\, \Phi_2}{r^2}}. \tag{12}$$

Das ist das Coulombsche Gesetz, in dem jetzt

$$K_m = \frac{\mu_0}{4\,\pi} \tag{13}$$

genauer definiert ist. Damit schreibt sich jetzt auch das elektrodynamische Grundgesetz ausführlicher

$$P = \mu_0 \frac{Q\, p}{4\,\pi\, r^2}\, v \sin \alpha. \tag{14}$$

Es läßt jetzt folgende Deutungen zu:

Eine bewegte Ladung Q erzeugt im Abstand r ein magnetisches Feld von der Stärke

$$B = \mu_0 \frac{Q}{4\,\pi\, r^2}\, v \sin \alpha. \tag{14 a}$$

Ein bewegter Pol p erzeugt im Abstand r ein elektrisches Feld

$$\mathfrak{E} = \mu_0 \frac{p}{4\,\pi\, r^2}\, v \sin \alpha. \tag{14 b}$$

Liegt ein irgendwie gestalteter linearer Stromleiter vor, so trägt jedes Stromelement zur Ausbildung des magnetischen Feldes bei. Es ist dann mit $Q = I\, \mathrm{d}s/v$ der Anteil

$$\mathrm{d}B = \mu_0 \frac{I\, \mathrm{d}s}{4\,\pi\, r^2}\, \sin \alpha \tag{15}$$

(Biot-Savartsche Regel). α ist dabei der Winkel zwischen Stromrichtung und

Fahrstrahl zum Aufpunkt. Das Gesamtfeld eines geschlossenen Stromkreises ergibt sich durch Integration über alle Stromelemente.

Wird ein Magnetpol längs einer Feldlinie bewegt, so wird Arbeit geleistet oder verbraucht von der Größe $A = \int p\, B\, \mathrm{d}s \cos (B, \mathrm{d}s)$. Bei einer vollständigen Umführung um einen unendlich langen, geradlinigen Stromleiter ist dann, da die Feldlinien konzentrische Kreise sind und B längs einer Feldlinie — wie anschließend abgeleitet werden soll — konstant und gleich $\mu_0 I / 2\pi r$ ist,

$$A = p \oint B\, \mathrm{d}s = p\, \frac{\mu_0 I}{2\pi r}\, 2\, r\, \pi = \mu_0 I\, p.$$

Daraus ergibt sich die allgemeingültige, von r unabhängige Beziehung

$$\oint B\, \mathrm{d}s \cos (B, \mathrm{d}s) = \mu_0 I$$

oder

$$\boxed{\oint H\, \mathrm{d}s \cos (H, \mathrm{d}s) = I} \tag{16}$$

die als *Durchflutungsgesetz* bekannt ist. Danach ist das Linienintegral der magnetischen Erregung längs einer beliebigen geschlossenen Linie dem von dieser eingeschlossenen Strom(durchflutung) gleich. Für I ist dabei im allgemeinen Fall die (algebraische) Summe aller umschlossenen Ströme einzusetzen.

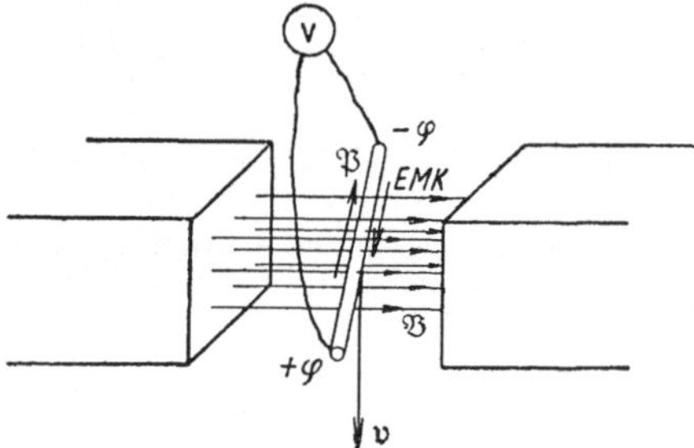

Abb. 9 Zum Induktionsgesetz

Neben dem Durchflutungsgesetz hat noch das *Induktionsgesetz* überragende praktische Bedeutung. Zu seiner Ableitung sei von der Anordnung nach Abb. 9 ausgegangen. Dabei werde ein linearer Leiter durch ein Magnetfeld B gezogen, was auch gleichwertig ist mit einem ruhenden Leiter, an dem in entgegengesetzter Richtung das Magnetfeld vorbeigezogen wird. Es liegt dann der Fall (14 b) vor. Setzt man darin den Ausdruck (11) ein, so wird

$$\mathfrak{E} = B\, v \sin \alpha. \tag{17}$$

Im Leiter entsteht also ein elektrisches Längsfeld, dessen Stärke der magnetischen Feldstärke und der Relativgeschwindigkeit zwischen Leiter und Feld proportional ist. Bei den praktischen Anwendungen ist α meist 90°, so daß $\mathfrak{E} = B\, v$ wird. Die Richtung ergibt sich wieder aus der früher angegebenen Richtungsregel, indem die Leitergeschwindigkeit (Ursache), magnetische Feldstärke (Feld) und elektrische Feldstärke (Wirkung) ein Rechtssystem bilden.

Das Induktionsgesetz läßt sich auch wie folgt ableiten. Bei der Bewegung des Leiters werden die einzelnen Leitungselektronen mitbewegt. Nach dem Kraftgesetz (6) wirkt dann auf jedes Elektron eine Kraft von der Größe $P = B e v$. Im Leiter können die Elektronen dieser Kraft folgen und sie wandern daher gegen das Leitungsende, wodurch eine elektrische Längsfeldstärke entsteht, die wiederum auf die Elektronen, aber in entgegengesetzter Richtung mit einer Kraft $P = e\, \mathfrak{E}$ wirkt. Die Größe der Elektronenverlagerung bestimmt die Höhe der Feldstärke. Sie wird in einem Ausmaß stattfinden, für das Gleichgewicht zwischen den beiden Kräften besteht, also

$$B\, e\, v = e\, \mathfrak{E},$$

woraus unmittelbar (17) folgt.

Ist die Länge des im magnetischen Feld befindlichen Leiters l, so tritt in ihm also eine elektromotorische Kraft E vom Betrag $\mathfrak{E}\,l$ auf. Das Induktionsgesetz nimmt dann die Form

$$\boxed{E = B\,l\,v\sin\alpha}\qquad(18)$$

an. Man gibt ihm oft noch eine weitere Form, die man aus der Umformung

$$l\,v\sin\alpha = l\,\frac{\mathrm{d}s}{\mathrm{d}t} = \frac{\mathrm{d}F}{\mathrm{d}t}$$

erhält, worin $\mathrm{d}F$ die vom Leiter in der Zeit $\mathrm{d}t$ senkrecht zu den Feldlinien überstrichene Fläche ist. Setzt man dies oben ein und schreibt man hier $B\,\mathrm{d}F = \mathrm{d}\Phi$, so wird

$$\boxed{E = -\,\frac{\mathrm{d}\Phi}{\mathrm{d}t}}.\qquad(19)$$

Die induzierte elektromotorische Kraft ist also gleich der zeitlichen Änderung des magnetischen Flusses. Das negative Vorzeichen stammt daher, daß eine Flußverminderung eine EMK im positiven Richtungssinn ergibt.

Die Form (19) des Induktionsgesetzes wird vorzugsweise bei der Berechnung der Induktionserscheinungen in Windungen und Spulen benützt, wobei dann Φ der eingeschlossene magnetische Fluß ist. Hat die Spule w Windungen, so addieren sich die EMKe aller Windungen infolge ihrer Hintereinanderschaltung zu

$$E = -\,w\,\frac{\mathrm{d}\Phi}{\mathrm{d}t}.\qquad(20)$$

Die Gl. (19) gilt auch für den Fall, daß Leiter und Magnetfeld örtlich in Ruhe bleiben, das Magnetfeld sich aber zeitlich ändert.

§ 2312 Beispiele einfacher magnetischer Felder

Als grundlegendes Beispiel sei zunächst das magnetische Feld eines *unendlich langen, geradlinigen* Stromes nachgerechnet. Für einen Punkt im Abstand r vom Leiter liefert ein Leiterelement $\mathrm{d}x$ im Abstand z (s. Abb. 1) nach (2311/15) einen Beitrag

$$\mathrm{d}B = \mu_0\,\frac{I\,\mathrm{d}x}{4\,\pi\,z^2}\,\frac{r}{z}.$$

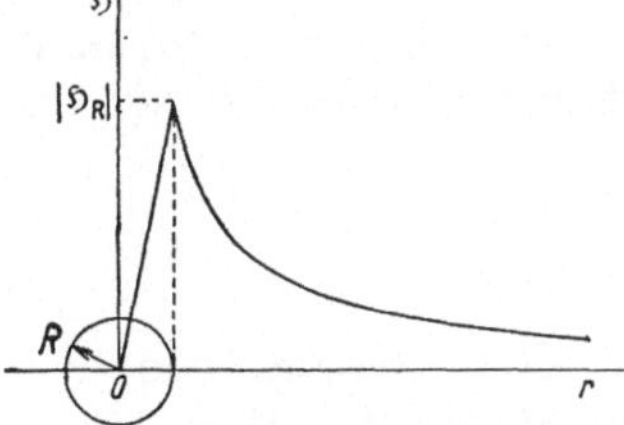

Abb. 1 Zur Ableitung des Feldes eines unendlich langen, geraden Leiters

Abb. 2 Feldverlauf eines unendlich langen, geraden Zylinders

Nach der Richtungsregel ist $\mathrm{d}B$ senkrecht auf die Zeichenebene, dem Beschauer zugewendet. Jedes Leiterelement liefert einen Beitrag in derselben Richtung, so daß das gesamte Feld durch einfache Integration gewonnen wird. Mit $z^2 = x^2 + r^2$ ergibt das Integral

$$B = \mu_0\,\frac{I}{2\,\pi\,r}\quad\text{bzw.}\quad H = \frac{I}{2\,\pi\,r}.\qquad(1)$$

Da $\mathfrak{B}$ senkrecht auf z und r steht und mit r konstant bleibt, sind die Feldlinien konzentrische Kreise um den Leiter.

Nach dem Durchflutungsgesetz ist einfach

$$\oint H \, ds \cos (H, ds) = H \int_0^{2\pi} r \, d\varphi = H \, 2 \, r \, \pi = I,$$

woraus unmittelbar (1) folgt.

Hat der Leiter einen endlichen Querschnitt, dann umschließen die Feldlinien im Leiterinneren nur einen Teil des Stromes und es liefert das Durchflutungsgesetz für Feldlinien mit einem Halbmesser r kleiner als dem Leiterhalbmesser R

$$H \, 2 \, r \, \pi = I \, \frac{r^2}{R^2},$$

woraus

$$H = \frac{r}{2 \, \pi \, R^2} I. \tag{2}$$

Die Feldstärke wächst also von der Leiterachse an zunächst proportional mit dem radialen Abstand, um dann von der Oberfläche an nach einer Hyperbel abzunehmen (s. Abb. 2).

Sind mehrere parallele Leiter vorhanden, dann sind die Teilfelder aller Leiter zu überlagern. Von Bedeutung ist der Fall *zweier paralleler Leiter* mit entgegengesetzt gleichen Strömen (Hin- und Rückleitung). Die Durchrechnung dieses Falles ergibt für die magnetische Erregung auf der Verbindungsebene der beiden Leiter, auf die sie überall senkrecht gerichtet ist,

$$H = \frac{I}{2 \, \pi} \frac{d}{\left(\dfrac{d}{2}\right)^2 - x^2}. \tag{3}$$

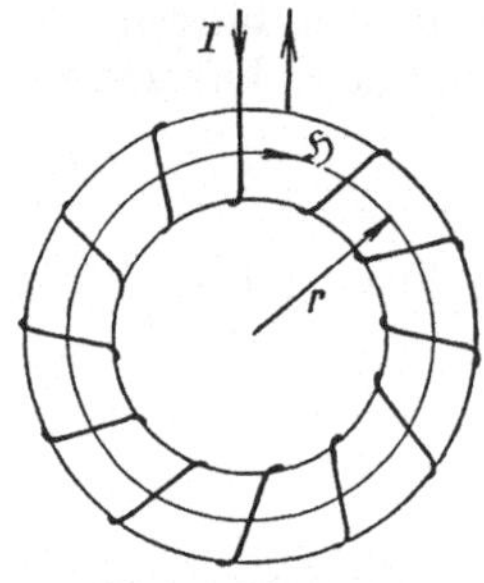

Abb. 3 Ringspule

Darin ist d der Abstand der Leiter voneinander und x der Abstand von der Mitte der Verbindungslinie zwischen den Leiterachsen.

In ähnlicher Weise findet man auch durch Anwendung der Biot-Savartschen Regel die magnetische Feldstärke in der Achse einer *kreisförmigen Stromschleife* vom Halbmesser R. Die Teilfeldstärken der Stromelemente sind zwar schräg zur Schleifenachse geneigt, doch heben sich je zwei Normalkomponenten gegenseitig auf. Die Komponenten in der Schleifenachse können dann einfach addiert werden. Die Durchrechnung ergibt

$$H = \frac{I}{2} \frac{R^2}{(R^2 + r^2)^{3/2}}, \tag{4}$$

wobei r den Abstand von der Schleifenmitte bedeutet. Im Mittelpunkt der Schleife ist mit $r = 0$

$$H_0 = \frac{I}{2 \, r}. \tag{5}$$

Ein weiterer, praktisch wichtiger Fall ist die *Ringspule*. Nach Abb. 3 ergibt das Durchflutungsgesetz bei w Windungen der Spule

$$\oint H \, ds = H \, 2 \, r \, \pi = I \, w$$

und

$$H = \frac{1}{2 \, \pi} \frac{I \, w}{r}. \tag{6}$$

Das Feld im Spuleninnern ist nahezu homogen.

§ 232 Das ruhende magnetische Feld in Materie

Untersucht man das magnetische Feld einer Spule bei gleichbleibender Erregung (Stromstärke) einmal im Vakuum und dann nach Ausfüllen des Feldraumes mit Materie, so findet man, daß sich die Feldstärke von einem Wert $\mathfrak{B}_0$ auf einen Wert $\mathfrak{B}$ geändert hat, der von der Art des Mediums abhängig ist. Das Verhältnis

$$M = \frac{\mathfrak{B}}{\mathfrak{B}_0} \tag{1}$$

nennt man Permeabilitätszahl[1] des betreffenden Stoffes. Sie ist eine dimensionslose Materialkonstante und gibt an, auf das Wievielfache die Feldstärke bei gleicher Erregung durch Ausfüllen des Feldraumes mit dem betreffenden Stoff angestiegen ist. Zahlenwerte nennt die folgende Tabelle.

Permeabilitätszahlen technisch wichtiger Stoffe

	Stoff	M
dia-magnetisch	Gold	$1 - 35 \cdot 10^{-6}$
	Kupfer	$1 - 10 \cdot 10^{-6}$
	Quecksilber	$1 - 25 \cdot 10^{-6}$
	Silber	$1 - 19 \cdot 10^{-6}$
	Wasser	$1 - 9 \cdot 10^{-6}$
	Wismut	$1 - 170 \cdot 10^{-6}$
	Zink	$1 - 12 \cdot 10^{-6}$
para-magnetisch	Aluminium	$1 + 22 \cdot 10^{-6}$
	Luft (1 atm)	$1 + 0,4 \cdot 10^{-6}$
	Palladium	$1 + 690 \cdot 10^{-6}$
	Platin	$1 + 330 \cdot 10^{-6}$
	Sauerstoff (1 atm)	$1 + 1,8 \cdot 10^{-6}$
ferro-magnetisch	Eisen, Kobalt, Nickel	bis zu einigen 10 000

Dabei unterscheidet man drei wesentlich voneinander verschiedene Stoffgruppen,

die *diamagnetischen* Körper, mit einer Permeabilitätszahl, die ein wenig kleiner als 1 ist,

die *paramagnetischen* Körper, mit einer Permeabilitätszahl ein wenig größer als 1 und

die *ferromagnetischen* Körper, mit einer Permeabilitätszahl viel größer als 1. Außerdem zeigt sich, daß die Permeabilitätszahlen der dia- und paramagnetischen Körper konstant sind, während sie bei den ferromagnetischen Körpern von der magnetischen Vorgeschichte abhängen.

Die ganze Erscheinung der Änderung der Feldstärke bei Anwesenheit von Materie rührt daher, daß die Atome und Moleküle mit ihren umlaufenden Elektronen Kreisströme darstellen, die elementare Magnete bilden. Diese Elementarmagnete sind beim unmagnetischen Stoff nach allen Richtungen orientiert und heben sich in ihrer Wirkung nach außen auf. In ein magnetisches Feld gebracht, erhalten sie gleichrichtende Kräfte und unterstützen oder schwächen das Feld je nach dem Drehsinn der Elementarströme. Auf den genaueren Mechanismus der verwickelten Erscheinung kann hier nicht eingegangen werden. Die Ausrichtung ist elastisch, die Unabhängigkeit also reversibel und linear.

---

[1] Im Schrifttum meist *relative Permeabilität* oder Permeabilität schlechthin genannt und mit μ_r bezeichnet.

Bei den ferromagnetischen Körpern werden die Elementarmagnete nicht im atomaren Bereich, sondern durch Mikrokristalle gebildet. Diese sind jetzt nicht mehr elastisch verdrehbar, sondern beeinflussen sich durch die gegenseitige Reibung. Sie können aus ihrer Lage erst nach Überwindung der Reibungskräfte geklappt werden und sind aus ihrer neuen Lage wiederum erst nach Erreichen bestimmter Teilkräfte zu bringen. Bei Abnahme der äußeren Erregung wird also die Feldstärke nachhinken und bei der Erregung Null eine Restfeldstärke verbleiben, die *Remanenz* genannt wird. Sie kann erst durch Anwendung einer negativen Erregung (*Koerzitivkraft* genannt) beseitigt werden. Diese ganze Erscheinung des Nachhinkens wird *Hysterese* genannt.

In dem Maße, als die Elementarmagnete umgeklappt werden, wird die zusätzliche Magnetisierung geringer. Es wird schließlich ein Sättigungszustand erreicht, bei dem die zusätzliche Erregung durch das ferromagnetische Medium konstant bleibt.

Die Abhängigkeit zwischen Feldstärke und Erregung wird durch die *Magnetisierungslinie* (Hysteresisschleife) dargestellt. Sie ist eine Kennlinie des ver-

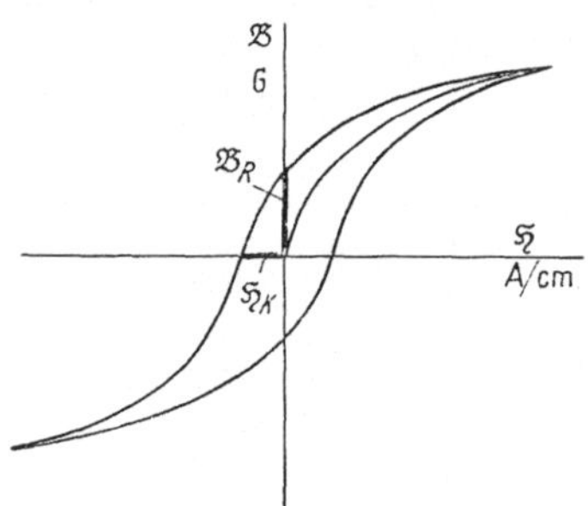

Abb. 1 Hysteresisschleife des Eisens

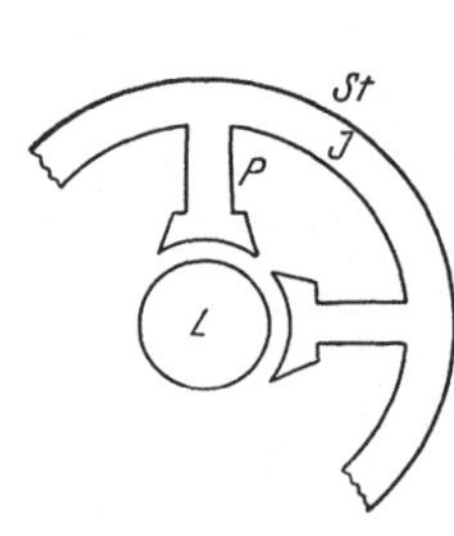

Abb. 2 Magnetischer Kreis einer elektrischen Maschine

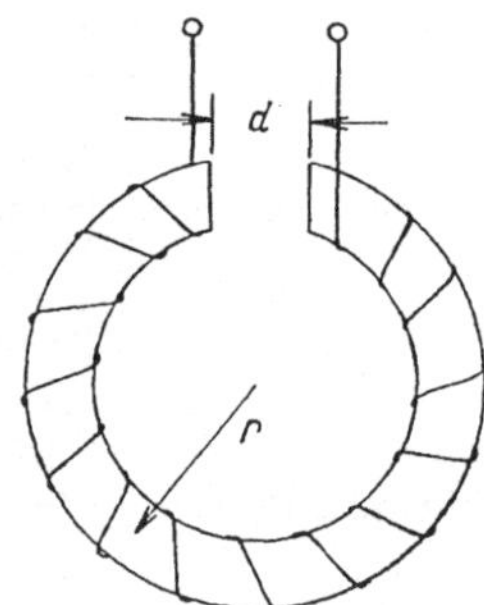

Abb. 3 Ringspule mit Luftspalt

wendeten Materials und kann in der Weite der Schleifenöffnung durch Materialbehandlung stark beeinflußt werden.

Beim erstmaligen Magnetisieren geht die Kennlinie vom Ursprung aus. Dieser Ast wird Neukurve genannt. Als Beispiel einer Magnetisierungslinie ist in der Abb. 1 die Hysteresisschleife einer bestimmten Eisensorte dargestellt. Remanenz $\mathfrak{B}_R$ und Koerzitivkraft $\mathfrak{H}_K$ sind besonders hervorgehoben.

Der im Elektromaschinenbau, meist in Blechform, verwendete Dynamostahl hat eine Permeabilitätszahl von 5000 ... 15000, die als Permalloy bezeichnete Nickel-Eisen-Legierung etwa 15000.

Setzt man in (1) die Grundbeziehung (2311/4) ein, so wird

$$\mathfrak{B} = M\,\mu_0\,\mathfrak{H}$$

oder

$$\boxed{\mathfrak{B} = \mu\,\mathfrak{H}} \qquad (2)$$

mit

$$\boxed{\mu = M\,\mu_0}. \qquad (3)$$

μ ist dann die *Permeabilität*[1] des betreffenden Stoffes. In allen bisher enthaltenen Gleichungen tritt jetzt μ statt μ_0. Die Induktionskonstante μ_0 ist nichts anderes als die Permeabilität des leeren Raumes.

---

[1] Im Schrifttum auch *absolute Permeabilität* genannt.

In der praktischen Anwendung tritt nun häufig der Fall auf, daß Materialien verschiedener magnetischer Eigenschaften im gleichen Erregerkreis liegen. So besteht beispielsweise der Magnetkreis der meisten elektrischen Maschinen aus einer Hintereinanderschaltung von verschiedenen Eisen- und Luftstrecken. Sowohl bei der Anwendung des Induktionsgesetzes bei den *Generatoren* (Stromerzeugern) als auch des Kraftgesetzes bei den *Motoren* ist es erforderlich, daß elektrische Leiter quer durch ein magnetisches Feld treten können. Um das Feld möglichst stark zu erhalten, bzw. die erforderliche Erregung — die ja in dem Energiehaushalt der Maschine als Verlust eintritt — so klein als möglich zu halten, wird es vorzugsweise in Eisen erzeugt. In diesem müssen dann Luftspalte angeordnet werden, damit die elektrischen Leiter durchtreten können. Die Abb. 2 zeigt die grundsätzliche Anordnung in einem Ausschnitt. Der Eisenkreis besteht aus dem drehbaren Läufer L und dem aus den Polen P und Jochen J gebildeten, festen Ständer St. Der Läufer trägt Nuten, in denen die elektrischen Leiter in Form von Drähten oder Stäben untergebracht werden. Zwischen Läufer und Polen ist ein Luftspalt notwendig. Die Pole tragen die Erregerwicklung für den magnetischen Kreis. Die eingezeichneten Feldlinien durchsetzen abwechselnd Eisen und Luft. Einzelne Feldlinien (strichliert gezeichnet) gehen nicht durch den Läufer; sie werden Streulinien genannt.

Das Grundsätzliche der Reihenschaltung von Eisen und Luft im magnetischen Kreis sei am Beispiel der Ringspule mit Luftspalt gemäß Abb. 3 gezeigt. Da die Feldlinien geschlossene Linien sind, muß — bei kleinem Luftspalt d — die Feldstärke im Luftspalt gleich der im Eisen sein.

Mit

$$\mathfrak{B}_L = \mu_0 \, \mathfrak{H}_L = \mathfrak{B}_{Fe} = M_{Fe} \, \mu_0 \, \mathfrak{H}_{Fe} = \mathfrak{B}$$

folgt daraus

$$\mathfrak{H}_L = M_{Fe} \, \mathfrak{H}_{Fe}.$$

Die zur Erzeugung eines Feldes von der Stärke $\mathfrak{B}$ erforderliche Erregung ist also für den Luftspalt M-mal so groß als für das Eisen. Im Sinne der Kleinhaltung der elektrischen Durchflutung trachtet man daher im allgemeinen, den Luftspalt möglichst klein zu halten.

Die Durchflutung $I\,w$ wird von den w, vom Strom I durchflossenen Windungen der Spule gebildet. Sie ergibt sich zu

$$I\,w = \mathfrak{H}_L \, d + \mathfrak{H}_{Fe}\,(2\,r\,\pi - d).$$

Die Aufteilung auf Strom und Windungszahl ist beliebig.

Im allgemeinen magnetischen Kreis, so beispielsweise auch bei den elektrischen Maschinen nach Abb. 2, sind Strecken verschiedener magnetischer Eigenschaften (z. B. Läufer aus Dynamoblech, Pole und Joche aus Stahlguß oder Gußeisen) in Reihe geschaltet. Es ist dann die (auf den Polen aufzubringende) Durchflutung (Amperewindungszahl)

$$I\,w = \sum \mathfrak{H}_i \, l_i,$$

wenn l_i die Länge der einzelnen Teilstrecken (Pollänge, Jochlänge usw.) bedeutet. Da die Feldlinien geschlossene Linien sein müssen, ist — bei Vernachlässigung der Streuung — der magnetische Fluß im Kreis konstant und daher

$$I\,w = \sum \frac{\Phi}{\mu_i F_i}\,l_i = \Phi \sum \frac{l_i}{\mu_i F_i}.$$

Mit

$$R_m = \sum \frac{l_i}{\mu_i F_i} \tag{4}$$

wird die Gleichung

$$\Phi = \frac{I\,w}{R_m} \tag{5}$$

in Analogie zum Ohmschen Gesetz (2221/2) als Ohmsches Gesetz für den magnetischen Kreis bezeichnet. Die Durchflutung spielt dabei die Rolle einer „magnetischen Spannung", R_m ist der magnetische Widerstand. Die Analogie ist aber nur eine formale; von einer Strömung ist hier keine Rede.

§ 233 Das veränderliche elektromagnetische Feld

§ 2331 Allgemeines

Wird die Annahme, daß die elektromagnetischen Feldgrößen und die Ströme zeitlich konstant bleiben, fallen gelassen, dann treten neue Gesetzmäßigkeiten in Erscheinung, die wiederum von der Geschwindigkeit abhängen, mit der die Veränderungen vor sich gehen. Erfolgen diese so langsam, daß das ganze betrachtete System in jedem Augenblick als in gleichem Zustand angesehen werden kann (quasistationäre Vorgänge), dann tritt zu den bisherigen Erscheinungen lediglich der *Verschiebungsstrom* in Isolatoren als neue Größe hinzu. Es ist dies jene Elektrizitätsströmung, die bereits in § 12 bei der Beschreibung des Ladevorganges eines Kondensators besprochen wurde.

Beim Anlegen an Spannung nimmt der Kondensator Ladung auf, die ihm von der Stromquelle zugeführt wird. In jedem Augenblick ist dann der Strom

$$i = \frac{dQ}{dt}.$$

Anderseits gilt für das elektrische Feld zwischen den Kondensatorplatten für eine Hüllfläche um die Platten mit der Fläche F nach (211/12)

$$Q = \oint \mathfrak{D}\,dF \cos \alpha.$$

Die Änderung

$$\frac{dQ}{dt} = i_v = \frac{d}{dt} \oint \mathfrak{D}\,dF \cos \alpha \tag{1}$$

ist dann der im Dielektrikum auftretende Strom, der also dem Zuleitungsstrom gleich ist. Er wird Verschiebungsstrom genannt und bildet die direkte Fortsetzung des äußeren Leitungsstromes, so daß die Strombahnen wieder geschlossen sind. Solange also Q und damit $\mathfrak{D}$ veränderlich ist, bildet ein Dielektrikum keine Stromunterbrechung. Dies ist erst der Fall, wenn $\mathfrak{D}$ konstant wird, wie nach erfolgter Aufladung mit Gleichspannung.

Die Dichte der Verschiebungsströmung ergibt sich aus (1) durch Differenzieren nach F zu

$$\mathfrak{G}_v = \frac{d\mathfrak{D}}{dt} = \varepsilon \frac{d\mathfrak{E}}{dt}. \tag{2}$$

Ist das Dielektrikum kein vollkommener Isolator, tritt in ihm also eine Leitungsströmung $\mathfrak{G}_l = \varkappa\,\mathfrak{E}$ auf, so ist die Gesamtströmung in ihm die Summe aus der Leitungs- und Verschiebungsströmung. Die Gl. (221/4) ist dann zu ergänzen auf

$$\mathfrak{G} = \mathfrak{G}_l + \mathfrak{G}_v = \varkappa\,\mathfrak{E} + \varepsilon \frac{d\mathfrak{E}}{dt}. \tag{3}$$

Erfolgen die Zustandsänderungen sehr rasch, dann muß berücksichtigt werden, daß eine Änderung an einer Stelle des betrachteten Systems eine endliche, wenn auch sehr kurze Zeit braucht, um an eine andere Stelle des Systems vorzudringen. Die dadurch bedingten zusätzlichen Erscheinungen bilden den Gegenstand der Hochfrequenztechnik.

§ 2332   Wechselstromtechnik

§ 23321 *Wechselströme und ihre Darstellung*

Es sollen zunächst wieder nur Vorgänge in linearen Leitern betrachtet werden. Die aufgedrückten Spannungen seien aber nicht mehr konstant, sondern zeitlich veränderlich. Bei den technischen Anwendungen trachtet man stets eine sinusförmige Veränderlichkeit zu erzielen, so daß

$$u = U_m \sin(\omega t + \psi) = U_m \sin \beta \tag{1}$$

gesetzt werden kann. Darin bedeuten

u den Augenblickswert der Spannung[1],
U_m den Höchst- oder Scheitelwert derselben,
t die Zeit,
ω, ψ Konstante,
β den Phasenwinkel.

Der Strom ändert sich dann ganz analog etwa nach der Gleichung

$$i = I_m \sin(\omega t + \varphi) = I_m \sin \alpha. \tag{2}$$

In kartesischen Koordinaten dargestellt, ergibt dies die Abb. 1. Dabei wird für

$$t = 0: \qquad\qquad i_0 = I_m \sin \varphi,$$
$$t = t_0 = -\frac{\varphi}{\omega}: \qquad \alpha = 0, \quad i = 0.$$

Der Strom ging also bereits zur Zeit t_0 vor der Zeitzählung durch Null, er hat den Phasenwinkel $\varphi = -\omega t_0$. i_0 ist der Strom zu Beginn der Zeitzählung. Durch φ ist also die Phasenlage des Stromes bestimmt. Zwei solche Sinusschwingungen haben im allgemeinen verschiedene Phasenlagen. Die Differenz ihrer Phasenwinkel heißt *Phasenverschiebung*. Die frühere Schwingung heißt der späteren

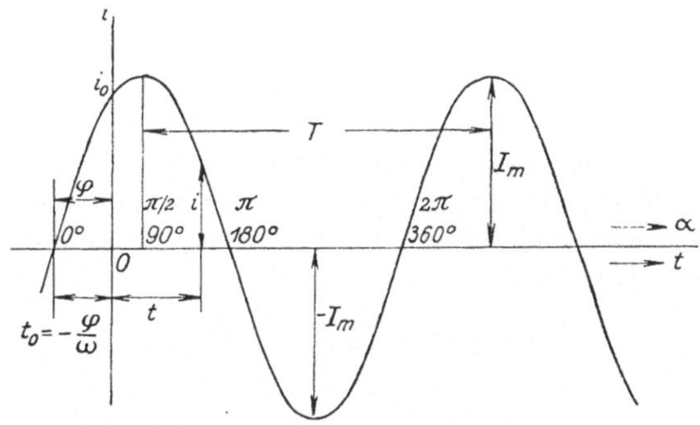

Abb. 1 Technischer Wechselstrom

voreilend, die spätere der früheren *nacheilend*. Die Phasenverschiebung zwischen Strom und Spannung nach (1) und (2) ist $\psi - \varphi$. Ist die Phasenverschiebung Null, dann heißen die Schwingungen *gleichphasig*.

Erreicht die Schwingung nach der Zeit T wieder denselben Wert, dann gilt

$$\sin[\omega(t + T) + \varphi] = \sin(\omega t + \varphi + 2\pi)$$

oder

$$\omega T = 2\pi$$

und

$$T = \frac{2\pi}{\omega}. \tag{3}$$

---

[1] Augenblicksgrößen sollen stets mit kleinen Buchstaben bezeichnet werden.

T wird *Periodendauer* genannt. Ihr Kehrwert

$$f = \frac{1}{T} \tag{4}$$

ist dann die Anzahl der Perioden in der Zeiteinheit. Er heißt *Periodenzahl* oder *Frequenz* der Schwingung. Die Anzahl der Schwingungen in $2\,\pi$ Zeiteinheiten

$$\omega = 2\,\pi\,f = \frac{2\,\pi}{T} \tag{5}$$

ist die *Kreisfrequenz*. Frequenzgleiche und gleichphasige Schwingungen heißen *synchron*.

Als Frequenzeinheit dient eine Periode in der Sekunde. Sie wird auch 1 *Hertz* (Hz) genannt. In der Starkstromtechnik ist in Europa die Frequenz von 50 Hz genormt. In der Fernmelde- und Hochfrequenztechnik werden Frequenzen bis zu 10^6 Hz und mehr verwendet.

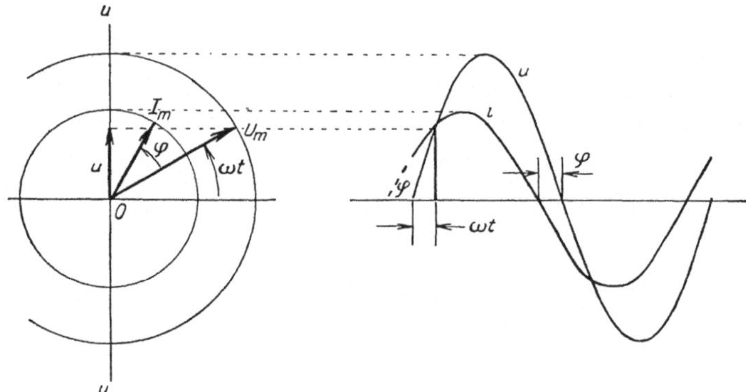

Abb. 2 Vektordarstellung sinusförmiger Wechselstromgrößen

Zur Kennzeichnung der Stromstärke eines sinusförmigen Wechselstromes definiert man den *Effektivwert*. Es ist dies jener äquivalente Gleichstrom I, der in einem Widerstand R die gleiche Wärme entwickelt. Man findet ihn also aus der Gleichung

$$I^2\,R = \frac{1}{T}\int_0^T i^2\,R\,\mathrm{d}t = \frac{R\,I_m^2}{T}\int_0^T \sin^2\omega\,t\,\mathrm{d}t = \frac{I_m^2}{2}\frac{R\,T}{T}$$

zu

$$\boxed{I = \frac{I_m}{\sqrt{2}}}. \tag{6}$$

Er ist mathematisch gesehen der quadratische Mittelwert.

Der arithmetische Mittelwert über eine Halbperiode

$$I_{\mathrm{mittel}} = \frac{2}{\pi}\,I_m \tag{7}$$

spielt keine wesentliche Rolle in der Wechselstromtechnik. Die Definition des Effektivwertes ist in gleicher Weise auch auf andere Wechselstromgrößen, vor allem auch die Spannung übertragbar.

Die Darstellung der Wechselstromgrößen durch Winkelfunktionen ist recht unhandlich; man kann sie nach Abb. 2 durch die wesentlich elegantere Vektordarstellung ersetzen oder ergänzen. Im rechten Teil der Abbildung sind die Sinuslinien einer Wechselspannung u und eines um den Winkel φ vorauseilenden

Stromes i eingetragen. Beide Kurven können aus den im linken Teil der Figur gezeichneten, um den Ursprung O entgegen dem Uhrzeiger mit der Winkelgeschwindigkeit ω rotierenden Vektoren U_m und I_m abgeleitet werden, wenn deren Lagen in jedem Augenblick auf die Ordinaten der rechten Figurenhälfte projiziert werden. Das linke „Vektordiagramm" liefert alles Erforderliche, nämlich Größe der Wechselstromgrößen und ihre gegenseitige Phasenlage, wesentlich einfacher und übersichtlicher. Vektordiagramme werden daher in der Wechselstromtechnik bevorzugt verwendet.

§ 23322 *Elektromagnetische Erscheinungen*

Als völlig neue Erscheinung tritt die *Selbstinduktion* auf. Da jeder Strom ein magnetisches Feld erzeugt und dieses dem Strom proportional ist, ändert sich das magnetische Feld eines Wechselstromes mit diesem zeitlich sinusförmig. Ein sich änderndes Feld induziert aber in einem elektrischen Leiter — also auch in dem, der den Wechselstrom führt — eine elektromotorische Kraft. Diese Erscheinung wird Selbstinduktion genannt. Kann die Permeabilität konstant angenommen werden, dann ist der vom Strom i erzeugte Fluß diesem proportional

$$\Phi = L\,i. \tag{1}$$

Der Proportionalitätsfaktor L, *Induktivität* oder *Selbstinduktionskoeffizient* genannt, ist von der Form der Anordnung abhängig. Setzt man (1) in das Induktionsgesetz (2311/20) ein, so wird die Selbstinduktionsspannung, wenn die Windungszahl in L einbezogen wird,

$$\boxed{e_s = -\,L\,\frac{di}{dt}}. \tag{2}$$

Es seien nun für einige einfache Anordnungen die Selbstinduktionskoeffizienten abgeleitet.

Für die *Ringspule* wird aus (2312/6)

$$w\,\Phi = \frac{\mu\,F}{2\,\pi}\,\frac{i\,w^2}{r},$$

also

$$L = \frac{\mu\,F}{2\,\pi\,r}\,w^2 = \frac{w^2}{R_m}. \tag{3}$$

Für die *gestreckte Spule* erhält man in gleicher Weise aus

$$w\,\Phi = \frac{\mu\,F\,i\,w^2}{l},$$

$$L = \frac{\mu\,F}{l}\,w^2 = \frac{w^2}{R_m}. \tag{4}$$

Für zwei *parallele Leiter* (aus Hin- und Rückleitung bestehende Leiterschleife) wird aus (2312/3) der Fluß durch einen schmalen Streifen von der Breite dx und der Leiterlänge l

$$d\Phi = \frac{\mu\,l\,i}{2\,\pi}\,\frac{d}{\left(\dfrac{d}{2}\right)^2 - x^2}\,dx.$$

Durch Integration über die Schleifenfläche und Division durch i wird daraus

$$L_a = \frac{\mu}{\pi}\,l\,\ln\frac{d-r}{r}, \tag{5}$$

worin r den Leiterhalbmesser bedeutet. Für die in Luft verlegte Leitung
($\mu \approx \mu_0$) gilt dann mit $r \ll d$ je Längeneinheit angenähert

$$L_a' = \frac{\mu_0}{\pi} \ln \frac{d}{r}. \tag{6}$$

Dabei ist allerdings das Feld im Leiterinneren vernachlässigt, für das sich ein
Wert von

$$L_i' = \frac{\mu_0}{4\pi}$$

errechnen läßt. Für die Leiterschleife ergibt sich damit eine Gesamtinduktivität
(l Leiterlänge)

$$L = \frac{\mu_0}{\pi} l \left(\ln \frac{d}{r} + 0{,}25\right). \tag{7}$$

Als Einheit der Induktivität findet man nach (2) die Induktivität, bei der
bei Änderung des Stromes um 1 Ampere in 1 Sekunde gerade eine EMK von
1 Volt durch Selbstinduktion erzeugt wird. Diese Einheit wird *Henry* (H) genannt. Es ist also

$$1\,\text{H} = 1\,\frac{\text{V s}}{\text{A}}. \tag{8}$$

Auch zwei getrennte Spulen wirken aufeinander, indem der von der einen
Spule erzeugte magnetische Wechselfluß teilweise oder ganz die zweite Spule
durchsetzt und in ihr eine EMK induziert. Ist der von der ersten Spule erzeugte
Fluß $\Phi = L_1 i_1$ und der Teil desselben, der die zweite Spule durchsetzt,

$$\Phi_{12} = M i_1, \tag{9}$$

so ist die in der zweiten Spule induzierte EMK

$$e_2 = -\frac{d\Phi_{12}}{dt} = -M \frac{di_1}{dt}. \tag{10}$$

M heißt *Gegeninduktivität*. Fließt in der zweiten Spule ein Strom i_2, so ist auch
umgekehrt die von i_2 in der ersten Spule induzierte EMK

$$e_1 = -M \frac{di_2}{dt}.$$

Führen beide Spulen Strom, so gelten bei Vernachlässigung der Leiterwider-
stände die Gleichungen

$$\left.\begin{aligned}
e_1 &= -L_1 \frac{di_1}{dt} - M \frac{di_2}{dt}, \\
e_2 &= -L_2 \frac{di_2}{dt} - M \frac{di_1}{dt}.
\end{aligned}\right\} \tag{11}$$

Haben die Spulen die Windungszahlen w_1 und w_2 und durchdringt der ganze
Windungsfluß der ersten Spule auch die zweite, dann ist mit $\Phi_{12} = \Phi_1$

$$\frac{w_1 \Phi_1}{w_2 \Phi_{12}} = \frac{w_1}{w_2} = \frac{L_1 i_1}{M i_1} = \frac{L_1}{M}$$

und gleicherweise

$$\frac{L_2}{M} = \frac{w_2}{w_1},$$

womit

$$M^2 = L_1 L_2. \tag{12}$$

In der praktischen Anwendung ist dieser Fall nicht zu verwirklichen; es
treten immer Streufelder auf, die dann durch entsprechende Koeffizienten berücksichtigt werden.

Die Gegeninduktivität zwischen zwei Leiterschleifen hängt von deren gegenseitiger Lage ab. Bezeichnet man die Hin- und Rückleitung der einen Schleife mit 1 und 2, die der anderen, parallel dazu liegenden mit 3 und 4, und sind d_{ij} die Abstände zwischen dem i-ten und j-ten Leiter, so läßt sich errechnen

$$M = \frac{\mu_0}{2\,\pi}\, l \, \ln \frac{d_{14}\, d_{23}}{d_{13}\, d_{24}}. \tag{13}$$

Auch das Magnetfeld ist der Sitz von Energie und kann daher nur unter Arbeitsleistung aufgebaut werden. Umgekehrt wird bei seinem Verschwinden Energie frei. Zur Berechnung des Energieinhaltes eines magnetischen Feldes sei von einer langen, engen Spule ausgegangen. Bei Vernachlässigung des Widerstandes der Spulenwicklung hat die aufgedrückte Spannung die EMK der Selbstinduktion $L \, \mathrm{d}i/\mathrm{d}t$ zu überwinden. Die Stromquelle hat also die Leistung $L \, i \, \mathrm{d}i/\mathrm{d}t$ und während des Zeitelementes $\mathrm{d}t$ die Arbeit

$$\mathrm{d}A_m = L\, i \, \mathrm{d}i$$

aufzubringen. Bis zur Erreichung des Stromes i ist also die Arbeit

$$A_m = \int_0^i L\, i \, \mathrm{d}i = \frac{L\, i^2}{2}$$

geleistet worden. Diese Arbeit dient allein zum Aufbau des magnetischen Feldes. Nun ist aber

$$L\, i = w\, \Phi = w\, B\, F = \frac{w\, i}{i}\, B\, F\, \frac{l}{l} = \frac{H\, B}{i}\, F\, l = \frac{H\, B}{i}\, V,$$

worin V der vom Feld eingenommene Raum bedeutet (das Feld im Außenraum ist gegen das Feld im Spuleninneren vernachlässigbar klein). Der Energieinhalt des magnetischen Feldes ist also

$$W_m = \frac{L\, i^2}{2} = \frac{H\, B}{2}\, V. \tag{14}$$

In der Raumeinheit sitzt daher die Energie

$$\boxed{W_{1m} = \frac{H\, B}{2} = \frac{\mu\, H^2}{2} = \frac{B^2}{2\,\mu}}. \tag{15}$$

Ist μ nicht konstant, dann erhält man eine Gleichung für W_m aus $\mathrm{d}W_m = L\, i \, \mathrm{d}i = i\, L \, \mathrm{d}i = i\, w \, \mathrm{d}\Phi = H \, \mathrm{d}B\, V$ mit

$$W_{1m} = \int_0^H H \, \mathrm{d}B. \tag{16}$$

Man erhält damit den Energieinhalt beispielsweise eines Eisenkreises durch Planimetrieren der Fläche zwischen Hysteresisschleife und Ordinatenachse. Bei Wechselstrom wird die Schleife bei jeder Periode einmal durchlaufen. Das magnetische Feld wird in jeder Halbperiode auf-, in der nächsten abgebaut. Die für den Aufbau erforderliche Arbeit ist infolge der beiden Äste der Schleife größer als der Rückgewinn beim Abbau. Die Differenz — das ist der Flächeninhalt der Schleife — ist Verlustarbeit, die zum Ummagnetisieren des Eisens verbraucht und in Wärme umgewandelt wird.

§ 23323 *Ohmsches Gesetz*

Auch in der Wechselstromtechnik gibt es ein Ohmsches Gesetz, das die Linearität zwischen Strom und Spannung darstellt. Auch hier wird der Faktor, mit dem der Strom zu multiplizieren ist, um die Spannung zu erhalten, Widerstand genannt. Man unterscheidet in der Wechselstromtechnik aber drei verschiedene Widerstände.

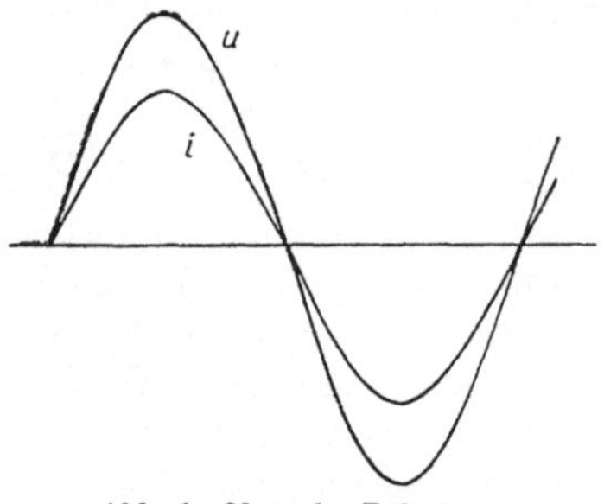

Abb. 1 Ohmsche Belastung

Als *Wirkwiderstand*[1] wird der von der Gleichstromtechnik bereits bekannte Widerstand

$$R = \varrho \, \frac{l}{F} \qquad (1)$$

bezeichnet. Da der Stromkreis für ein genügend kleines Zeitintervall wie ein Gleichstromkreis angesehen werden kann, muß $i = u/R$ und somit auch $I_m = U_m/R$ und vor allem

$$I = \frac{U}{R} \qquad (2)$$

sein. Strom und Spannung sind in jedem Augenblick einander proportional; sie sind daher auch gleichphasig. Kartesisches und Vektordiagramm zeigen die Abb. 1 und 2.

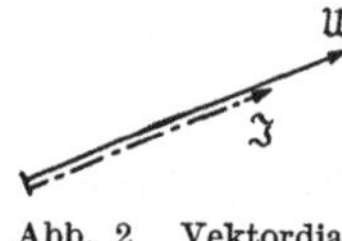

Abb. 2 Vektordiagramm der Ohmschen Belastung

Wird eine Spule mit dem Selbstinduktionskoeffizienten L und vernachlässigbarem Widerstand der Wicklung an eine Wechselspannung gelegt, so nimmt sie einen Strom $i = I_m \sin \omega t$ auf. In der Spule wird eine EMK der Selbstinduktion

$$e_L = -L \, \frac{di}{dt} = -L \, I_m \, \omega \cos \omega t = + \omega L \, I_m \sin (\omega t - 90^0)$$

induziert. Diese eilt also dem Strom um 90° nach und hat den Scheitelwert

$$E_{Lm} = I_m \, \omega \, L.$$

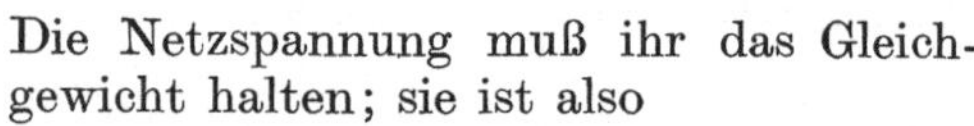

Abb. 3 Induktive Belastung

Die Netzspannung muß ihr das Gleichgewicht halten; sie ist also

$$u = -e_L = I_m \, \omega \, L \sin (\omega t + 90°)$$

und eilt dem Strom um 90° voraus. Umgekehrt eilt also der Strom der aufgedrückten Spannung um 90° nach. Zeitund Vektordiagramm geben die Abb. 3 und 4. Für die Effektivwerte gilt

$$I = \frac{U}{\omega L}. \qquad (3)$$

Das ist das Ohmsche Gesetz für rein induktive Belastung. ωL wird *induktiver Widerstand* genannt. Er nimmt mit der Frequenz zu und verschwindet für Gleichstrom.

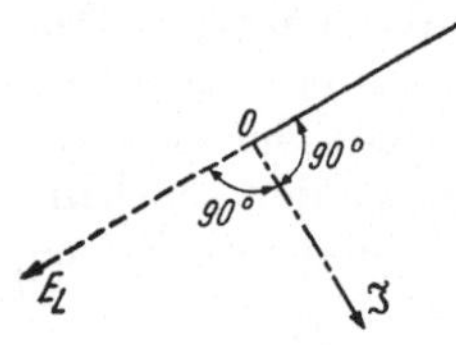

Abb. 4 Vektordiagramm der induktiven Belastung

Die dritte Art der Belastung ist die rein kapazitive durch einen Kondensator. Wird an diesem die Spannung um einen Betrag du geändert, so ändert sich nach (211/17) seine Ladung um den Betrag $dQ = C \, du$. Es gilt also mit $dQ = i \, dt$

$$\boxed{i = C \, \frac{du}{dt}}. \qquad (4)$$

Ist die aufgedrückte Spannung $u = U_m \sin \omega t$, so wird

$$i = \omega C \, U_m \cos \omega t = \omega C \, U_m \sin (\omega t + 90°).$$

---

[1] Oft auch als Ohmscher Widerstand bezeichnet.

Der Strom eilt der aufgedrückten Spannung um 90° voraus und steht mit ihr
in der Beziehung

$$I = \omega\, C\, U = \frac{U}{\dfrac{1}{\omega C}}.\tag{5}$$

$\dfrac{1}{\omega C}$ ist der *kapazitive Widerstand*. Er sinkt mit zunehmender Frequenz und ist
für Gleichstrom unendlich groß. Bei entsprechend großem C oder hohen Frequenzen verhält sich also ein Kondensator zunächst wie ein guter Leiter, während
er für Gleichstrom eine Stromunterbrechung darstellt.

Die Bedeutung der drei Wechselstromwiderstände sei noch wie folgt unter-
strichen. Der Wirkwiderstand ist maßgebend für die Verluste. Strom und
Spannung sind in Phase. Das ergibt — wie später noch gezeigt wird — eine
dauernd gleichgerichtete Arbeitsleistung, die in Wärme umgewandelt wird. Der
Vorgang entspricht der Reibung in der Mechanik.

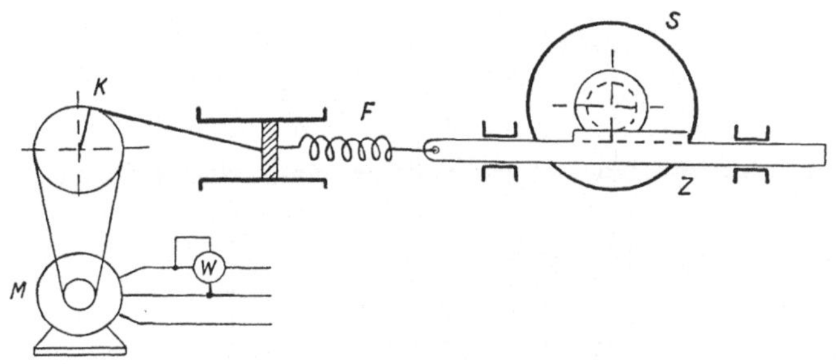

Abb. 5 Mechanisches Analogon zum Wechselstromkreis

Beim induktiven Widerstand bleibt der Strom gegenüber der aufgedrückten
Spannung um 90° zurück. Er hat sein Maximum, wenn die Spannung Null ist,
und umgekehrt. Die Ladungen müssen wie die Massen in der Dynamik erst in
Bewegung gesetzt werden. Die Bewegung trachtet sich aufrecht zu erhalten,
selbst wenn die treibende Spannung Null wird. Das erinnert an die Trägheit
der Mechanik. Das Analogon ist das Schwungrad. Die Abb. 5 zeigt dies in
einem Versuch. Zwischen der Antriebskraft der Feder F und der Winkel- oder
Umfangsgeschwindigkeit des durch die Zahnstange Z angetriebenen Schwung-
rades besteht 90°ige Phasenverschiebung. Bei Anwesenheit von Induktivität
kann sich der Strom nicht sprunghaft ändern. Das würde auch nach (23322/2)
eine unendlich hohe Spannung erfordern.

Der kapazitive Widerstand ist durch das Verhalten des Kondensators bereits
in § 212 gekennzeichnet worden. Die charakteristische Eigenschaft ist die
Elastizität. Die mechanische Vergleichsgröße ist die Feder. Diese nimmt im
ersten Moment eine Kraft widerstandslos auf und entwickelt seine Gegenkraft
in dem Maße ihrer Verspannung. Die Spannung am Kondensator kann sich
nicht sprunghaft ändern, sondern geht stetig von dem einen in den anderen
Zustand über. Dies folgt auch wieder aus der Grundgleichung (4).

Die drei Wechselstromwiderstände treten in einem Stromkreis nur selten in
reiner Form allein auf. Schon Spule und Kondensator haben in ihrer technischen
Ausführung Verluste, die durch die Spulenwiderstände bzw. die Unvollkommen-
heit des Dielektrikums gegeben sind und stets durch Wirkwiderstände dargestellt
werden können. Von Bedeutung sind zunächst wieder die Reihen- und die
Parallelschaltung der Widerstände, für die auch wieder Ersatzwiderstände er-

mittelt werden können. Jede andere Kombination ist dann leicht aus diesen beiden Grundschaltungen ableitbar.

Bei der *Reihenschaltung* muß in jedem Augenblick die Summe der Spannungen an den Widerständen der aufgedrückten Augenblicksspannung gleich sein, also

$$u = u_R + u_L + u_C = i\,R + L\,\frac{di}{dt} + \frac{1}{C}\int i\,dt.$$

Setzt man für i die Sinusfunktion $I_m \sin \omega t$ ein, so wird

$$u = I_m\,R \sin \omega t + I_m\left(\omega L - \frac{1}{\omega C}\right)\cos \omega t.$$

Das ist die Summe zweier Sinusschwingungen gleicher Frequenz, die wieder eine Sinusschwingung derselben Frequenz ergibt. Es ist also der Ansatz

$$u = U_m \sin(\omega t + \varphi) = U_m \cos\varphi \sin \omega t + U_m \sin\varphi \cos \omega t$$

erlaubt. Der Vergleich mit der vorangehenden Gleichung ergibt dann die Beziehungen

$$U_m \cos\varphi = I_m\,R,$$

$$U_m \sin\varphi = I_m\left(\omega L - \frac{1}{\omega C}\right).$$

Quadratur und Addition, bzw. Division liefert dann die beiden Gleichungen

$$\boxed{\,I = \frac{U}{\sqrt{R^2 + \left(\omega L - \dfrac{1}{\omega C}\right)^2}}\,} \tag{6}$$

und

$$\boxed{\,\operatorname{tg}\varphi = \frac{\omega L - \dfrac{1}{\omega C}}{R}\,} \tag{7}$$

(6) ist das Ohmsche Gesetz für die Reihenschaltung, (7) gibt den Winkel an, um den der Strom der aufgedrückten Spannung nacheilt.

Schreibt man allgemein

$$\boxed{\,I = \frac{U}{Z}\,} \tag{8}$$

oder

$$\boxed{\,I = U\,Y\,}, \tag{9}$$

so wird für die Reihenschaltung

$$\boxed{\,Z = \sqrt{R^2 + \left(\omega L - \dfrac{1}{\omega C}\right)^2}\,}, \tag{10}$$

$$\boxed{\,Y = \frac{1}{\sqrt{R^2 + \left(\omega L - \dfrac{1}{\omega C}\right)^2}}\,}. \tag{11}$$

Für die einzelnen Widerstände sind besondere Namen eingeführt worden, nämlich

R Wirkwiderstand oder Resistanz,
ωL Induktanz,

$\dfrac{1}{\omega C}$ Kapazitanz,

$X = \omega L - \dfrac{1}{\omega C}$ Blindwiderstand oder Reaktanz,

Z Scheinwiderstand oder Impedanz;

Y wird Scheinleitwert oder Admittanz

genannt.

Bei der Reihenschaltung dürfen die Teilwiderstände also nicht mehr einfach addiert werden, sondern sie müssen rechtwinkelig aneinandergereiht werden, wie es die Abb. 6 zeigt.

Bei der *Parallelschaltung* liegen alle Widerstände an der gleichen aufgedrückten Spannung $u = U_m \sin \omega t$. Da für die Augenblickswerte wieder das Kirchhoffsche Gesetz gelten muß, ist dann

$$i = i_R + i_L + i_C = \frac{u}{R} + \frac{1}{L}\int u\, \mathrm{d}t + C\,\frac{\mathrm{d}u}{\mathrm{d}t},$$

oder eingesetzt

$$i = \frac{U_m}{R} \sin \omega t - U_m\left(\frac{1}{\omega L} - \omega C\right)\cos \omega t.$$

Setzt man wieder

$$i = I_m \sin(\omega t - \varphi) = I_m \cos \varphi \sin \omega t - I_m \sin \varphi \cos \omega t,$$

so wird

$$I_m \cos \varphi = \frac{U_m}{R},$$

$$I_m \sin \varphi = U_m\left(\frac{1}{\omega L} - \omega C\right),$$

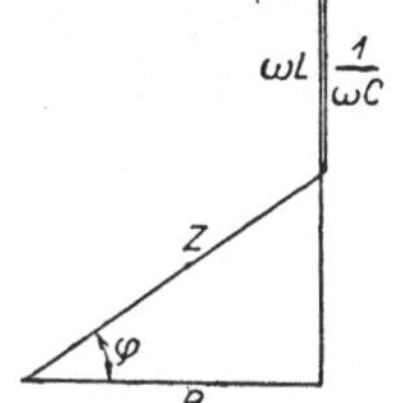
Abb. 6 Addition der Wechselstromwiderstände bei der Reihenschaltung

und daraus das Ohmsche Gesetz für die Parallelschaltung

$$\boxed{I = U\sqrt{\left(\frac{1}{R}\right)^2 + \left(\frac{1}{\omega L} - \omega C\right)^2}},\tag{8}$$

mit dem Scheinleitwert

$$\boxed{Y = \sqrt{\left(\frac{1}{R}\right)^2 + \left(\frac{1}{\omega L} - \omega C\right)^2}},\tag{9}$$

oder dem Scheinwiderstand

$$\boxed{Z = \frac{1}{\sqrt{\left(\frac{1}{R}\right)^2 + \left(\frac{1}{\omega L} - \omega C\right)^2}}}.\tag{10}$$

Der Phasenwinkel ergibt sich zu

$$\boxed{\operatorname{tg}\varphi = \frac{\dfrac{1}{\omega L} - \omega C}{\dfrac{1}{R}}},\tag{11}$$

wozu sich analog zum Widerstandsdreieck ein Leitwertdreieck zeichnen läßt.

§ 23324 *Energie und Leistung*

Bei der Berechnung der Leistung wird wieder am besten von den Augenblickswerten ausgegangen. Es ist dann der Augenblickswert der Leistung nach (2223/2)

$$n = u\,i.$$

Setzt man darin

$$u = U_m \sin \omega\,t,$$

$$i = I_m \sin (\omega\,t - \varphi),$$

so wird nach kurzer Zwischenrechnung

$$n = U\,I\,[\cos \varphi - \cos (2\,\omega\,t - \varphi)]. \tag{1}$$

In der Kurvendarstellung zeigt dies die Abb. 1. Die Leistung schwingt ebenfalls nach einer Sinuslinie, die aber zur Nullinie verschoben ist und doppelte Frequenz aufweist. Aus der Gl. (1) ist zu ersehen, daß sie sich aus dem konstanten Teil

$$\boxed{N_w = U\,I \cos \varphi} \tag{2}$$

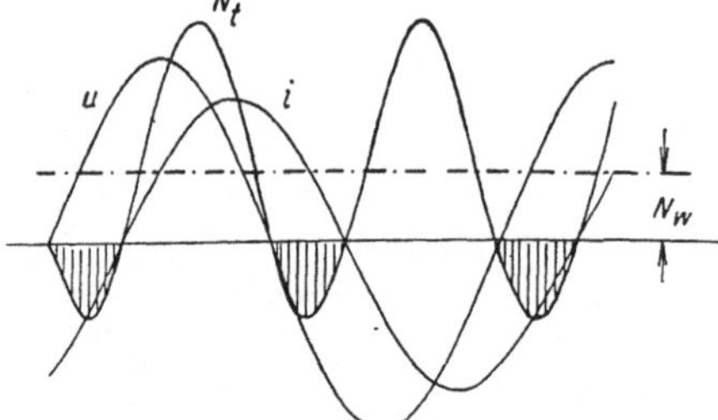

Abb. 1 Die Wechselstromleistung

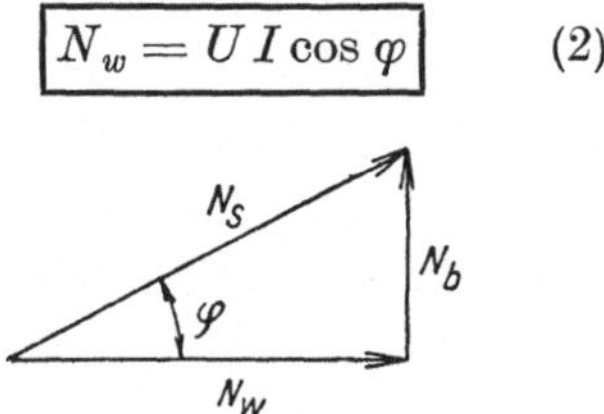

Abb. 2 Leistungsdreieck

und der reinen Sinusschwingung $U\,I \cos (2\,\omega\,t - \varphi)$ zusammensetzt. Der erste Teil ist also auch ihr Mittelwert, da ja der Mittelwert einer Sinusschwingung Null ist. Er ist gleichzeitig der Wert, um den die Leistungslinie zur Nullinie verschoben ist. Wie man sieht, wird die Leistung in jeder Periode zweimal auf die Dauer des Phasenwinkels φ negativ. Es wird also dann Leistung aus dem Netz zurückgegeben. Praktisch auswertbar ist nur der Mittelwert; er wird aus diesem Grund *Wirkleistung* genannt, obwohl er keine physikalisch auftretende, sondern nur eine Rechengröße ist. Sind Strom und Spannung in Phase (reine Wirkbelastung), dann liegt die Leistungslinie zur Gänze über der Nullinie; ihr Mittelwert ist $U\,I$. Bei vorgegebenem U und I ist das also die maximal erreichbare Wirkleistung. In allen übrigen Fällen ist dieser Maximalwert

$$N_s = U\,I \tag{3}$$

noch mit dem „*Leistungsfaktor*" $\cos \varphi$ zu multiplizieren. Zwecks guter Ausnützung der Übertragungsmittel wird daher getrachtet, den Leistungsfaktor möglichst nahe an 1 zu bekommen. Sind Strom und Spannung um 90° phasenverschoben (rein induktive oder kapazitive Belastung), dann wird die Wirkleistung mit dem Leistungsfaktor Null. Die übertragene Leistung wird jetzt ausschließlich zum Auf- und Abbau der magnetischen und elektrischen Felder verwendet.

Der maximal mögliche Wirkleistungswert N_s hat noch eine andere, praktische Bedeutung. Da die elektrischen Maschinen und Geräte für die Spannung U isoliert und ihre Wicklungen hinsichtlich der Erwärmung für den Gesamtstrom I — unabhängig vom Leistungsfaktor — dimensioniert werden müssen, ist N_s eine Baukenngröße der Maschinen und Geräte, damit aber eine reine Rechnungsgröße. Sie erhielt den Namen *Scheinleistung*.

Die Einführung der Begriffe Schein- und Wirkleistung legt es nahe, diese in einem Dreieck nach Abb. 2 einander zuzuordnen. Die dritte Seite dieses Dreieckes

$$N_b = U\,I \sin \varphi \qquad (4)$$

erscheint also nur, wenn eine Phasenverschiebung vorhanden ist, wenn also eine Belastung durch Blindwiderstände erfolgt. Man nennt diesen Leistungsbetrag die *Blindleistung*. Bei $\cos \varphi = 0$ oder $\sin \varphi = 1$ ist also die gesamte Leistung $U\,I$ Blindleistung.

In (2) kann $\cos \varphi$ auch zum Strom oder zur Spannung zugehörig angesehen werden. Der Strom

$$I_w = I \cos \varphi \qquad (5)$$

ergibt dann mit der Spannung U, und die Spannung

$$U_w = U \cos \varphi$$

mit dem Strom I die Wirkleistung

$$U_w = U\,I_w = U_w\,I. \qquad (6)$$

Man nennt dann I_w bzw. U_w die Wirkkomponente des Stromes bzw. der Spannung.

In gleicher Weise kann man auch die Blindkomponenten

$$I_b = I \sin \varphi \qquad (7)$$

und

$$U_b = U \sin \varphi$$

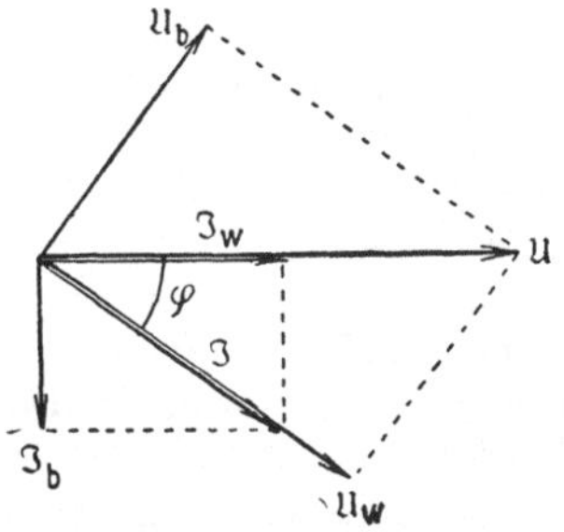

Abb. 3 Wirk- und Blindkomponenten

definieren. Beide Komponenten ergeben zusammen den Gesamtstrom I bzw. die Spannung U, wie es das Vektordiagramm, Abb. 3, anschaulich zeigt. Es ist dann auch

$$I^2 = I_w{}^2 + I_b{}^2, \qquad (8)$$

ebenso wie

$$N_s{}^2 = N_w{}^2 + N_b{}^2. \qquad (9)$$

Enthält ein Stromkreis Induktivitäten L, Kapazitäten C und Wirkwiderstände R, so wird die von der Stromquelle gelieferte Leistung verwendet:

1. zum Aufbau der magnetischen Felder mit dem Energieinhalt $\dfrac{L\,I^2}{2}$,

2. zum Aufbau der elektrischen Felder mit dem Energieinhalt $\dfrac{C\,U^2}{2}$,

3. zur Deckung der Jouleschen Wärmeverluste im Betrag von $I^2 R$.

Während aber die Wärmeverluste dauernden Verbrauch darstellen und Wirkleistung erfordern, wird für den Auf- und Abbau der Felder Blindleistung benötigt. In physikalischer Leistung ausgedrückt heißt dies, daß die für die Felder erforderlichen Leistungen reine Sinusschwingungen sind mit ebensoviel positiven als negativen Anteilen. Außerdem sind diese Leistungen aber gegenphasig (der Kondensatorstrom eilt der Spannung um 90° voraus, der Spulenstrom um 90° nach), so daß sich die beiden Felder gegenseitig beliefern können. Das abbauende magnetische Feld stellt seine freiwerdende Energie dem Aufbau des elektrischen Feldes zur Verfügung und umgekehrt. Die Stromquelle braucht nur mehr die Differenz des Energiebedarfes zu decken. Unter Umständen kann diese auch Null werden, so daß die Stromquelle nur den Wirkstrom liefern muß (siehe nächstes Kapitel).

§ 23325 *Schwingungskreis, Resonanz*

Wenn in einem Kreis Schwingungen auftreten können, nennt man ihn allgemein einen Schwingungskreis. Jeder Wechselstromkreis mit Energiespeicherung ist also ein solcher Schwingungskreis. Die betrachtete schwingende Größe ist dann meistens der Strom oder die Spannung an einem der Widerstände. Eine wichtige Kenngröße der auftretenden Schwingung ist ihre Frequenz und Dauer.

Wirkt auf den Schwingungskreis eine äußere Spannung von einer speisenden Stromquelle, so bestimmt diese die Frequenz der Schwingung, die Schwingung ist eine *erzwungene*. Die Größe der Schwingung ergibt sich aus den Widerständen des Stromkreises. Ist die aufgedrückte Spannung stationär, dann ist es auch die auftretende Schwingung. Das die Schwingung in erster Linie beschreibende Gesetz ist das Ohmsche Gesetz.

Ist ein Schwingungskreis ohne äußere Spannung in sich kurzgeschlossen und war im Moment des Kurzschließens wenigstens einer der Energieträger (elektrisches oder magnetisches Feld) aufgeladen, dann entsteht im Schwingungskreis eine *freie Schwingung*. Die Frequenz der Schwingung ist jetzt durch die Widerstände des Schwingungskreises bestimmt und bildet eine Kenngröße dieses Kreises, die man seine *Eigenfrequenz* nennt. Die Schwingung klingt meistens gegen Null ab, sie ist *gedämpft*. Verursacht wird die Dämpfung — wie noch gezeigt wird — durch die vorhandenen Wirkwiderstände. Bei verschwindenden Wirkwiderständen ist die Schwingung ungedämpft.

Als Beispiel einer freien Schwingung sei die Reihenschaltung der Wechselstromwiderstände behandelt. Es ist dann die Summe der Spannungen an den Widerständen Null, also

$$L \frac{\mathrm{d}i}{\mathrm{d}t} + R\,i + \frac{1}{C} \int i\,\mathrm{d}t = 0.$$

Differenziert man nochmals nach der Zeit, so wird

$$L \frac{\mathrm{d}^2 i}{\mathrm{d}t^2} + R \frac{\mathrm{d}i}{\mathrm{d}t} + \frac{i}{C} = 0. \tag{1}$$

Die Lösung dieser Differentialgleichung lautet

$$\boxed{i = \frac{U_0}{2\,\omega_e L}\, e^{-\frac{R}{2L}t} (e^{\omega_e t} - e^{-\omega_e t}) = \frac{U_0}{\omega_e L}\, e^{-\frac{R}{2L}t} \mathfrak{Sin}\,\omega_e t}, \tag{2}$$

wenn $\left(\dfrac{R}{2L}\right)^2 > \dfrac{1}{LC}$ und

$$\boxed{i = \frac{U_0}{\omega_e L}\, e^{-\frac{R}{2L}t} \sin \omega_e t}, \tag{3}$$

wenn $\left(\dfrac{R}{2L}\right)^2 < \dfrac{1}{LC}$ ist.

U_0 ist dabei die im Moment des Kurzschließens des Stromkreises am Kondensator vorhandene Spannung, während im ersten Fall

$$\omega_e = \sqrt{\left(\frac{R}{2L}\right)^2 - \frac{1}{LC}} \tag{4a}$$

und im zweiten

$$\omega_e = \sqrt{\frac{1}{LC} - \left(\frac{R}{2L}\right)^2} \tag{4b}$$

ist. In diesem ist ω_e die Eigenfrequenz der entstehenden Schwingung, die gemäß der Dämpfung $R/2L$ gegen Null abklingt. Im ersten Fall tritt keine

eigentliche Schwingung auf; der Strom steigt vielmehr bis zu einem Höchstwert
an und klingt dann aperiodisch auf Null ab.

Ist $\left(\dfrac{R}{2L}\right)^2 = \dfrac{1}{LC}$, so entsteht ein Grenzfall zu (2) mit der Lösung

$$i = \frac{U_0}{L}\, t\, e^{-\frac{R}{2L}t} \tag{5}$$

wobei der Höchstwert des Stromes in der Zeit

$$t_0 = \frac{2L}{R} \tag{6}$$

erreicht wird.

Geht man für die Beschreibung der *erzwungenen
Schwingung* vom Ohmschen Gesetz nach (23323/6)
aus, so sieht man, daß für

$$\frac{1}{\omega C} = \omega L \tag{7}$$

der Strom einen Höchstwert, nämlich

$$I = \frac{U}{R}$$

annimmt, der von der Größe der Blindwiderstände unabhängig ist und nur vom Wirkwiderstand bestimmt
wird. Diese Erscheinung wird *Resonanz* genannt und
die Beziehung (7) die Resonanzbedingung. Sie kann

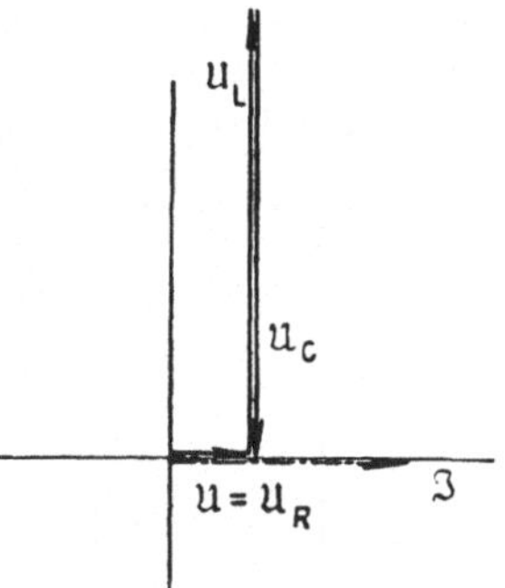

Abb. 1   Vektordiagramm   bei
Spannungsresonanz

bei gegebener Frequenz durch Anpassung zwischen Induktivität und Kapazität
des Stromkreises oder, wenn diese gegeben sind, durch Einstellen der Frequenz
auf die *Resonanzfrequenz*

$$\boxed{\;\omega_0 = \frac{1}{\sqrt{LC}}\;} \tag{8}$$

erzielt werden.

Dabei verhalten sich Reihen- und Parallelschwingkreis verschieden, aber in
dualer Analogie. Bei der *Reihenschaltung* wird mit $I_0 = U/R$ die Spannung an
der Spule

$$U_L = I_0\,\omega L = U\,\frac{\omega L}{R}$$

und am Kondensator

$$U_C = \frac{I_0}{\omega C} = \frac{U}{R\omega C} = U\,\frac{\omega L}{R}.$$

U_L und U_C können bei vergleichsweise kleinem R sehr hohe Werte annehmen,
die ein Vielfaches der Netzspannung betragen können. Man nennt diese Form
der Resonanz daher auch *Spannungsresonanz*. Strom und Netzspannung sind
dabei in Phase ($\cos\varphi = 1$), die Spannungen an den Blindwiderständen dagegen
um $\pm\,90°$ phasenverschoben. Das Vektordiagramm zeigt die Abb. 1.

Ist die an einem Schwingungskreis angelegte Spannung ein Gemisch aus
Schwingungen verschiedener Frequenzen, so stellt der Kreis für die Resonanzfrequenz einen kleinen, für die übrigen einen entsprechend hohen Widerstand
dar. Für die ausgezeichnete Frequenz wird dann ein vergleichsweise hoher
Strom durchgelassen, während die Stromanteile der übrigen Frequenzen entsprechend klein bleiben.

Die Resonanzfrequenz ist bei kleiner Dämpfung nahezu mit der Eigenfrequenz gleich. Nach (4) besteht der Zusammenhang

$$\omega_e = \omega_0 \sqrt{1 - \frac{R^2 C}{4 L}}. \tag{9}$$

Im *Parallelschwingungskreis* fließt der gesamte, von der Stromquelle gelieferte Strom durch den Wirkwiderstand. Die Ströme in den Blindwiderständen

$$I_L = \frac{U}{\omega L} \qquad \text{und} \qquad I_C = U \omega C = -I_L$$

sind gleich groß und entgegengesetzt gerichtet. So bildet Spule und Kondensator einen Stromkreis für sich, der gewissermaßen von der Netzspannung zum Schwingen lediglich angeregt, aber nicht beliefert wird. Ist nur L und C vor-

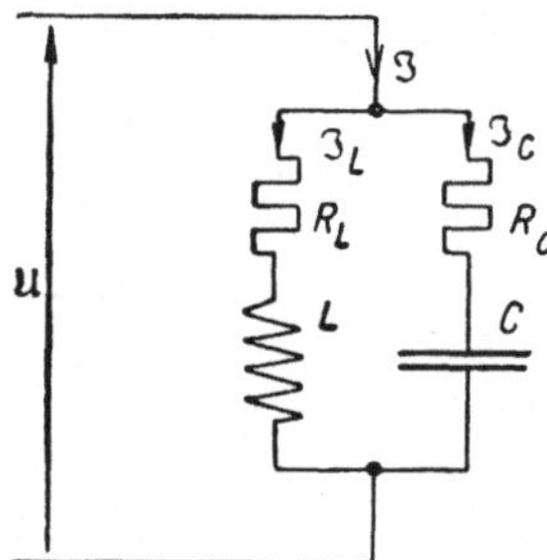

Abb. 2 Parallelschwingkreis

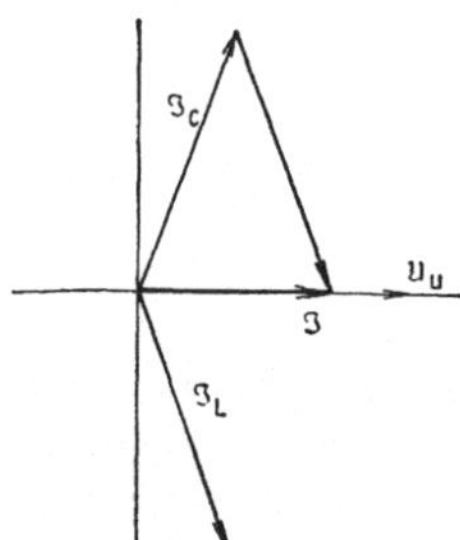

Abb. 3 Vektordiagramm bei Stromresonanz

handen, dann sperrt die Schaltung den Stromfluß für die Resonanzfrequenz, läßt also aus einem Frequenzgemisch alle Ströme bis auf jenen der Resonanzfrequenz durch.

In der praktischen Anwendung wird meist Spule und Kondensator parallel geschaltet, wobei beide noch Wirkwiderstand (Verluste) aufweisen. Das zugehörige Schaltbild zeigt die Abb. 2. Nimmt man an, daß Spule und Kondensator je einen gleichen Widerstand R haben, so wird

$$I_0 = U \frac{R C}{R^2 C + L} \tag{10}$$

$$I_{0L} = I_{0C} = \frac{U}{\sqrt{R^2 + \omega^2 L^2}}. \tag{11}$$

I_0 und U sind in Phase, die beiden Teilströme um $\varphi = \pm \operatorname{arctg} \omega L/R$ dagegen phasenverschoben. Dabei können wieder die Teilströme ein Vielfaches des Gesamtstromes ausmachen, weshalb diese Erscheinung auch *Stromresonanz* genannt wird. Das zugehörige Vektordiagramm zeigt die Abb. 3.

Da die Stromquelle nur mit Wirkstrom belastet ist, liefert sie lediglich Wirkleistung. Spule und Kondensator beliefern sich gegenseitig mit der zum Aufbau der Felder notwendigen Blindlast

$$\frac{I_L^2 L}{2} = \frac{U^2 C}{2},$$

so zwar, daß der beim Abbau des magnetischen Spulenfeldes gelieferte Strom gerade zum Aufbau des elektrischen Feldes im Kondensator ausreicht und umgekehrt. Die Stromquelle wird mit dem Feldauf- und -abbau nicht belastet.

§ 23 326 *Ein- und Ausschalten von Stromkreisen*

Beim Ein- und Ausschalten elektrischer Stromkreise stellen sich nicht sofort die geänderten stationären Zustände ein, sondern diese werden erst über bestimmte Ausgleichsvorgänge erreicht. Für diese sind die Differentialgleichungen der Augenblickswerte maßgebend, wie sie im § 23323 schon Verwendung gefunden haben. Der Vorgang kurz nach dem Ein- oder Ausschalten oder nach einer plötzlichen Änderung im Stromkreis läßt sich immer darstellen als Summe aus dem sich nun einstellenden stationären Vorgang und einem Ausgleichsvorgang, der der freien Schwingung des Stromkreises entspricht und mit einer Größe einsetzt, die einen stetigen Stromübergang hervorruft. Der Ausgleichsstrom hat also z. B. die Größe des negativen Stromes im Schaltaugenblick.

Die Forderung des stetigen Stromüberganges ergibt sich aus der Gleichung für die Selbstinduktionsspannung $u = L\,\mathrm{d}i/\mathrm{d}t$. Es wären sonst an den Spulen unendlich hohe Spannungen erforderlich (Trägheitswirkung der magnetischen Felder). In gleicher Weise können wegen $i = C\,\mathrm{d}u/\mathrm{d}t$ an Kondensatoren keine plötzlichen Spannungssprünge auftreten.

Besonders einfache Fälle ergeben sich beim Ein- und Ausschalten von Spulen und Kondensatoren bei Gleichspannung. Für die Spule gilt beispielsweise beim Anschalten an die Gleichspannung U

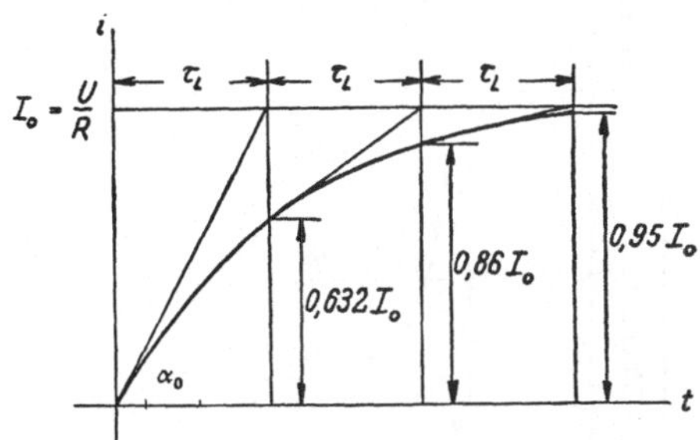

Abb. 1 Einschalten einer Spule an Gleichspannung

$$L\,\frac{\mathrm{d}i}{\mathrm{d}t} + R\,i = U.$$

Zerlegt man nach Obigem den Strom in den sich schließlich einstellenden Dauergleichstrom $i'' = I = U/R$ und den flüchtigen Ausgleichstrom i', so ergeben sich die beiden Gleichungen

$$i'' = \frac{U}{R},$$

$$L\,\frac{\mathrm{d}i'}{\mathrm{d}t} + R\,i' = 0,$$

wobei $i = i' + i''$.

Die Differentialgleichung hat die Lösung

$$i' = I'\,e^{-\frac{R}{L}t}.$$

I' findet man aus der Anfangsbedingung für $t = 0$.

$$i = 0 = i' + i'' = I' + I,$$

$$I' = -I = -\frac{U}{R}.$$

Es ist also

$$i = \frac{U}{R}\left(1 - e^{-\frac{R}{L}t}\right). \tag{1}$$

Den zeitlichen Verlauf des Stromes zeigt die Abb. 1. Der Strom beginnt mit dem Wert Null und erreicht seinen Endwert theoretisch erst nach unendlich langer Zeit. Nach Ablauf der Zeitkonstanten

Tabelle Abb. 2

Schaltung	Stromkreis	Schaltgröße	Gleichung	Diagramm	Zeitkonstante	Anmerkung
Anschalten an Gleichspannung	Spule	Strom	$i = \dfrac{U}{R}\left(1 - e^{-\frac{t}{\tau}}\right)$	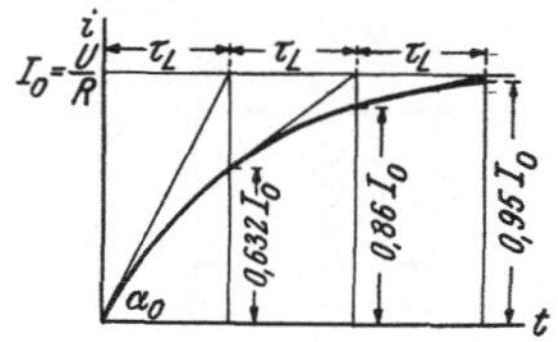	$\tau = \dfrac{L}{R}$	
Kurzschließen	Spule	Strom	$i = I_0\, e^{-\frac{t}{\tau}}$	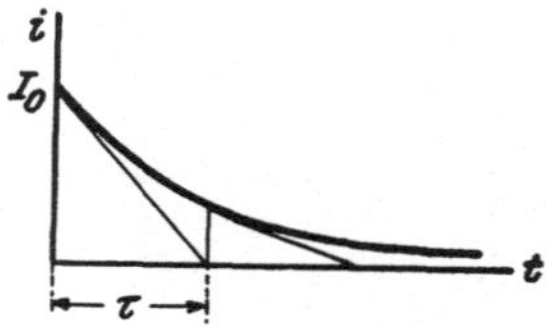	$\tau = \dfrac{L}{R}$	
Anschalten an Gleichspannung	Kondensator	Strom	$i = \dfrac{U}{R}\, e^{-\frac{t}{\tau}}$	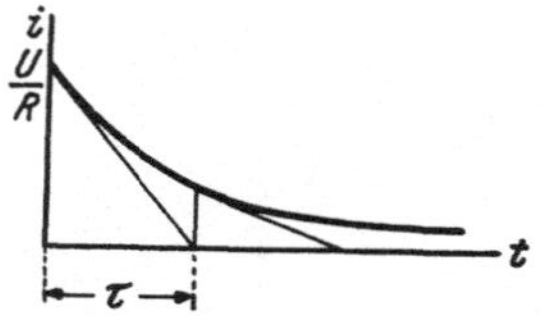	$\tau = RC$	
Kurzschließen nach Aufladung auf U						

Anschalten an Gleichspannung	Kondensator	Spannung	$u = U\left(1 - e^{-\frac{t}{\tau}}\right)$	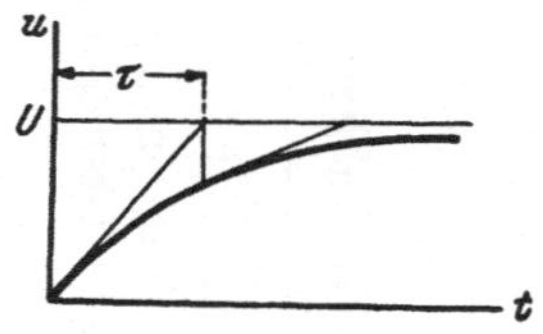	$\tau = RC$	
Anschalten an Gleichspannung	Reihenschwingkreis	Strom	$i = \dfrac{U}{\omega_e L}\, e^{-\frac{t}{\tau}} \sin \omega_e t$	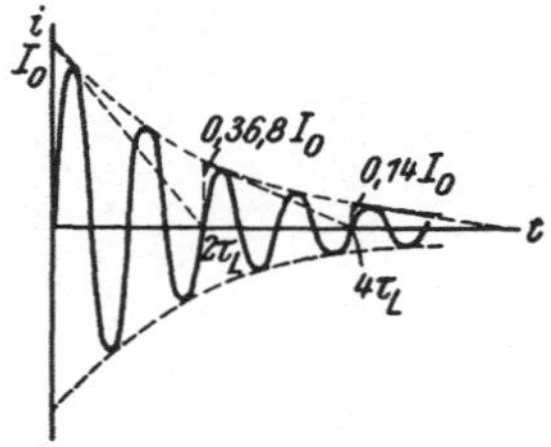	$\tau = \dfrac{2L}{R}$	Eigenfrequenz $\omega_e = \sqrt{\dfrac{1}{LC} - \left(\dfrac{R}{2L}\right)^2} =$ $= \sqrt{\omega_0^2 - \left(\dfrac{1}{\tau}\right)^2}$
Anschalten an Wechsel-spannung	Spule	Strom	$i = I_m\left[\sin(\omega t - \varphi) + e^{-\frac{t}{\tau}} \sin \varphi\right]$	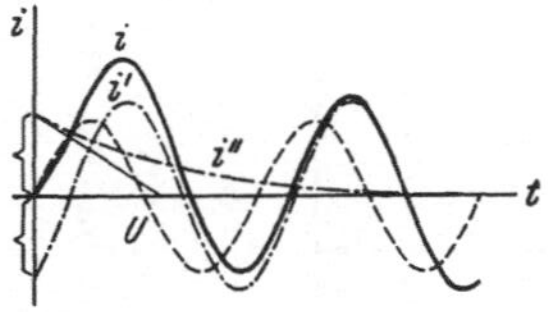	$\tau = \dfrac{L}{R}$	$I_m = \dfrac{U\sqrt{2}}{\sqrt{R^2 + \omega^2 L^2}}$ $\operatorname{tg}\varphi = \dfrac{R}{\omega L}$
Anschalten an Wechsel-spannung	Kondensator	Strom	$i = I_m\left[\sin(\omega t + \varphi) - \dfrac{e^{-\frac{t}{\tau}}}{R\omega C} \cos \varphi\right]$	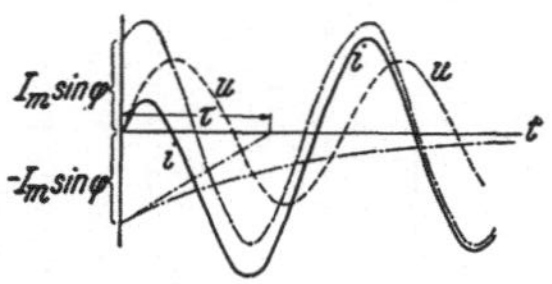	$\tau = RC$	$I_m = \dfrac{U\sqrt{2}}{\sqrt{R^2 + \left(\dfrac{1}{\omega C}\right)^2}}$ $\operatorname{tg}\varphi = \dfrac{1}{R\omega C}$

$$\tau_L = \frac{L}{R} \tag{2}$$

hat der Strom 63,2%, nach $2\tau_L$ 86% des Endwertes erreicht.

Für andere einfache Fälle gibt die Tabelle Abb. 2 erste Auskunft.

§ 2333 Drehstrom

Das bisher beschriebene Wechselstromsystem wird *Einphasensystem* genannt. In der praktischen Anwendung werden häufig mehrere solcher Systeme (Phasen) zu einem gemeinsamen System vereinigt, das dann *Mehrphasensystem* genannt wird. Besondere Bedeutung hat das symmetrische *Dreiphasensystem* erlangt, bei dem drei gleich große, gegeneinander um 120° phasenverschobene Einphasensysteme in besonderer Weise zusammengeschlossen werden. Die drei Phasen des Systems werden gewöhnlich mit den Kennbuchstaben R, S, T bezeichnet. Es sind dann die drei Phasenspannungen

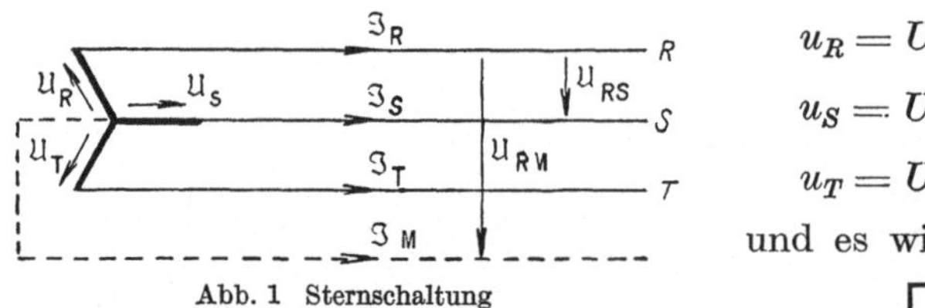

$$\left. \begin{aligned} u_R &= U\sqrt{2}\sin\omega t, \\ u_S &= U\sqrt{2}\sin(\omega t - 120°), \\ u_T &= U\sqrt{2}\sin(\omega t - 240°) \end{aligned} \right\} \tag{1}$$

und es wird in jedem Augenblick

$$\boxed{u_R + u_S + u_T = 0}. \tag{2}$$

Abb. 1 Sternschaltung

Die Mehrphasensysteme erlauben nun eine Ersparnis an Leitungen durch besondere Schaltung der Phasen, die man Verkettung nennt. Beim Dreiphasensystem unterscheidet man die Stern- und die Dreieckschaltung.

Bei der *Sternschaltung* werden nach Abb. 1 die Enden aller drei Phasen zu einem Sternpunkt zusammengeschlossen, der entweder isoliert bleibt oder, wie die Abbildung strichliert zeigt, „herausgeführt" wird. Der an ihn angeschlossene Leiter wird dann Sternpunktsleiter genannt. Zwischen diesem und den Hauptleitern herrscht die Phasenspannung, die man in diesem Zusammenhang *Sternspannung* nennt. Zwischen den Hauptleitern ist die Spannung aber eine andere. Sie heißt *Dreieckspannung*[1] und ergibt sich aus der Abbildung zu

$$u_{RS} = u_S - u_R = U\sqrt{2}\,[\sin(\omega t - 120°) - \sin\omega t] = U\sqrt{2}\sqrt{3}\sin(\omega t - 150°)$$

oder in Effektivwerten

$$U_{RS} = U\sqrt{3}. \tag{3}$$

Die Dreieckspannungen sind also $\sqrt{3}$-mal so groß wie die Sternspannungen und gegen diese um 150° bzw. 30° phasenverschoben. Die drei Dreieckspannungen sind untereinander natürlich wieder um je 120° phasenverschoben, so daß neben

$$\mathfrak{U}_R + \mathfrak{U}_S + \mathfrak{U}_T = 0 \tag{4}$$

auch

$$\mathfrak{U}_{RS} + \mathfrak{U}_{ST} + \mathfrak{U}_{TR} = 0 \tag{5}$$

ist. Das zugehörige Vektor- und Zeitdiagramm zeigt die Abb. 2 und 3. Das Vektordiagramm wird auch gerne in Form der Abb. 4 gezeichnet.

Für die Ströme ist zu unterscheiden, ob ein Sternpunktsleiter vorhanden ist oder nicht. Im ersten Fall ist

$$i_R + i_S + i_T = i_M \tag{6}$$

---

[1] Wurde früher „verkettete Spannung" genannt.

oder für das Vektordiagramm

$$\mathfrak{J}_R + \mathfrak{J}_S + \mathfrak{J}_T = \mathfrak{J}_M. \tag{6a}$$

Im zweiten Fall ist

$$i_R + i_S + i_T = 0 \tag{7}$$

bzw.

$$\mathfrak{J}_R + \mathfrak{J}_S + \mathfrak{J}_T = 0. \tag{7a}$$

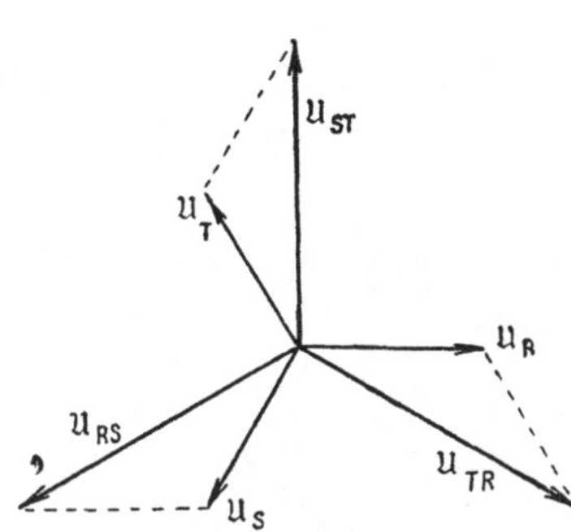

Abb. 2 Vektordiagramm der Sternschaltung

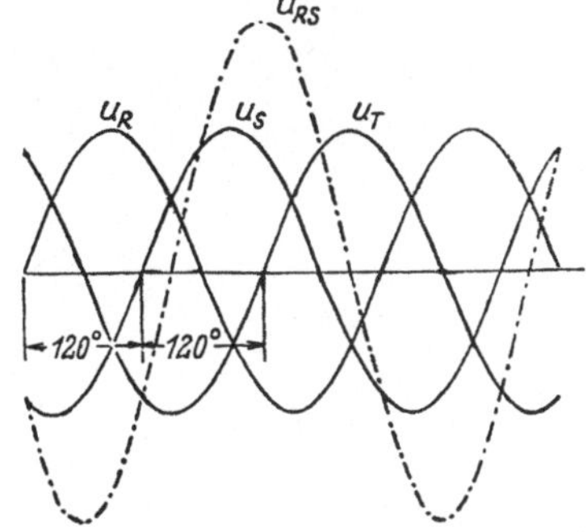

Abb. 3 Zeitdiagramm der Sternschaltung

Ist die Belastung symmetrisch, das heißt in allen Phasen die gleiche, dann wird auch bei herausgeführtem Sternpunkt $I_M = 0$, da dann die drei Phasenströme gleich groß und gegeneinander um 120° phasenverschoben sind, ihre Summe also immer Null sein muß.

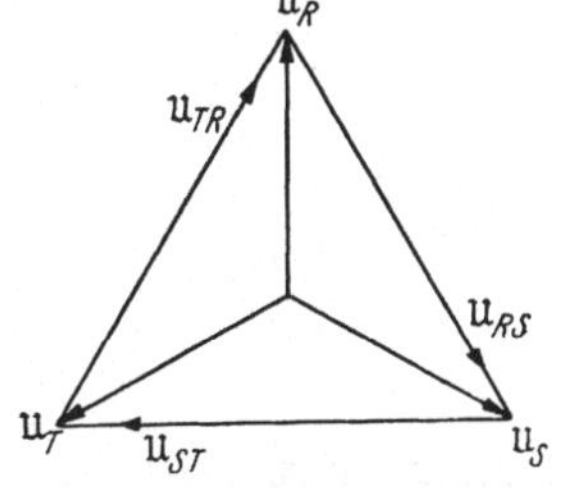

Abb. 4 Spannungsdreieck

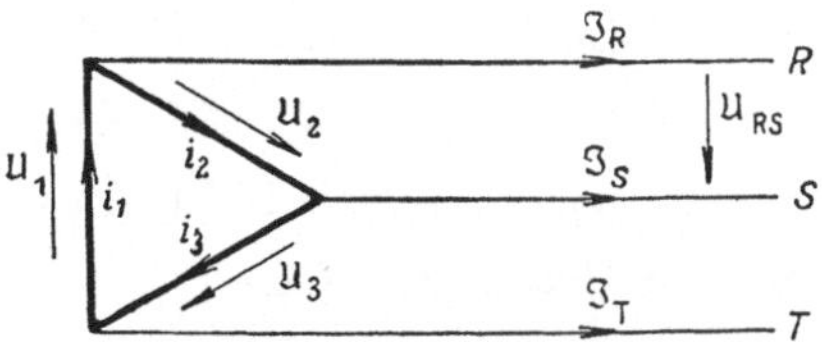

Abb. 5 Dreieckschaltung

Bei der *Dreieckschaltung* wird jeweils ein Phasenanfang an das Ende der vorangehenden Phase geschaltet (s. Abb. 5). Es treten jetzt nur drei Hauptleiter auf, zwischen denen die Phasenspannungen herrschen.

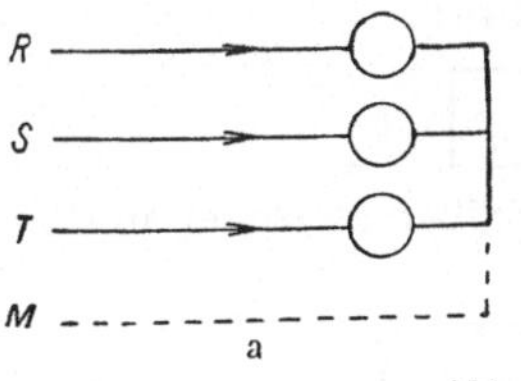

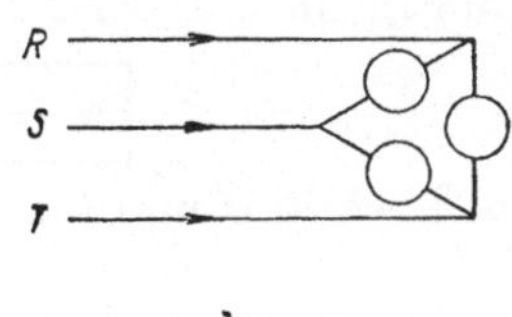

Abb. 6 Verbraucher in

Stern-   Dreieck-

Schaltung

Jetzt sind aber die Leiterströme nicht mehr die Phasenströme, sondern verkettete Ströme. Man findet analog zu den Spannungen bei der Sternschaltung die $\sqrt{3}$-fache Größe und eine Phasenverschiebung um 150° bzw. 30°.

Auch die Verbraucher können in Stern oder Dreieck angeschlossen sein (Abb. 6). Im ersten Fall erhalten sie den $\sqrt{3}$-ten Teil der Netzspannung und den

Netzstrom, im zweiten Fall die Netzspannung und den $\sqrt{3}$-ten Teil des Netzstromes.

Das ist bedeutungsvoll für die Ermittlung der Gesamtleistung im Netz oder an einer Anschlußstelle, wo die Schaltung der Stromerzeuger oder Verbraucher meist gar nicht bekannt ist. Schreibt man zunächst phasenweise

$$u_R = U\sqrt{2}\,\sin\omega t, \qquad\qquad i_R = I\sqrt{2}\,\sin(\omega t - \varphi),$$

$$u_S = U\sqrt{2}\,(\sin\omega t - 120°), \quad i_S = I\sqrt{2}\,\sin(\omega t - 120° - \varphi),$$

$$u_T = U\sqrt{2}\,(\sin\omega t - 240°), \quad i_T = I\sqrt{2}\,\sin(\omega t - 240° - \varphi),$$

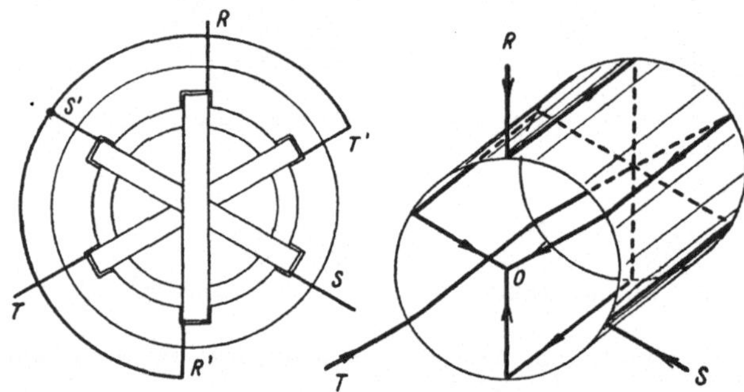

Abb. 7   Erzeugung eines Drehfeldes

so werden die Phasenleistungen

$$n_R = u_R\,i_R = U\,I\,[\cos\varphi - \cos(2\,\omega\,t - \varphi)],$$

$$n_S = u_S\,i_S = U\,I\,[\cos\varphi - \cos(2\,\omega\,t + 120° - \varphi)],$$

$$n_T = u_T\,i_T = U\,I\,[\cos\varphi - \cos(2\,\omega\,t + 240° - \varphi)]$$

und damit die Gesamtleistung

$$n = n_R + n_S + n_T = 3\,U\,I\,\cos\varphi = N = N_R + N_S + N_T.$$

Die Gesamtleistung ist also keine Schwingung, sondern mit der Zeit unveränderlich. Sie ist auch gleich der Summe der Wirklasten der drei Phasen. Da ferner der Faktor 3 in $\sqrt{3}\sqrt{3}$ zerlegt werden kann und — wie vorhin gezeigt wurde — je nach der Schaltung entweder die Spannung oder der Strom als verkettet erscheint, kann allgemein die Leistung in der Form

$$\boxed{N = U\,I\sqrt{3}\,\cos\varphi} \tag{8}$$

dargestellt werden, worin U und I die Leitungsgrößen zwischen und in den Hauptleitern darstellen.

Sind die Phasen nicht gleichmäßig belastet, so sind die Leistungen der einzelnen Phasen zu bestimmen und zu addieren. Wenn kein Sternpunktsleiter vorhanden ist, kann man nach Aron auch so vorgehen:

Aus

$$n = u_R\,i_R + u_S\,i_S + u_T\,i_T$$

wird mit (7) und

$$u_R - u_S = u_{SR},$$

$$u_T - u_S = u_{ST},$$

$$n = u_{SR}\,i_R + u_{ST}\,i_T. \tag{9}$$

Die Leistung kann also auch als Summe nur zweier Teilleistungen bestimmt werden, die sich als Produkt je einer Dreieckspannung mit dem Strom jener Phase ergibt, von der aus nicht beide Dreieckspannungen genommen werden (hier Phase R und T).

In besonderem Maße ist das symmetrische Dreiphasensystem zur Erzeugung magnetischer Felder geeignet. Ordnet man gemäß Abb. 7 in einem mit Nuten versehenen Eisenring drei um 120° versetzte Spulen an (die rechte Seite der Abbildung zeigt eine schemati-

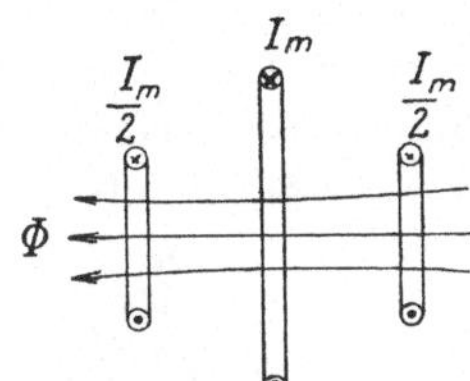

Abb. 9 Feldausbildung im Zeitpunkt a

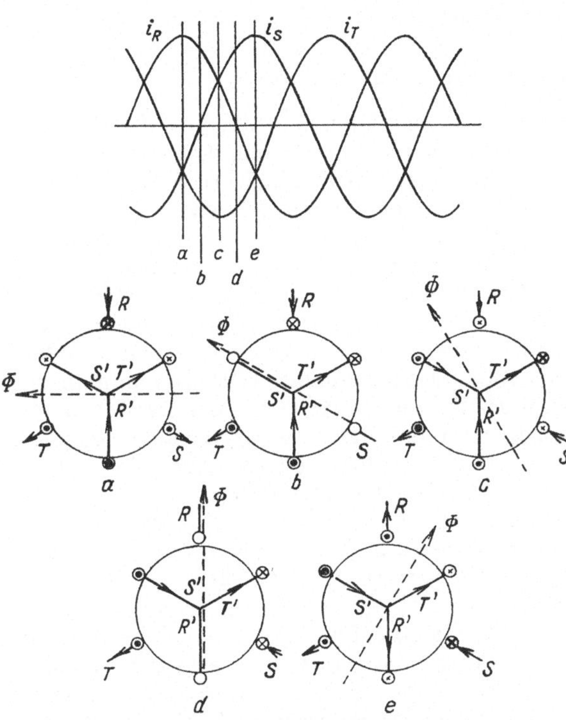

Abb. 8 Zustandekommen des Drehfeldes

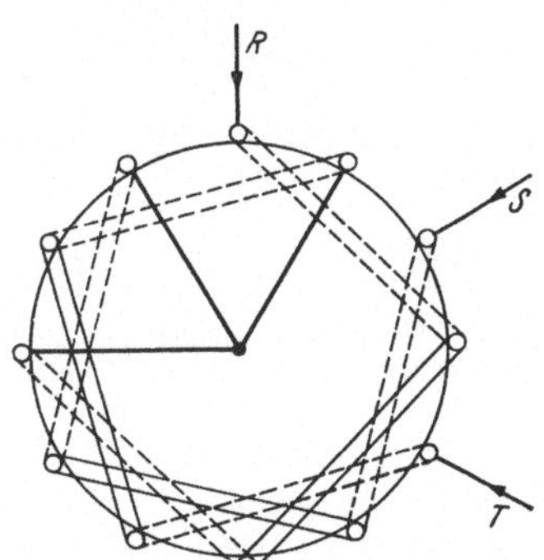

Abb. 10 Vierpolige Wicklung

sche perspektivische Darstellung) und legt diese an ein symmetrisches Dreiphasensystem, so entsteht im Inneren des Ringes ein magnetisches Feld, das sich im Kreise dreht (Drehfeld). Man kann das leicht nachweisen, wenn man die Stromverteilung in einzelnen Zeitpunkten betrachtet. Das ist in der Abb. 8 für die Zeitpunkte a bis e durchgeführt. Dabei sind Ströme, die hinter die Zeichenebene fließen, durch ein Kreuz, solche, die aus der Zeichenebene heraustreten, durch einen Punkt bezeichnet. Für den Augenblick a liegen dann beispielsweise Verhältnisse vor, wie sie in der Abb. 9 nochmals herausgezeichnet sind. Die magnetische Wirkung der Ströme hängt nur von deren Stärke und Richtung ab, ist aber unabhängig von der Verbindung der Spulenseiten. Im Augenblick a kann also die Anordnung wie eine Spule nach Abb. 9 angesehen werden, die einen magnetischen Fluß Φ erzeugt, der in Abb. 8a und 9 eingetragen ist.

In gleicher Weise findet man die Felder in den übrigen Zeitabschnitten. Sie sind gleich groß, aber gegen die vorhergehenden Zeitabschnitte um einen Winkel vorverdreht, der dem betrachteten Winkel im Zeitdiagramm gleich ist. Es entsteht also tatsächlich ein Drehfeld mit der Umdrehungszahl $n = f$.

Werden die Spulen nicht mit 180° Öffnung (2 Pole) gewickelt, sondern mit

90°, wie es die Abb. 10 zeigt (4polige Wicklung), so ergibt die Untersuchung nur die halbe Drehzahl. Bei einer Wicklung mit allgemein p Polpaaren gilt dann

$$n = \frac{f}{p}.$$ (10)

Wegen der Eigenschaft der Erzeugung eines Drehfeldes wird das symmetrische Dreiphasensystem auch *Drehstromsystem* genannt.

§ 2334 Wirbelströme

Bewegt sich in einem magnetischen Feld ein senkrecht zum Feld flächenhaft ausgedehnter Leiter (Platte), so werden in diesem nach dem Induktionsgesetz elektromotorische Kräfte erzeugt, die im Leiter Ströme hervorrufen. Da diese Ströme vorerst in ihren Bahnen nicht übersehen werden können, hat man sie *Wirbelströme* genannt. In einfacheren Fällen gelingt eine Berechnung mit Hilfe der Feldgesetze.

Beim Fließen der Wirbelströme wird Energie in Form von Joulescher Wärme verbraucht. Hiefür muß letztlich der bewegte Körper oder sein Antrieb aufkommen (Wirbelstrombremse).

Wirbelströme entstehen auch in feststehenden Körpern, wenn sich die durchsetzenden magnetischen Felder zeitlich ändern. Auch der umgekehrte Fall ist von Bedeutung, wenn sich der Strom in einem Leiter zeitlich ändert. Es entstehen dann im Leiter magnetische Felder, die auf den Strom zurückwirken. Die Wirkung ist um so größer, je rascher die Stromänderung, je größer also die Frequenz ist. Sie besteht im wesentlichen in einer Verdrängung des Stromes an die Leiteroberfläche (Stromverdrängung, Haut- oder Skineffekt) und damit im Zusammenhang in einer Vergrößerung des Leiterwiderstandes. Gleichzeitig tritt auch ein induktiver Widerstand auf. Verhältniswerte zeigt die Abb. 1 für zylindrische Kupferleiter (R und ωL sind die Wechselstromwiderstände, R_0 der Gleichstromwiderstand).

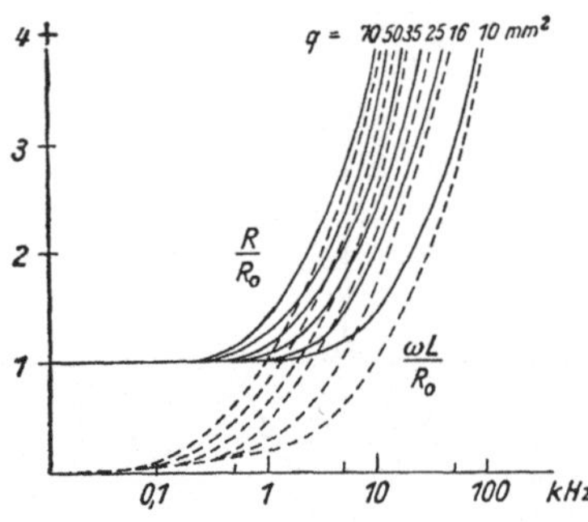

Abb. 1 Wechselstromwiderstände eines zylindrischen Kupferleiters im Vergleich zum Gleichstromwiderstand

Die bei der Ummagnetisierung des Eisens (Hysteresisverluste) und durch Wirbelströme entstehenden Verluste werden in den *Eisenverlusten* zusammengefaßt. Sie sind eine charakteristische Kennziffer der verwendeten Eisensorte. Bei Feldstärken von 10 bis 15 Wb/m² betragen sie für normales Eisenblech etwa 1,2 ... 8,5 W/kg bei 50 Hz und 20° C. Sie werden klein gehalten durch Legieren mit Silizium.

§ 2335 Das rasch veränderliche elektromagnetische Feld

Die theoretische Behandlung rasch veränderlicher elektromagnetischer Felder erfordert großen mathematischen Aufwand, muß also hier unterbleiben. Der Unterschied gegenüber den langsam veränderlichen Feldern liegt vor allem darin, daß die Zeit, die für eine Feldänderung verläuft, in der Größenordnung der Fortpflanzungsgeschwindigkeit der Zustandsänderung liegt und damit die Berücksichtigung der letzteren erfordert. Wird z. B. ein Kondensator etwa durch Überbrücken der beiden Platten am Rande durch einen Draht entladen, so konnte dies bisher so behandelt werden, als ob dadurch die beiden Platten auf der ganzen

Oberfläche gleichmäßig entladen würden. Tatsächlich gleichen sich aber zunächst nur die Ladungen an der Überbrückungsstelle aus, während sich daraufhin der Entladungsvorgang mit endlicher, wenn auch sehr großer Geschwindigkeit erst über die weiter entfernten Plattenteile ausbreitet. Grundsätzlich folgt natürlich auch hier alles den bereits abgeleiteten Grundgesetzen. Durch die bisher aber vernachlässigte zeitliche Aufeinanderfolge treten zusätzliche Verschiebungsströme auf, die ihrerseits magnetische Felder erzeugen, die sich in der Umgebung des ursprünglichen Vorganges ausbilden. Das Ergebnis sind miteinander verkettete elektrische und magnetische Felder, die sich in Form von Wellen (elektromagnetische Wellen) in den Raum fortpflanzen und für die partielle Differentialgleichungen zweiter Ordnung (Wellengleichung) abgeleitet werden können. Solche Wellen entstehen immer bei der zeitlichen Änderung eines elektrischen oder magnetischen Feldes und sind um so bedeutungsvoller, je rascher eine solche Änderung vor sich geht. Ihre Behandlung und Ausnützung ist Aufgabe der Hochfrequenztechnik.

Als wichtiges Ergebnis der Wellengleichungen findet man für die Fortpflanzungsgeschwindigkeit elektromagnetischer Wellen die Beziehung

$$\boxed{v = \frac{1}{\sqrt{\varepsilon\,\mu}}}\,. \tag{1}$$

Im Vakuum ist damit

$$v_0 = c = \frac{1}{\sqrt{\varepsilon_0\,\mu_0}} = 3 \cdot 10^8\,\frac{\mathrm{m}}{\mathrm{s}}, \tag{2}$$

also die Lichtgeschwindigkeit. Für ein anderes Medium ist dann auch

$$\boxed{v = \frac{c}{\sqrt{E\,M}}}\,. \tag{3}$$

Mit der Wellenausbreitung ist auch eine Energieströmung verknüpft. Die in der Zeiteinheit durch die Flächeneinheit strömende elektromagnetische Energie ergibt sich dabei zu

$$S = \mathfrak{E}\,\mathfrak{H}, \tag{4}$$

also als Produkt aus elektrischer Feldstärke und magnetischer Erregung. Die Strömung ist dabei stets senkrecht auf $\mathfrak{E}$ und $\mathfrak{H}$ gerichtet.

§ 24 Die Elektronenröhren
§ 241 Allgemeines

Als Übergang zum anschließenden praktischen Teil sei ein Kapitel über Elektronenröhren eingeschaltet. Diese finden so vielseitige Anwendungen, daß sie schwer in eines der praktischen Kapitel eingereiht werden können und anderseits sind sie doch noch so stark mit den theoretischen Grundlagen verknüpft, daß ihre gesonderte, grundlegende Behandlung im theoretischen Teil gerechtfertigt erscheint.

Der Ausgangspunkt bildet das Verhalten der Elektrizitätsbewegung im leeren Raum, wie es in den Grundzügen bereits im § 2233 beschrieben wurde. In der praktischen Ausführung werden in einem evakuierten Glas- oder Metallgefäß (Röhre) zwei oder mehrere Elektroden angeordnet, die an verschiedenem Potential liegen. Zwei davon — und im einfachsten Fall der *Zweipolröhre* oder *Diode* sind es nur diese zwei — sind von grundlegender Bedeutung, da an ihnen der äußere Hauptstromkreis angeschlossen ist. Es ist dies die negative Kathode und die positive Anode. Ihre Potentialdifferenz, das ist die an der Röhre liegende äußere Spannung, wird Anodenspannung genannt.

Um nun überhaupt eine Elektrizitätsströmung zu ermöglichen, müssen erst Ladungsträger in die Röhre gebracht werden. Da es sich um Vakuum handelt, können dies nur Elektronen sein. Demgemäß wird die Kathode als Glühfaden ausgebildet und von einer eigenen Heizstromquelle so stark erhitzt, daß sie Elektronen emittiert. Die austretenden Elektronen werden von der positiven Anode angezogen und fliegen, da sie im Vakuum keinen Widerstand vorfinden, mit ungeheurer Geschwindigkeit gegen diese, indem sie damit gleichzeitig den nach außen sich fortsetzenden Anodenstrom bilden. Die Abhängigkeit dieses Stromes von der Anodenspannung und der Temperatur der Kathode (vom Heizstrom) wurde bereits im § 2233 angegeben.

Die Bedeutung der Elektronenröhren liegt vor allem darin, daß die im Spiele stehenden Elektrizitätsträger, nämlich die Elektronen, verschwindend kleine Masse haben. Die Erscheinungen können daher im weitesten Bereich als trägheitslos angesehen werden. Man erkennt dies aus der einfachen Aufstellung der Energiebilanz. Durchläuft ein Elektron mit der Elementarladung eine Spannung U — z. B. die Anodenspannung —, so nimmt es eine Geschwindigkeit v an und erreicht mit seiner Masse m_e eine kinetische Energie $m_e\,v^2/2$, die der von der Spannung geleisteten Arbeit Ue gleich ist. Daraus wird

$$v = \sqrt{\frac{2\,e}{m_e}}\,\sqrt{U} = k\sqrt{U} \tag{1}$$

mit

$$k = \sqrt{\frac{2\,e}{m_e}} = 593\,\frac{\mathrm{km}}{\mathrm{s}}\,\mathrm{V}^{1/2}. \tag{1a}$$

Wie man sieht, werden schon bei kleinsten Spannungen sehr große Geschwindigkeiten erreicht. Bei größeren Spannungen, wo die Geschwindigkeiten in die Nähe der Lichtgeschwindigkeit treten, muß die Gl. (1) noch ein Korrektionsglied erhalten, das der relativistischen Zunahme der Masse mit der Geschwindigkeit Rechnung trägt.

§ 242 Die Dreipolröhre

Ordnet man zwischen Kathode und Anode noch eine dritte Elektrode an und gibt dieser die Form eines Gitters oder einer Spirale, so daß der Elektronenstrom durch sie durchtreten kann, dann erhält man die Dreipolröhre oder *Triode*.

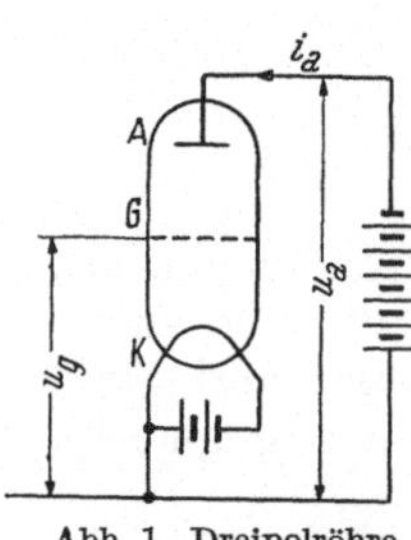

Abb. 1 Dreipolröhre

Gibt man jetzt der dritten Elektrode, die man *Gitter* nennt, ein bestimmtes Potential, so kann man mit ihr die Elektronenströmung beeinflussen. Es ist sofort einzusehen, daß gegenüber der Kathode positives Potential (positive Gitterspannung) die Strömung unterstützt, während sie durch negative Gitterspannung behindert, bei genügender Größe sogar unterbunden wird. Für die Ausbildung des Anodenstromes ist jetzt nicht mehr die ganze Anodenspannung wirksam, sondern nur ein Teil, der noch durch das Gitter „durchgreift". Darüber hinaus wirkt natürlich noch die volle Gitterspannung auf die Strömungsausbildung. Die Summe beider Teilspannungen

$$\boxed{u_{st} = u_g + D\,u_a} \tag{1}$$

wird *Steuerspannung* genannt. Der Faktor D, der den wirksamen Anteil der Anodenspannung beschreibt, heißt *Durchgriff*. Er ist durch die Abmessungen der Röhre, im besonderen durch die Kapazitäten zwischen den Elektroden bestimmt und liegt im allgemeinen in der Größenordnung von einigen Prozent. Normalerweise gibt man dem Gitter ein negatives Potential gegen die Kathode, so daß von ihm keine Elektronen aufgenommen werden, also die Elektronenströmung zur Gänze zur Anode geht (Gitterstrom gleich Null).

Man kann jetzt wieder Kennlinien für die Röhre aufstellen, die dieselbe Form haben wie die in § 2233 gezeigte Charakteristik, für die aber jetzt die Steuerspannung maßgebend ist. Da sowohl Anoden- als auch Gitterspannung verändert werden können, ergeben sich hier Kurvenscharen. Sehr häufig gebrauchte Kennlinien sind die *Gitterspannungskennlinien*, nämlich die Abhängigkeit des Anodenstromes von der Gitterspannung bei parametrisch veränderlicher Anodenspannung. Mit den Bezeichnungen der Abb. 1 ergeben sich für einen speziellen Fall die Kurvenscharen der Abb. 2. Der Ausgangspunkt der Kurven auf der Abszissenachse ist mit $u_{st} = 0$ gegeben durch

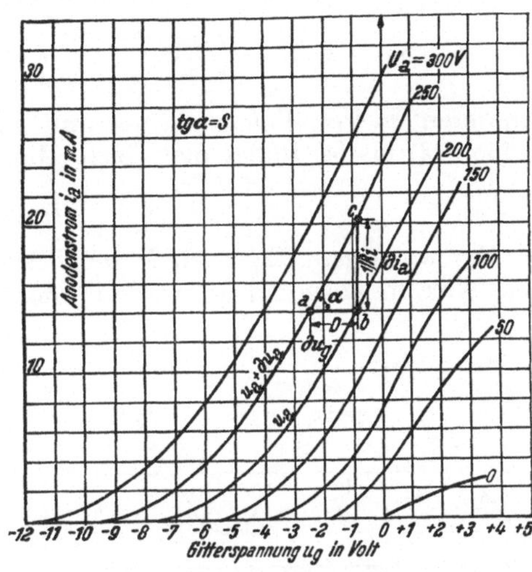

Abb. 2 Gitterspannungskennlinien einer Dreipolröhre

$u_g = -\, D u_a$. Der horizontale Abstand der parallelverschobenen Kurven ergibt sich damit zu $\Delta u_g = D \Delta u_a$. Daraus ist der Durchgriff auch definiert durch

$$D = \left(\frac{\Delta u_g}{\Delta u_a}\right)_{i_a\,=\,\mathrm{konst}}, \quad \text{genauer} \quad D = \left(\frac{d u_g}{d u_a}\right)_{i_a\,=\,\mathrm{konst}}. \tag{2}$$

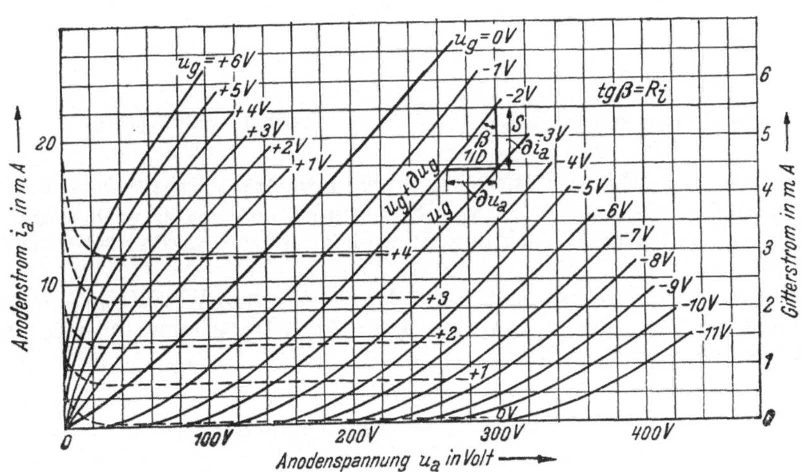

Abb. 3 Äußere Kennlinien der Dreipolröhre nach Abb. 2

Die Neigung der Kurven ist gegeben durch

$$\mathrm{tg}\,\alpha = S = \left(\frac{\Delta i_a}{\Delta u_g}\right)_{u_a\,=\,\mathrm{konst}}, \quad \text{genauer} \quad S = \left(\frac{d i_a}{d u_g}\right)_{u_a\,=\,\mathrm{konst}}. \tag{3}$$

Sie wird *Steilheit* der Röhre genannt.

Aus der Kennlinienschar der Abb. 2 läßt sich unschwer eine zweite Schar ableiten, die die Abhängigkeit des Anodenstromes von der Anodenspannung bei parametrisch veränderlicher Gitterspannung beschreibt (äußere Kennlinie). Für den angenommenen Fall ergeben sich dann die Kurven der Abb. 3. Deren Neigung bestimmt eine weitere Kenngröße der Röhre, nämlich

$$\cot \gamma = R_i = \left(\frac{\Delta u_a}{\Delta i_a}\right)_{u_g = \text{konst}}, \quad \text{genauer} \quad R_i = \left(\frac{du_a}{di_a}\right)_{u_g = \text{konst}}, \tag{4}$$

die deren *innerer Widerstand* genannt wird. Aus der Definition der drei Kenngrößen (2) bis (4) findet man leicht die „Barkhausenformel"

$$S\,D\,R_i = 1. \tag{5}$$

Die wichtigste Eigenschaft der Elektronenröhren ist, wie unmittelbar aus den Kurven entnommen werden kann, deren Fähigkeit, eine Steuerung des

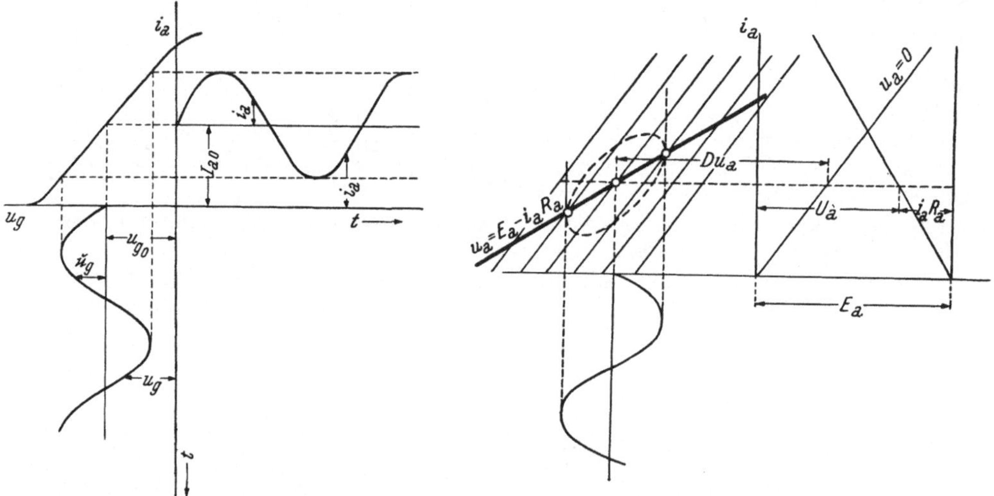

Abb. 4 Verstärkung mittels der Dreipolröhre   Abb. 5 Arbeitskennlinie

Anoden*stromes* mit Hilfe der Gitter*spannung*, also praktisch verlust- und trägheitslos vornehmen zu können. Die Steuerung kann bis $i_a = 0$ ausgedehnt werden, wenn das Gitter so stark negativ gemacht wird, daß die Steuerspannung Null wird.

Besteht die Gitterspannung aus einer dem konstanten Wert U_{g0} überlagerten Schwingung mit den Momentanwerten u_g (s. Abb. 4), so kann die entstehende Anodenstromschwingung mit

$$i_a = I_{a0} + i_a$$

angesetzt werden. Nach (3) ist dann mit $\Delta i_a = i_a$ und $\Delta u_g = u_g$

$$S = \frac{i_a}{u_g} \quad \text{oder} \quad i_a = S\,u_g.$$

Ist die überlagerte Gitterspannungsschwingung eine Sinusschwingung, dann gilt auch für deren Effektivwerte

$$I_a = S\,U_g. \tag{6}$$

Die Schwingung im Anodenstrom ist also um so größer, je größer die Steilheit der Röhre ist. Mit Hilfe von (5) kann man hiefür auch schreiben

$$I_a = \frac{U_g}{D}\,\frac{1}{R_i}. \tag{7}$$

Die Röhre kann demnach auch als Stromquelle mit der EMK U_g/D und dem inneren Widerstand R_i aufgefaßt werden.

Im allgemeinen ist die Anodenspannung, nämlich die zwischen Anode und Kathode liegende Spannung, nicht konstant, da im Anodenkreis meist noch ein Belastungswiderstand R_a liegt. Die Anodenspannung ist dann um den Spannungsabfall $i_a R_a$ kleiner als die Spannung E_a der Anodenstromquelle. Es entsteht eine neue Kennlinie mit geringerer Neigung, die leicht aus dem „statischen" Kennlinienfeld gewonnen werden kann. Man braucht hiezu nur nach Abb. 5 für einen bestimmten Anodenstrom die Anodenspannung $u_a = E_a - i_a R_a$ zu rechnen oder aus der Kennlinie für $u_a = 0$ durch Verschieben um $-D u_a$ graphisch zu ermitteln, so liefern die Wertpaare u_a, i_a Punkte der „*Arbeitskennlinie*". Diese ist im Falle rein Ohmscher Belastung eine Gerade, bei induktiver oder kapazitiver Belastung eine Ellipse.

Die Steilheit ist jetzt kleiner und wird *dynamische Steilheit* genannt im Gegensatz zur früher definierten *statischen Steilheit*. Die dynamische Steilheit T ergibt sich jetzt aus der entsprechend erweiterten Gl. (5) zu

$$T D (R_i + R_a) = 1. \tag{8}$$

Bei den meisten Anwendungen der Dreipolröhren trachtet man, daß die Gitterspannung während des ganzen Steuervorganges negativ bleibt, damit das Gitter keinen Strom aufnimmt. Die dazu erforderliche Gleichspannungskomponente U_{g0} bei einer wechselnden Gitterspannung wird dann Gittervorspannung genannt und meist durch eine Akkumulatorenbatterie aufgebracht.

§ 243   Mehrgitterröhren

Man kann den Anwendungsbereich der Dreipolröhre durch Anordnung weiterer Gitter wesentlich erweitern.

Größere Bedeutung hat die *Schirmgitterröhre* oder *Tetrode* erlangt, bei der zwischen Anode und Steuergitter noch ein breitmaschiges Gitter mit positivem Potential eingebaut ist. Der Zweck ist eine Verringerung der Beeinflussung der Steuerung durch die Veränderung der Anodenspannung infolge des mit dem Anodenstrom veränderlichen Spannungsabfalles $i_a R_a$ am äußeren Belastungswiderstand. Durch Anordnung des positiven, auf konstantem Potential gehaltenen Schirmgitters werden die Elektronen jetzt mit konstanter Kraft — also unabhängig von den Schwankungen der Anodenspannung — angezogen und durchfliegen dessen breite Maschen, ohne daß ein beachtenswerter Schirmgitterstrom entsteht. Die Schirmgitterspannung muß stets kleiner bleiben als die Anodenspannung, da sonst das Schirmgitter zur Anode würde.

Bei der *Pentode* wird noch zwischen Schirmgitter und Anode ein weitmaschiges „Bremsgitter" angeordnet, das auf das gleiche Potential mit der Kathode gebracht wird und meist mit dieser schon innerhalb der Röhre verbunden ist. Seine Aufgabe ist es, Elektronen, die beim Aufprallen der Hauptelektronen auf der Anode aus dieser ausgelöst werden (Sekundärelektronen), von dem Schirmgitter abzuhalten und auf die Anode zurückzuwerfen. Die Schirmgitterspannung kann jetzt höher gewählt werden und der Einfluß der Variation der Anodenspannung ist weiter verkleinert worden. Mit der Pentode erreicht man hiemit sehr kleine Durchgriffe.

Gibt man der Röhre ein zweites Steuergitter, das von zwei Schirmgittern umgeben ist, so erhält man die *Hexode* und damit eine Röhre, deren Steilheit von außen her verändert werden kann (Regel-Hexode). Auch eine Mischung von Schwingungen verschiedener Frequenzen, sei es, daß deren Summe oder Differenz gebildet werden soll, ist mit einer Hexode möglich.

Für Sonderzwecke werden dann noch Röhren mit weiteren Gittern gebaut, worauf aber hier nicht eingegangen werden kann.

§ 244 Konstruktive Einzelheiten

Der zunächst wichtigste Teil der Elektronenröhre ist die Kathode, die durch Glühemission die für den Elektrizitätstransport erforderlichen Elektronen liefern muß. Sie wird dazu auf Glühtemperatur gebracht, was durch direkte oder indirekte Heizung erfolgen kann. Bei der *direkten Heizung* wird der aktive, die Kathode bildende Faden vom Heizstrom durchflossen, der so bemessen ist, daß die erforderliche Temperatur zustande kommt. Die Emission ist sehr stark von der Temperatur abhängig, so daß getrachtet werden muß, den Heizstrom möglichst konstant zu halten. Gegen Überlastung, also auch nur geringfügiger Erhöhungen der Heizspannung, ist die Röhre sehr empfindlich, da die Betriebstemperaturen nahe an den Verdampfungstemperaturen liegen. Als Kathodenmaterial kommen in erster Linie Wolfram, Thoriumoxyd, Tantal, Barium und Strontium in Frage. Besonders hohe Emission zeigen die sogenannten „zusammengesetzten Kathoden", die aus

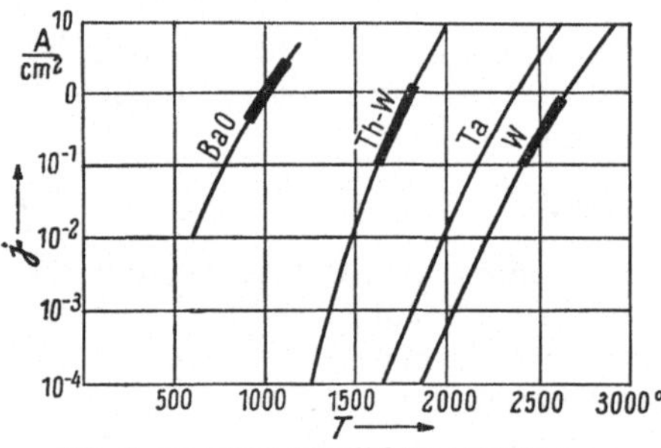

Abb. 1 Emissionsstromdichten verschiedener Kathoden

einem metallischen Träger bestehen, auf den eine weitere Schicht aufgebracht wird. Hieher gehören die Oxydkathoden und die mit Thoriumzusatz versehenen Wolframkathoden. Die Abhängigkeit der Emissionsstromdichte von der Temperatur zeigt die Abb. 1.

Als Gittermaterial wählt man meist Molybdändraht. Die Anode wird gewöhnlich als zylindrischer Mantel aus Nickel- oder Eisenblech, manchmal auch der besseren Wärmeabfuhr wegen aus Drahtmaschen angefertigt.

Bei der *indirekten Heizung* wird die wirksame Schicht auf ein Metallröhrchen aufgebracht, in dessen Innerem der Heizfaden, vom Kathodenröhrchen isoliert, untergebracht ist. Die Heizung kann jetzt auch mit Wechselstrom erfolgen. Eine häufig benützte Heizspannung ist 6,3 Volt. Bei der direkten Heizung wird meist Gleichspannung von 1 ... 2 Volt, bei älteren Röhren auch 4 Volt benützt. Die Anheizzeit dauert bei den indirekt geheizten Röhren natürlich etwas länger als bei den direkt geheizten.

Das Gehäuse ist bedingt durch die erforderliche Luftleere. Zur Abschirmung gegen äußere elektrostatische Felder und zur besseren Wärmeabfuhr erhält der Glaskolben häufig einen Metallbelag; in neuerer Zeit werden auch Kolben aus Ganzmetall hergestellt. Der Kolben wird in einem Röhrensockel, der die Kontaktstifte trägt, eingekittet. Die Ausführungen der Sockel sind weitgehend normalisiert.

Größte Sorgfalt ist auf die Einhaltung und Erhaltung des Vakuums zu richten, das auf mindestens 10^{-6} Torr gehalten werden soll. Man erhält es zunächst durch Auspumpen und anschließend durch das sogenannte Gettern.

Dabei wird eine kleine Menge Magnesium oder Barium, die vorher in die Röhre gebracht wurde, durch Erhitzen mit Hochfrequenz verbrannt, wodurch letzte Reste von Sauerstoff gebunden werden.

§ 245   Gasgefüllte Röhren

Die beschriebenen Vakuumröhren können nur vergleichsweise geringe Ströme liefern, die von der beschränkten Emissionsfähigkeit der Kathode abhängen. Besteht beispielsweise die Kathode aus einem gestreckten Draht und ist sie von einer zylindrischen, röhrchenförmigen Anode von der Länge l und dem Halbmesser r umgeben, dann ist der Anodenstrom i_a bei einer Anodenspannung u_a gegeben durch

$$i_a = c \frac{l}{r} u_a^{3/2}, \tag{1}$$

wobei

$$c = 1{,}465 \cdot 10^{-2} \, \mathrm{mA} \, \mathrm{V}^{-3/2}. \tag{1 a}$$

Für beispielsweise $\dfrac{l}{r} = 10$ und $u_a = 100$ V ergibt dies erst einen Anodenstrom von 0,146 A.

Es ist naheliegend, die Stromstärken dadurch zu vergrößern, daß man zusätzlich Elektrizitätsträger in die Entladungsbahn bringt, indem man die Röhre mit Gas füllt. Es entstehen dann in der Röhre ausgesprochene Gasentladungen, wie sie in § 2233 behandelt wurden.

Eines kann für diese Röhren sofort vorausgesagt werden. Sie können wegen der größeren Trägheit der Ionen für hochfrequente Vorgänge nicht verwendet werden. Sie zeigen ferner, eben wegen des Vorhandenseins positiver Ladungen in der Entladungsbahn, grundsätzlich anderes Verhalten als die Elektronenröhren.

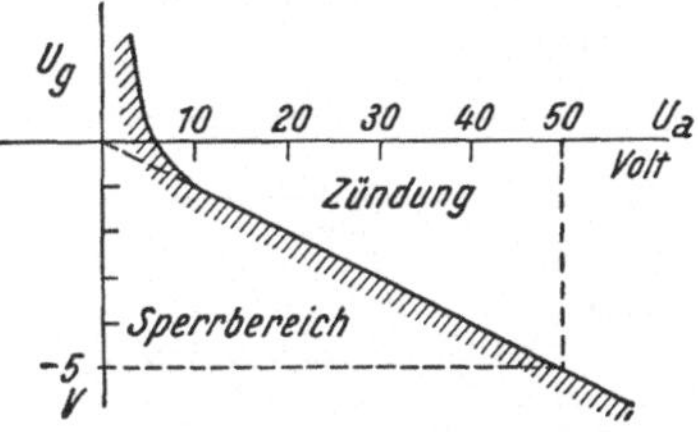

Abb. 1   Zündkennlinie eines Thyratrons

Ist vor allem ein Gitter vorhanden, dann kann mit diesem eine Beeinflussung des Feldes in gleicher Weise vor sich gehen wie bei der Elektronenröhre, aber nur vor dem Fließen eines merklichen Anodenstromes, also vor der Zündung der Gasentladung. Es wird somit zunächst mit Hilfe der Gitterspannung der Zündzeitpunkt genau festgelegt. Die maßgebliche Beziehung ist wieder (242/1). Die Zündung erfolgt, wenn die Steuerspannung Null ist. Solange das Gitter stärker negativ ist, als es diesem Wert entspricht, fließt also kein Anodenstrom. Die Zündkennlinie der Röhre ist daher gegeben durch

$$u_g = - D \, u_a. \tag{2}$$

Sie ist eine je nach dem Durchgriff mehr oder weniger geneigte Gerade durch den Ursprung. Bei kleinen Anodenspannungen reicht das Anodenfeld allein nicht mehr zu einer Zündung aus und muß vom Gitterfeld unterstützt werden, weshalb sich dort die Kennlinie gegen positive Gitterspannungen umbiegt (s. Abb. 1).

Hat die Röhre einmal gezündet, dann ändert sich ihr Verhalten grundlegend gegenüber der Elektronenröhre. Ein negatives Gitterpotential zieht jetzt positive Ionen an sich, die das negative Potential neutralisieren, so daß durch das Gitter keine Einflußnahme mehr auf das Arbeiten der Röhre genommen werden kann. So kann also auch eine Unterbrechung des Anodenstromes nach einmal erfolgter Zündung nur im Anodenkreis selbst eingeleitet werden. Ist der Anodenstrom ein Wechselstrom, dann geht dieser selbst zweimal in jeder Periode durch Null. Stellt man also das Gitter auf entsprechend negatives Potential, dann wird die Röhre nach einem solchen Nulldurchgang nicht wieder zünden und der Strom also scheinbar durch das Gitter gelöscht. In Wirklichkeit ist aber nur die Wiederzündung verhindert worden.

Mit der gasgefüllten Röhre kann also keine Steuerung, sondern lediglich das präzise Festlegen einer Schaltung vorgenommen werden. Sie dient als genaues Schaltorgan und wird in diesem Sinne auch *Stromtor* oder *Thyratron* genannt.

§ 3 Praktische Anwendungen

§ 31 Die Baustoffe der Elektrotechnik

§ 311 Leiterstoffe

Für die Fortleitung der elektrischen Energie durch Transport eines elektrischen Stromes kommen in erster Linie die guten Elektrizitätsleiter in Frage. Ein Blick auf die Tafel der spezifischen Widerstände in § 2221 zeigt, daß dies vor allem die Metalle und unter ihnen Kupfer und Aluminium sind, da Silber wegen seines hohen Preises und die übrigen Metalle wegen ihres höheren spezifischen Widerstandes nicht oder nur ausnahmsweise in Frage kommen. Die in der Elektrotechnik interessierenden wichtigsten Eigenschaften sind in der folgenden Tabelle vermerkt.

	Kupfer	Aluminium	Einheit
Spezifischer Widerstand bei 20° C	0,0175	0,030	Ω mm²/m
Leitfähigkeit bei 20° C	57	34	S m/mm²
Temperaturkoeffizient bei 20° C	$+ 3,9 \cdot 10^{-3}$	$+ 3,6 \cdot 10^{-3}$	1/° C
Kritische Temperatur	— 235	— 258	° C
Schmelzpunkt	1083	658	° C
Dichte	8,9	2,7	g/cm
Spezifische Wärme	0,392	0,92	J/g, ° C
Zugfestigkeit	2100...2400	700...1100	kp/cm²
Wärmeausdehnung	$18 \cdot 10^{-6}$	$24 \cdot 10^{-6}$	1/° C

Fließt Wechselstrom in einem Leiter, so erhöht sich sein Widerstand durch die auftretenden Wirbelströme (s. § 2334). Die Erscheinung ist um so ausgeprägter, je höher die Frequenz und je größer der Leitungsquerschnitt ist. Es wird dann notwendig, den Leiter zu unterteilen und ihn als Litze auszuführen.

Normalerweise verwendet man elektrolytisch raffiniertes, gezogenes Kupfer und möglichst reines Aluminium.

Für Erdleitungen nimmt man gewöhnlich Eisen in Form von feuerverzinktem Bandeisen (meist etwa 100 mm² Querschnitt).

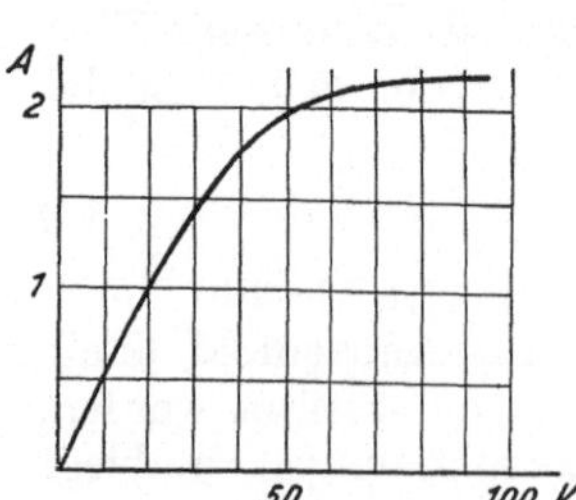

Abb. 1 Kennlinie einer Eisenwasserstofflampe

Das Eisen wird auch noch in anderer Weise als Elektrizitätsleiter verwendet, wobei seine Eigenschaft, in der Nähe seiner Glühtemperatur einen mit der Temperatur sehr starken ansteigenden Widerstand zu besitzen, ausgenützt wird. Wird also ein solcher Eisenwiderstand einem Verbraucher vorgeschaltet und ist er so ausgelegt, daß er bei der angeschlossenen Belastung auf die erwähnte kritische Temperatur kommt, so wirken sich infolge der starken Widerstandsänderung Schwankungen in der angelegten Spannung auf die Stärke des Stromes praktisch nur sehr wenig aus. Der Eisenwiderstand kann also zur Konstanthaltung der Stromstärke bei schwankender Netzspannung dienen.

Damit der meist als Eisendraht ausgelegte Widerstand nicht oxydiert, wird er in einer verdünnten Wasserstoffatmosphäre in eine Glasröhre eingeschmolzen (Eisenwasserstofflampe). Die Kennlinie einer solchen Röhre zeigt die Abb. 1.

§ 312 Isolierstoffe

Die in der praktischen Elektrotechnik zur Isolierung spannungführender Teile verwendeten Stoffe sind überaus zahlreich. Im wesentlichen kommt es zunächst darauf an, daß diese Stoffe einen hohen Widerstand haben, daß sie also den elektrischen Strom praktisch nicht leiten. Ein vollkommener Nichtleiter ist nur das Vakuum, weil dort allein keine Elektrizitätsträger für den Stromtransport vorhanden sind. In jedem anderen Material stehen aber Elektronen oder Ionen zur Verfügung und es handelt sich lediglich darum, diese Teilchen zum Transport der elektrischen Ladungen beweglich zu machen. Bei den Isolierstoffen sind es nur ganz wenig Teilchen, die derart frei beweglich sind; sie bilden die Ableitungsströme. Ihre Anzahl wird durch Freimachen weiterer Teilchen bei Erhitzen oder Anwendung höherer Spannungen (Feldstärken) vergrößert. Sie kann schließlich so groß werden, daß der Isolierkörper leitend wird und hohe Ströme durchläßt: es kommt zu einem *Durchschlag*.

Neben den Ableitungsströmen treten bei Wechselspannungen im Isolierkörper auch noch Verschiebungsströme (§ 2331) auf, die ebenso wie die Ableitungsströme Verluste und eine Erwärmung des Materials ergeben.

Das Material wird somit elektrisch und thermisch beansprucht und soll diesen Beanspruchungen standhalten. Die diesbezüglichen Untersuchungen bilden den Gegenstand der *elektrischen Festigkeitslehre*. Je nach der Bedeutung der einzelnen Einflüsse, Spannung, Wärme, Feuchtigkeit, Säure usw. werden die Isolierstoffe in ihrer Zusammensetzung gewählt.

Liegt zwischen zwei voneinander isolierten Punkten eine Spannung, so entsteht im isolierenden Mittel eine elektrische Feldstärke, durch die das Isoliermaterial im Sinne einer Polarisation (§ 212) beansprucht wird. Bei genügend großen Kräften können dann die Elektronen aus dem Atomverband herausgerissen werden und zum Durchbruch führen; das Dielektrikum bricht zusammen und wird von einem Leitungsstrom durchflossen. Dabei können dadurch hohe Stromstärken auftreten, daß die freigewordenen Elektronen im Feld hohe Geschwindigkeiten erlangen und durch Stoßionisation (§ 14) lawinenartig neue Elektronen und Ionen erzeugen. Die Feldstärke, bei der dies eintritt, heißt *Durchbruchsfeldstärke*. Der Durchbruch beginnt dabei an der Stelle, an der die Feldstärke ein Maximum hat.

Die Durchbruchsfeldstärke ist nicht nur eine Kenngröße der Materials, sondern sie hängt noch von der Schichtdicke, der Temperatur und des Beanspruchungsdauer ab. Bei ein und demselben Material besteht ferner noch eine Abhängigkeit von der Richtung einer etwa bestehenden Faserungsschichtung.

Zunehmende Schichtdicke erniedrigt im allgemeinen die Durchbruchsfeldstärke. Dasselbe gilt für zunehmende Temperatur.

Bei der Beurteilung des Einflusses der Zeitdauer der elektrischen Beanspruchung ist die Art der aufgedrückten Spannung zu berücksichtigen. Am günstigsten ist die Beanspruchung durch Gleichspannung, da in diesem Falle keine Verschiebungsströme und damit keine wesentlichen Verluste auftreten. Bei Belastung mit Wechselspannung wird wegen der auftretenden Polarisation und Erwärmung ein elektrischer Durchschlag begünstigt. Die Durchbruchsfeldstärke liegt also tiefer. Der Einfluß ist um so stärker, je höher die Frequenz ist. Eine besondere Beanspruchung tritt bei den bei Spannungsprüfungen und atmosphärischen Beeinflussungen wirksamen Spannungsstößen auf. Es handelt sich dabei um ganz kurz andauernde Spannungen mit steilem zeitlichen Anstieg und verflachtem Abklingen. Die zwar große, aber nur sehr kurz andauernde Polarisation ergibt keine wesentliche Erwärmung des Dielektrikums, so daß vergleichsweise große Beanspruchungen ausgehalten werden. Die erreichte Durchbruchsfeldstärke wird in diesem Zusammenhang als *Stoßfestigkeit* bezeichnet, ihr Verhältnis zur Feldstärke bei 50periodischer Wechselspannung als *Stoßfaktor*. Der Stoßfaktor liegt in der Größenordnung von 1 ... 2 und mehr. Stoßwellen bestimmter Form und Dauer werden zur Spannungsprüfung elektrischer Maschinen und Geräte verwendet.

Die wichtigsten Eigenschaften der hauptsächlichsten, in der Elektrotechnik verwendeten Isolierstoffe sind in der untenstehenden Tabelle zusammengefaßt. Dabei sind die Durchbruchsfeldstärken in Effektivwerten für 50periodige Wechselspannung angegeben. Bei Faserstoffen und geschichteten Isolatoren gelten die angeführten Werte für eine Beanspruchung quer zur Faser.

Durchbruchsfeldstärken der wichtigsten Isolierstoffe

Dielektrikum	Dielektrizitäts-zahl ε	Durchbruchsfeld-stärke in kV/cm	Anmerkung	
Luft	1	21	Steigt etwa proportional mit dem Druck	
Trans-formatorenöl	2,2 ... 2,5	230	Wasserfrei	Für normale Isolierzwecke wird 80 kV/cm gefordert
		30	Bei 0,1⁰/₀₀ Wassergehalt	
Porzellan	4,5 ... 6,4	200	Bei glasierter Oberfläche wetterbeständig	
Baumwolle	—	—	Dient im wesentlichen als Träger eines Imprägnierstoffes wie Öl oder Lack	
Papier	2,2	200	—	
	4	300	Ölgetränkt, in dünnen Schichten	
(Buchen) Holz	3	25	Für Dicken > 1 cm. Meist als Distanziermaterial verwendet	
Glas	3,5 ... 7	400	—	
Hartpapier	4 ... 5	150	Große mechan. Festigkeit (1000 kp/cm² Zug, 3000 kp/cm² Druck)	
Glimmer	5	300	Hitzebeständig. Zu Folien zusammengeleimt = Mikanit	

Isolatoren zeigen noch eine weitere Spannungsfestigkeit. Legt man nämlich zwischen zwei Punkte auf der Oberfläche eines Isolators eine Spannung, so tritt unter Umständen längs der Oberfläche früher ein Ausgleich ein, als daß der Isolator oder das umgebende Dielektrikum (z. B. Luft oder Öl) durchschlagen würde. Die längs der Oberfläche erfolgte Entladung wird *Kriechentladung* genannt. Die *Kriechfestigkeit* ist abhängig von der Oberflächenbeschaffenheit, vom Medium, das der Oberfläche anliegt, insbesondere von dessen Reinheit und von der Feuchtigkeit, wenn dieses gasförmig ist. Für in Luft befindliche Oberflächen findet man eine Kriechfestigkeit von etwa (4 ... 6) kV/cm, bei Ölumspülung etwa (15 ... 20) kV/cm.

Um bei hohen Spannungen entsprechend lange Kriechwege zu erhalten, werden die Isolatoren vielfach mit Rillen und Schirmen versehen.

§ 313 Eisen

Das Eisen wird in der Elektrotechnik als Träger der magnetischen Felder verwendet. Der Grund liegt in der hohen Permeabilität, die es gestattet, hohe magnetische Feldstärken bei vergleichsweise kleinen Erregungen zu erzielen. Ist der erforderliche magnetische Fluß zeitlich und örtlich konstant, dann wird meist Stahl, Stahlguß, seltener Gußeisen verwendet. Bei veränderlichen Feldern kommt gewöhnlich mit Silizium legiertes Eisen in Blechform als sogenanntes *Dynamoblech* in Anwendung. Normale Magnetisierungslinien für diese Eisensorten zeigt die Abb. 1.

Um für einen magnetischen Kreis geringe Erregungen zu erhalten, läßt man den magnetischen Fluß soweit als möglich in Eisen verlaufen. Rotierende Maschinen erhalten daher möglichst kleine Luftspalte.

Wird Eisen von einem Wechselfluß durchsetzt, so wird es dauernd ummagnetisiert, was Arbeit erfordert, die als Verlust zu werten ist. Die Erschei-

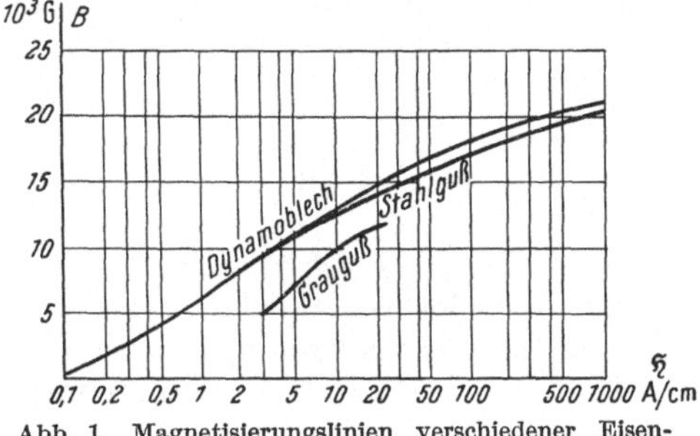

Abb. 1 Magnetisierungslinien verschiedener Eisensorten

nung wurde bereits in § 232 behandelt und mit Hysterese bezeichnet. Die bei einer Ummagnetisierung aufzuwendende Arbeit, die der Fläche der Hysteresisschleife verhältnisgleich ist, ergibt die je Periode auftretenden Hysteresisverluste. Diese lassen sich auch aus der maximalen Feldstärke B_{max} nach der Formel

$$V_h = \sigma_h f B^2 G \tag{1}$$

bestimmen, in der die Eisenmenge G in Kilogramm und die Feldstärke in Weber/m² einzusetzen sind. Die Verluste erhält man dann in Watt. Der Faktor σ_h liegt dabei je nach der Eisensorte zwischen 3 und $5 \cdot 10^{-4}$.

Eine weitere Verlustquelle im Eisen bilden die in ihm bei den Feldänderungen auftretenden Wirbelströme (§ 2334). Sie ergeben mit dem Widerstand des Strömungspfades im Eisen Wärmeverluste, die den Quadraten der Feldstärke, Frequenz und Blechdicke proportional sind. Es gilt also

$$V_w = \frac{\sigma_w}{\varrho} (f B d)^2 G. \tag{2}$$

Hierin ist ϱ der spezifische Widerstand des Eisens, $\sigma_w/\varrho = (4 ... 19) \, 10^{-6}$ je nach der Eisensorte und d die Blechstärke in Millimetern. Die Einheiten der übrigen Größen sind dieselben wie früher.

Zur Geringhaltung der Wirbelströme sind größere Eisenquerschnitte senkrecht zu den magnetischen Feldlinien zu vermeiden. Der Eisenweg wird dann aus dünnen Eisenblechen, die durch dünnste Papierauflage oder eine Lackschicht voneinander getrennt werden, aufgebaut, deren Dicke 0,3 ... 0,5 mm beträgt und die bei Frequenzen über 1000 Hz noch dünner sein müssen.

Meist faßt man beide Verluste zusammen und beurteilt eine Eisensorte nach dem auf die Masseneinheit bezogenen Verlust, der Verlustziffer $v = V/G =$

$= (V_h + V_w)/G$, die noch meist auf 50 Hz und eine Feldstärke von 10 Wb/m² bezogen und dann mit v_{10} bezeichnet wird. Für die Gesamteisenverluste schreibt man dann auch gerne

$$V = v_{10}\left(\frac{B}{10}\right)^2 \frac{f}{50}\, k_b\, G. \tag{3}$$

v_{10} Verlustziffer in W/kg;
B magnetische Feldstärke in Wb/m²;
f Frequenz in Hz;
$k_b = 1,1 \ldots 2$, Bearbeitungsfaktor, berücksichtigt Unebenheiten, hervorgerufen durch die Bearbeitung des Bleches;
G Eisenmenge in kg;
V Eisenverluste in W.

Bei höheren Frequenzen über 10000 Hz geben auch sehr dünne Bleche noch zu hohe Verluste. Es werden dann die Eisenwege aus Eisenpulver hergestellt. Wegen der geringeren Permeabilität können dann nur kleinere Feldstärken angewandt werden.

§ 32 Erzeugung elektrischer Energie

§ 321 Elektrostatische Generatoren

Bei den elektrostatischen Generatoren werden die Grunderscheinungen der Elektrostatik zur Spannungserzeugung ausgenützt. Dabei handelt es sich hauptsächlich darum, vorhandene Elektrizität in ihre beiden Polaritäten zu trennen und die Mengen *einer* Polarität zu sammeln und aufzuspeichern. Die ältesten einschlägigen Verfahren bedienen sich der Erscheinung der sogenannten Reibungselektrizität. Dabei ist das Reiben von mehr oder minder untergeordneter Bedeutung und soll nur eine innige Berührung der beiden in Wechselwirkung stehenden Körper sicherstellen. Bei einer solchen innigen Berührung treten Elektronen vom Körper mit der höheren in den Körper mit der niedrigeren Dielektrizitätskonstante über, so daß nach dem Trennen der Körper voneinander der erste positiv, der zweite negativ geladen erscheint.

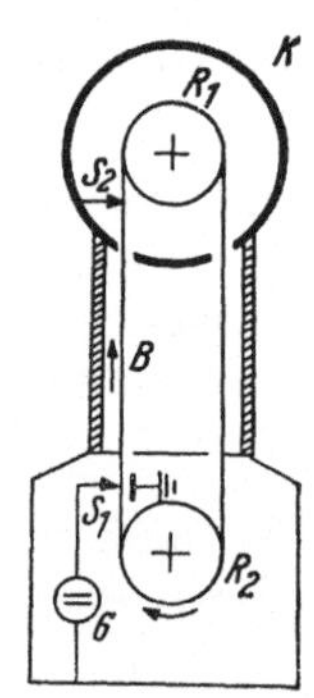

Abb. 1
Van de Graaffscher
Generator

Ausführungsbeispiele dieser Art der Spannungserzeugung bilden die verschiedenen Bauformen der Reibungselektrisierungsmaschinen, bei denen durch Reibung an Scheiben oder Bändern eine Elektrizitätstrennung eingeleitet und oft noch durch Influenzwirkung verstärkt wird. Die Speicherung erfolgt durch angeschlossene Kondensatoren (Leidener Flaschen). Die Leistungsfähigkeit dieser Maschinen ist vergleichsweise gering, ihre Bedeutung ist daher kaum über die von Laboratoriumsgeräten hinausgegangen.

In neuerer Zeit sind elektrostatische Generatoren, vor allem wegen der mit ihnen vergleichsweise einfachen Erzeugung sehr hoher Spannungen, in Form der sogenannten Bandgeneratoren entwickelt worden. Ein Ausführungsbeispiel nach VAN DE GRAAFF zeigt die Abb. 1. Dabei wird ein Transportband B aus Isolierstoff (Seide, Gummi, in neuerer Zeit Papier) über zwei Rollen R_1 und R_2 geleitet, von denen die untere angetrieben und die obere im Inneren einer metallenen, isoliert aufgestellten Kugelelektrode K angeordnet ist. Dem Band wird über eine Spitze S_1 von einer Gleichspannungsquelle elektrische Ladung übertragen, die dann von ihm in das Innere der Hochspannungselektrode transportiert wird. Dort wird sie von einem zweiten Spitzensystem S_2 wieder abgesaugt und der

Kugel K zugeführt, an deren Oberfläche sie sich ansammelt. Der Vorgang entspricht zur Gänze dem in § 211 beschriebenen vierten Versuch mit dem Fardayschen Becher. Da die Kugel beliebig viel Ladung aufnehmen kann, könnten auf diese Weise beliebig hohe Spannungen hergestellt werden. Praktisch ergibt aber die begrenzte Isolierfähigkeit eine bestimmte Grenze für die erzeugbare Höchstspannung. Van-de-Graaff-Generatoren sind bis zu mehreren hunderttausend Volt gebaut worden.

Zur Vergrößerung der Leistung können auch mehrere Transportbänder parallelgeschaltet werden. Eine Erhöhung der Isolation kann ferner durch Einbau in ein Gefäß und Ausfüllen desselben mit einem geeigneten, isolierenden Gas (z. B. Wasserstoff) erzielt werden.

Andere Ausführungsformen bedienen sich an Stelle des Transportbandes eines Stromes von Staubteilchen (Staubgeneratoren) oder ähnlicher Einrichtungen.

§ 322 Elektrodynamische Generatoren

§ 3221 Gleichstromgeneratoren

§ 32211 *Allgemeines*

Eine wesentliche praktische Bedeutung haben die auf Grund des Induktionsgesetzes arbeitenden Stromerzeuger erlangt. Dieses lautete nach (2311/18) in der hier gangbarsten Form

$$E = B\,l\,v \sin \alpha.$$

Die in einem Leiter beim Durchziehen durch ein magnetisches Feld erzeugte EMK ist also der Feldstärke, der Leiterlänge und der Geschwindigkeit des Leiters relativ zum Feld proportional. Bei den praktischen Ausführungen stellt man den Leiter stets senkrecht zum Feld, so daß ferner $\sin \alpha$ mit $\alpha = 90°$ gleich 1 wird.

Nach der obigen Grundgleichung erhält man eine dauernde EMK, wenn der Leiter dauernd durch ein gleichbleibendes Magnetfeld gezogen wird. Das ist nun mit geradliniger Bewegung nicht möglich, weshalb man den Leiter als Schleife ausbildet und um die

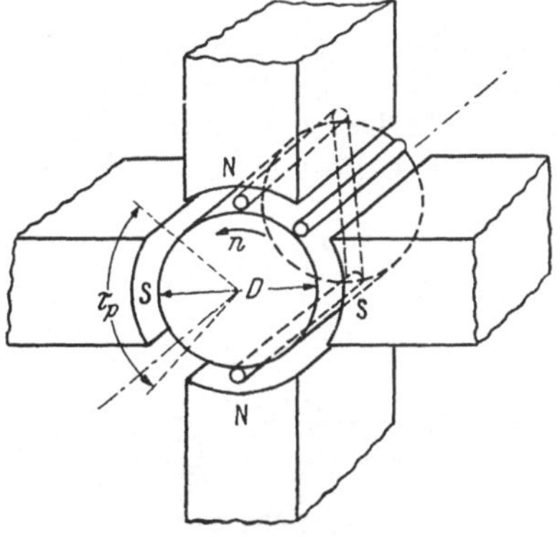

Abb. 1 Anordnung der Magnetpole in einer Gleichstrommaschine

Schleifenachse rotieren läßt. Das Feld wird dann von zentrisch um die Achse angeordneten Magnetpolen geliefert. Schematisch zeigt dies die Abb. 1 für beispielsweise vier Magnetpole. Die Geschwindigkeit des Leiters ist dann verhältnisgleich zur Drehzahl n der Schleife (nämlich $v = D\,\pi\,n$). Anderseits ist auch das magnetische Feld dem Magnetfluß Φ eines der gleichstark erregt angenommenen Magnetpole proportional (nämlich Fluß dividiert durch Polfläche). Faßt man alle Proportionalitätskonstanten, die durch die geometrischen Abmessungen der Maschine bestimmt sind, zu einer Konstanten K zusammen, so erhält das Induktionsgesetz die spezielle Form

$$\boxed{E = K\,\Phi\,n}. \tag{1}$$

Die Konstante K enthält dann noch die Anzahl der Pole und die Zahl der hintereinander geschalteten Leiter, wenn die Schleife aus mehreren Leitern zusammengesetzt, also zu einer Spule geformt wird, um die Wirkung zu vervielfachen. Die

Art und Weise, wie diese Einzelleiter miteinander zu einer „Wicklung" verbunden werden können, ist dabei sehr verschieden und hängt von den gewünschten Eigenschaften der Maschine ab.

Die grundsätzliche Anordnung nach Abb. 1 ist in dieser Form aber nicht möglich. Zunächst müßten die Leiter — wenn in ihnen eine gleichbleibende EMK induziert werden soll — ständig vor gleichnamigen Polen vorbeigeführt werden. In der Abb. 1 müßten also alle Pole Nord- oder Südpole sein. Eine solche Maschine wird Gleichpol- oder *Unipolarmaschine* genannt. Es treten bei ihr eine Reihe von Schwierigkeiten auf. Vorerst ist es schwer, die von den Polen kommenden (gleichnamigen) magneti-

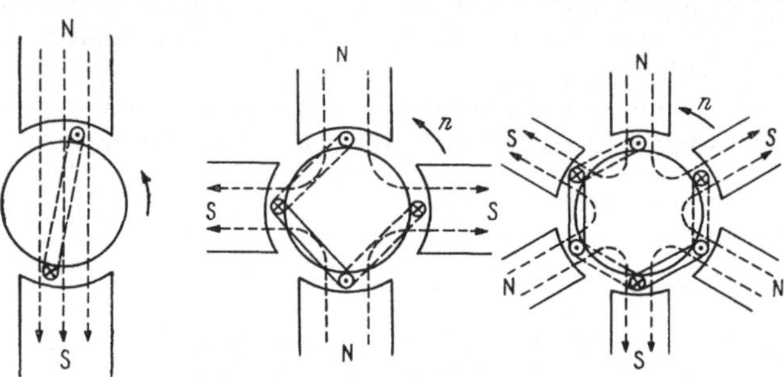

Abb. 2 Zwei- und mehrpolige Anordnungen

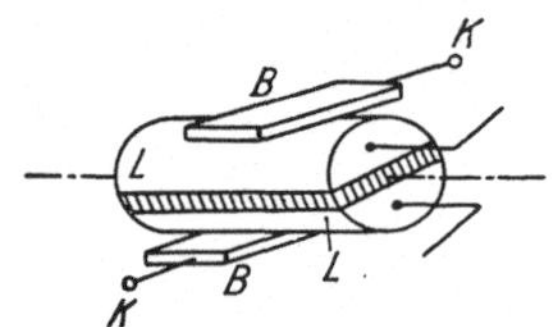

Abb. 3 Grundsätzliche Form eines Stromwenders

schen Flüsse weiterzuleiten. Sie müssen ja in sich geschlossene Linien bilden. Dabei sollte der Weg, über den sich das Feld schließt, möglichst hohe Permeabilität besitzen, damit die Erregung des Feldes klein bleibt (s. § 232). Man bringt aus diesem Grund die Wicklung stets auf einem aus Eisen bestehenden Zylinder unter, durch den der magnetische Fluß jetzt axial abgeleitet werden müßte.

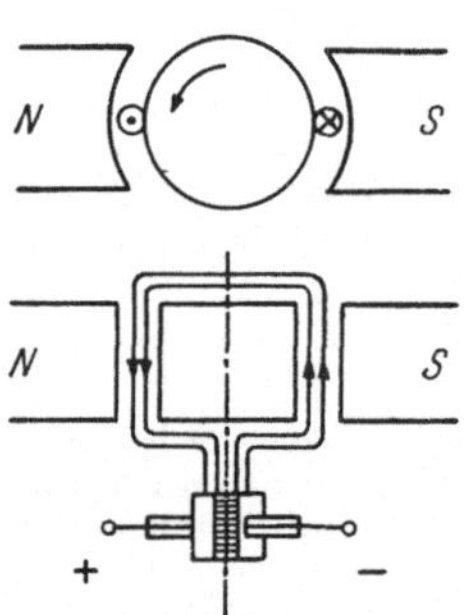

Abb. 4 Wirkungsweise des Stromwenders

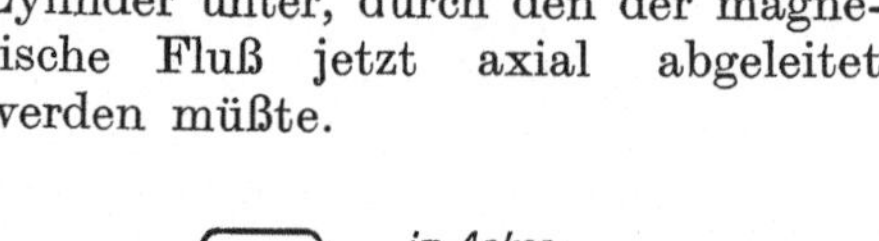
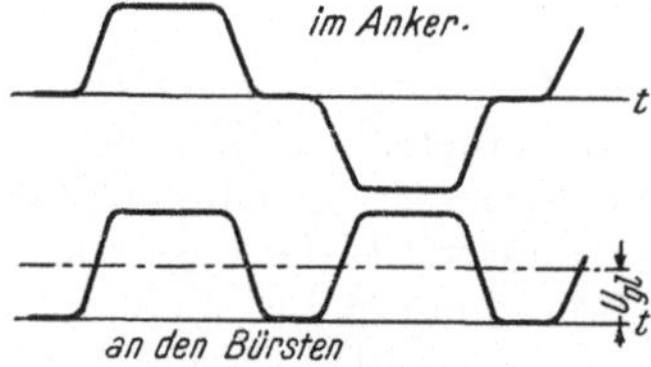

Abb. 5 Spannung im Anker und an den Bürsten

Eine zweite grundsätzliche Schwierigkeit besteht darin, daß man die Leiter der Wicklung keinesfalls in der in der Abb. 1 gezeichneten Form zu Windungen verbinden kann. In den beiden Leitern würden nämlich gleichgerichtete EMKe erzeugt werden, die sich innerhalb der Windung aufheben, so daß die Maschine keine Spannung gäbe. Unipolarmaschinen können also grundsätzlich keine in Serie geschalteten Leiter erhalten, so daß sie nur für vergleichsweise kleine Spannungen ausgeführt werden können. Sie haben sich daher auch in der Praxis, mit Ausnahme von Sonderfällen, nicht eingebürgert.

Die Schwierigkeiten in der Feldführung lösen sich sofort, wenn man mit der Polarität der Pole wechselt, weil dann das Feld von einem Nordpol in die Eisentrommel ein- und in die benachbarten Südpole austritt. Wie die Abb. 2 zeigt, unterstützen sich jetzt auch die in den einzelnen Leitern einer Wicklungsschleife induzierten EMKe, so daß die Maschinen für beliebige Spannungen gebaut werden können.

Allerdings tritt jetzt eine neue Schwierigkeit auf. Wie die Abbildung zeigt, wechselt das Feld im Luftspalt von Pol zu Pol seine Polarität. Die Maschine gibt also nicht Gleich-, sondern Wechselspannung. Mit Ausnahme der Unipolarmaschine sind also die Gleichstromgeneratoren eigentlich Wechselstromgeneratoren. Die in der Wicklung induzierte Wechselspannung muß erst „gleichgerichtet" werden. Diesen Zweck erfüllt der *Stromwender*. Dieser besteht nach Abb. 3 im wesentlichen aus zwei voneinander isolierten, halbzylindrischen Kupferlamellen L, die mit den Wicklungsenden verbunden sind und auf denen die Bürsten B schleifen, die zu den Klemmen K der Maschine führen. Die Wirkungsweise des auf der Achse des Generators sitzenden Stromwenders geht aus der Abb. 4 hervor. In der gezeichneten Stellung wird in den Leitern gerade der Höchstwert der EMK induziert. Die linke Klemme hat nach den eingezeichneten Richtungspfeilen positives, die rechte negatives Potential. In dem

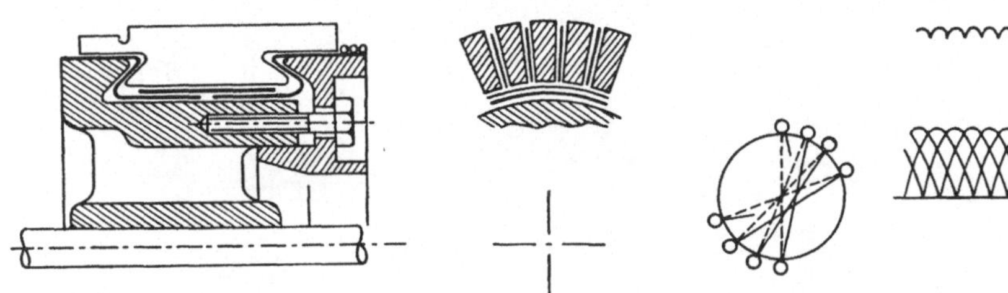

Abb. 6 Konstruktiver Aufbau eines Kommutators   Abb. 7 Die Spannung bei einer Spulenwicklung

Maße, als sich die Spule weiterdreht, wird das Feld und damit auch die induzierte EMK kleiner und verschwindet schließlich nach 90gradiger Drehung ganz. In diesem Augenblick — die Leiter stehen jetzt in der sogenannten „neutralen Zone" — liegen die Bürsten am isolierenden Zwischenstück zwischen den Stromwenderlamellen, um im nächsten Augenblick den Anschluß der Wicklungsenden an die Maschinenklemmen umzuwechseln, zu „kommutieren". Würden sie das nicht tun, dann würde in der Wicklung bei den nächsten 180° Drehung derselbe zeitliche EMK-Verlauf entstehen wie in den vorangehenden 180°, aber mit negativem Vorzeichen. So aber wird die Richtung umgekehrt und es entsteht der Spannungsverlauf gemäß Abb. 5 mit dem Mittelwert U_{gl}.

Hat die Maschine mehr als zwei Pole, dann muß die Stromwendung jedesmal nach Durchlaufen eines Polabschnittes stattfinden. Es werden also so viel Bürsten notwendig, als Pole vorhanden sind. Die Polarität der Bürsten wechselt dann entlang des Umfanges des Stromwenders ab. Die gleichnamigen Bürsten werden miteinander verbunden und je zu den Maschinenklemmen geführt.

Bei der tatsächlichen Ausführung begnügt man sich nicht mit der Anordnung einer einzelnen Spule, sondern nützt den ganzen Umfang des rotierenden Eisenzylinders aus, um ihn mit Spulen zu bewickeln. Die einzelnen Spulen sind dann notgedrungen gegeneinander versetzt und müssen jetzt jede für sich zu einer Stromwenderlamelle geführt werden. Der Stromwender erhält dann eine große Zahl von Lamellen und wird in diesem Zusammenhang *Kollektor* oder *Kommutator* genannt. Die Abb. 6 zeigt die grundsätzliche Konstruktion eines Kommutators.

Die Versetzung der Spulen längs des Umfanges bringt eine zeitliche Phasenverschiebung der in den einzelnen Spulen induzierten Spannungen mit sich. Sie addieren sich demgemäß, wie in der Abb. 7 angedeutet, zu einer welligen Gleichspannung, deren Welligkeit um so weniger in Erscheinung tritt, in je mehr Spulen die Wicklung unterteilt ist.

Der in einer elektrischen Maschine rotierende Teil wird im allgemeinen der *Läufer* oder *Rotor* genannt, der stillstehende Teil *Ständer* oder *Stator*. Der Teil, in dem die EMK induziert wird, ist der *Anker*. Nicht immer muß, wie in der bisherigen Betrachtungsweise, der Anker der Läufer der Maschine sein. Grundsätzlich können Läufer und Ständer ihre Rollen vertauschen. Bei den Gleichstrommaschinen ist in der Regel der Läufer auch der Anker; hauptsächlich deshalb, weil sonst die Leistungsabnahme über rotierende Bürsten erfolgen müßte, was konstruktiv viel schwieriger durchzuführen ist als die Anordnung des rotierenden Kollektors.

Abb. 8 Gleichstrommaschine (zerlegt)

Zu den einzelnen Teilen der Gleichstrommaschine, wie sie die Abb. 8 nochmals in Ansicht zeigen, ist noch folgendes zu bemerken. Der *Ständer* umfaßt die Pole und das Gehäuse, das gleichzeitig den magnetischen Rückschluß bildet. Er wird meist aus Stahlguß, in neuerer Zeit auch manchmal aus Flußeisen hergestellt. Jeder *Pol* besteht aus dem Polschenkel, der die Erregerwicklung trägt und den Polschuhen, die dem Anker gegenüberstehen und so geformt sind, daß der entstehende Luftspalt eine gewünschte Feldform ergibt (Feldverteilung entlang dem Ankerumfang). Die Erregung erhält eine Amperewindungszahl, die zur Herstellung des gewünschten Feldes im Luftspalt ausreicht (Hauptanteil), wobei noch die Erregungen für die Strecken im Anker, in den Polen und im Ständerjoch mit berücksichtigt werden müssen (s. § 232). Die Pole werden meist aus Dynamoblech zusammengenietet. Bei größeren Maschinen werden sie wohl auch aus Stahlguß hergestellt und nur die Polschuhe aus Dynamoblechen zusammengesetzt, die einseitig durch einen Lackanstrich oder dünnstem Papier voneinander isoliert sind. Man vermeidet damit zusätzliche Verluste durch Wirbelströme, die dort wegen der durch die vorbeilaufenden Ankerzähne verursachten Feldpulsationen entstehen würden.

Der *Läufer* wird aus dem gleichen Grunde aus Dynamoblechen zusammengesetzt. Die Wicklung kommt in ausgestanzte Nuten, die meist gegen den

Umfang offen sind, um die Spulen leichter montieren zu können. Der Abschluß erfolgt dann durch entsprechend geformte Holzkeile. Die Wicklung wird gewöhnlich in zwei Lagen ausgeführt. Die einzelnen Leiter sind untereinander durch Baumwolle, Seidenmikanit oder Asbest isoliert; gegenüber dem Eisen wird das ganze Leiterbündel noch von einer Hülse aus Preßspan, Öltuch oder Mikanit getrennt.

Der Kommutator bildet den heikelsten Teil der Maschine. Die Zusammensetzung aus vielen Kupferlamellen, die durch Glimmerscheiben untereinander isoliert sind und auch gegen das Eisen eine Mikanitisolation erhalten (Abb. 6), ist mechanisch durch die Fliehkräfte sehr ungünstig beansprucht. Auch die Befestigung der Lamellen durch Konus oder Schwalbenschwanz über eine durch Schrauben zusammengepreßte Büchse und einen Ring bildet durchaus kein ideales Konstruktionselement. So läuft der Kommutator auch meist nach einer gewissen Betriebszeit unrund und muß dann nachgeschliffen werden.

Auf der Lauffläche des Kommutators schleifen die *Bürsten*, die der Abnahme der Leistung dienen und aus Kohle oder Graphit, gegebenenfalls mit Metallzusatz (Kupfer), bestehen. Beim Übergang des Stromes vom Kommutator zu den Bürsten tritt ein Spannungsabfall auf (Verluste), der etwa 0,6 ... 2 Volt betragen kann. Hiezu tritt noch ein Reibungsverlust, der durch den für die gute Stromübernahme notwendigen Anpreßdruck von 0,2 ... 0,3 kp/cm² bedingt ist und in der Größenordnung der Übergangsverluste liegt. Der Spannungsabfall ist im übrigen von der Belastung nahezu unabhängig und kann daher bei Generatoren niedriger Spannung recht unangenehm werden.

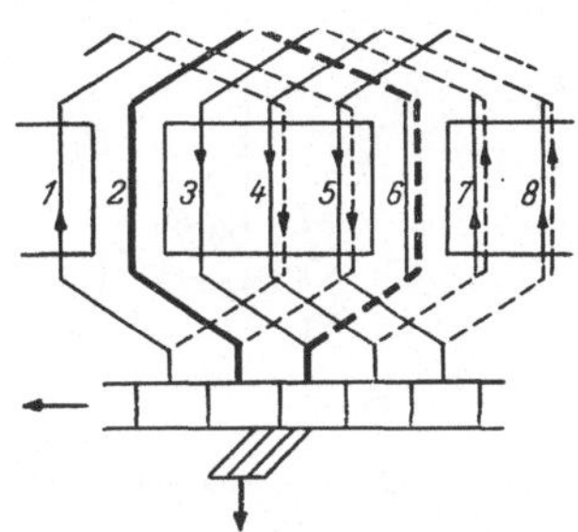

Abb. 9 Kurzgeschlossene Spule bei der Kommutierung

Die Bürsten werden in Bürstenhaltern geführt, in denen sie durch Federn mit einstellbarer Spannung den erforderlichen Anpreßdruck erhalten. Die Bürsten sind meist schmäler als der Kollektor, so daß dann mehrere auf messingnen Bolzen aufgereiht werden, die ihrerseits in einer Bürstenbrücke befestigt sind, die eine geringe Verschiebung der Bürstanlage längs des Kollektorumfanges zuläßt.

Beim Betrieb der Gleichstrommaschine treten nun noch folgende wichtige Erscheinungen auf, die etwas näher betrachtet werden müssen. Zunächst ist es die schon erwähnte Kommutierung, die gewisse Schwierigkeiten bereitet. Rollt man die Ankerwicklung in eine Ebene auf, wie das die Abb. 9 für einen Ausschnitt zeigt, dann sieht man, daß die in der neutralen Zone gelegene Spule (stark ausgezogen) durch die Bürsten kurzgeschlossen wird. Der durch die Spule gehende Strom muß von seinem positiven Wert vor dem Durchgang zu seinem negativen Wert nach dem Durchgang durch die neutrale Zone gewendet werden (Lage 1—5 und 3—7 der Spule). Da mit dem Strom aber ein magnetisches Feld verknüpft ist, das sich vor allem im Eisen rund um die Nut ausbildet (Nutenstreufeld), so muß auch dieses Feld gewendet werden. Dabei tritt eine EMK der Selbstinduktion auf, die der Stromänderung entgegenwirkt und einen entsprechenden Kurzschlußstrom erzeugt. Die Selbstinduktionsspannung, die in diesem Zusammenhang Stromwendespannung genannt wird, kann wegen der Kürze der Kommutierungszeit beträchtliche Werte annehmen und die Kommutierung insofern gefährden, als an den Bürsten Funken auftreten: die Bürsten „feuern". Dabei werden Kohleteilchen am Kommutator abgelagert, die diesen verschmutzen und sich in die Lamellen einbrennen, die damit rauh werden und die Bürsten rasch zerstören. Der Kohlebeleg führt schließlich zu einer leitenden Verbindung zwischen den Bürsten, was einem mit Lichtbogen verbundenen Kurzschluß gleichkommt (Rundfeuer). Das Feuern der Bürsten muß also unbedingt vermieden werden.

Am besten geschieht dies durch Einführung einer in der neutralen Zone zusätzlich induzierten Gegenspannung, die der Stromwendespannung gegengleich ist. Das geschieht durch Anordnung von Hilfspolen in der neutralen Zone, die *Wendepole* genannt werden und in der Abb. 8 deutlich sichtbar sind. Da die Wendespannung dem Belastungsstrom proportional ist, werden die Wendepole vom Belastungsstrom erregt. Sie erhalten also eine dickdrähtige Wicklung, durch die der gesamte Belastungsstrom geführt wird.

Eine zweite wichtige Erscheinung ist die *Ankerrückwirkung*. Bei Stromlieferung wirkt nämlich die Ankerwicklung selbst wie eine Spule und erzeugt ihrerseits ein magnetisches Feld, das auf das induzierende Magnetfeld zurückwirkt. Wie die Abb. 10 zeigt, ist dieses Feld in der Richtung der Bürstenachse gelegen. Es schwächt damit das Erregerfeld an der auflaufenden Polkante und verstärkt es an der ablaufenden. Die neutrale Zone wird im Umlaufsinn verschoben. Die Feldverzerrung gibt neuerdings zum Feuern der Bürsten Veranlassung, wogegen zwar eine Verschiebung der Bürsten aus der geometrischen neutralen Zone verbessernd wirkt, das aber nicht gänzlich beseitigt werden kann, da die Feldverzerrung belastungsabhängig ist. Das Ankerfeld wirkt auch auf die stromwendende Spule induzierend ein, so daß auch damit eine Verschlechterung der Kommutierung eintritt. Die Wendepolerregung muß also auch diesen Teil der Ankerrückwirkung kompensieren.

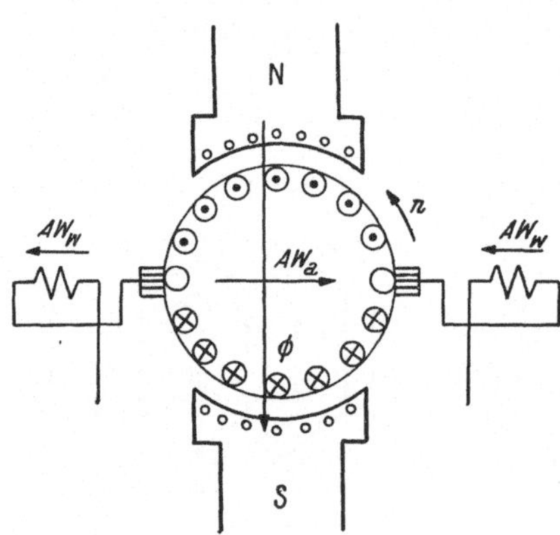

Abb. 10 Ankerrückwirkung

Will man bei größeren Maschinen die Ankerrückwirkung und die von ihr verursachte Feldverzerrung zur Gänze beseitigen, dann bringt man noch eine vom Hauptstrom durchflossene *Kompensationswicklung* an, deren Amperewindungen dem Ankerfeld entgegenwirken. Eine solche Wicklung ist in der Abb. 10 durch Nuten in den Polschuhen angedeutet.

Wird ein Gleichstromgenerator belastet, so fließt durch den Anker der Belastungsstrom. Die stromdurchflossenen Ankerstäbe erfahren dann nach (2311/2) Kräfte, die sie entgegengesetzt der Drehrichtung beanspruchen. Sie ergeben unter Zusammenfassung aller Konstanten zu einer gemeinsamen Konstanten C ein Drehmoment

$$\boxed{M = C\,\Phi\,I_a}, \tag{2}$$

das von der Antriebsmaschine aufzubringen ist und das also dem Belastungsstrom I_a proportional ist.

Einige Zahlenwerte über heute übliche magnetische Feldstärken mögen das Kapitel beschließen. Man wählt meist für die

$$
\begin{aligned}
&\text{Luftspaltfeldstärke} \ldots\ldots\ldots\ldots\ 6000 \ldots 9000 \text{ G,}\\
&\text{Pol- und Jochfeldstärke} \ldots\ldots 13000 \ldots 15000 \text{ G,}\\
&\text{Ankerfeldstärke} \ldots\ldots\ldots\ldots 8000 \ldots 12000 \text{ G,}\\
&\text{Zahnfeldstärke} \ldots\ldots\ldots\ldots 14000 \ldots 20000 \text{ G.}
\end{aligned}
$$

Das magnetische Verhalten der gesamten Maschine wird dann durch die *Magnetisierungskurve* gekennzeichnet, die die Abhängigkeit des magnetischen Flusses (oder der Luftspaltfeldstärke oder der im Anker induzierten EMK) von der magnetischen Erregung (oder den Erreger-Amperewindungen oder dem Erregerstrom) angibt.

§ 32212 *Der fremderregte Generator*

Die Eigenschaften der Gleichstromgeneratoren hängen von der Art ihrer Erregung ab, das heißt von der Art des Bezuges des Erregerstromes oder des Anschlusses der Erregerwicklung. Beim fremderregten Generator wird die Erregerwicklung an eine fremde Stromquelle angeschlossen. Der Erregerstrom ist damit vom Zustand des Generators unabhängig und lediglich durch die Einstellung eines der Erregerwicklung vorgeschalteten, regelbaren Widerstandes, des Feldreglers, bestimmt. In der Zusammenstellung auf S. 86 ist das grundsätzliche Schaltbild unter Fortlassung aller für die Beurteilung der Haupteigenschaften der Maschine unwesentlichen Teile angegeben. Die Stromkreise des Ankers und der Erregung sind dabei voneinander unabhängig. Zur Beurteilung des Verhaltens der Maschine sind zwei Kennlinien von wesentlicher Bedeutung, nämlich das Verhalten bei Leerlauf und konstanter Drehzahl und bei Belastung und konstanter Erregung.

Bei *Leerlauf* und konstanter Drehzahl ist nach (32211/1) die im Anker induzierte EMK dem magnetischen Fluß Φ oder dem Erregerstrom I_e proportional. Sie ist auch der Klemmenspannung U gleich, da bei Leerlauf im Anker kein Spannungsabfall auftritt. Die Leerlaufkennlinie $U = f(I_e)$ ist also gleichzeitig die Magnetisierungslinie der Maschine. Bei verschiedenen Drehzahlen ergeben sich dann verhältnismäßig gleiche Kurven, wie es in der Zusammenstellung angedeutet ist.

Bei *Belastung* und konstanter Erregung ist von der induzierten EMK E noch der Spannungsabfall IR_a abzuziehen, um die Klemmenspannung U zu bekommen.

$$U = E - IR_a. \tag{1}$$

Dabei ist wieder, gemäß der Auslegung der Antriebsmaschine, die Drehzahl als konstant vorausgesetzt, während in R_a außer dem Ankerwiderstand noch der Widerstand der Wendepol- und Kompensationswicklung sowie der Bürstenübergangswiderstand enthalten ist. Bleibt das Feld wirklich konstant, dann sinkt die Spannung mit zunehmender Belastung ein wenig ab, sinkt E infolge nicht vollständiger Kompensation der Ankerrückwirkung ein wenig, dann ist der Spannungsrückgang etwas stärker. Die Belastungskennlinie ist in der Zusammenstellung auf der S. 86 ebenfalls eingetragen. Bei Kurzschluß ist mit $U = 0$, $I_k = E/R_a$. Der Kurzschlußstrom wird damit außerordentlich groß und für die Maschine gefährlich.

Fremderregte Gleichstromgeneratoren werden wegen der erforderlichen unabhängigen Erregerstromquelle verhältnismäßig selten und hauptsächlich dort verwendet, wo es darauf ankommt, auch sehr kleine Spannungen einstellen zu können. Das geschieht ja durch Einstellen kleiner Erregerströme durch Verstellen des Feldreglers. Hat dieser den Widerstand R_e, wobei darin auch der Widerstand der Erregerwicklung enthalten sei, so ist $I_e = U_e/R_e$ mit konstanter Erregerhilfsspannung U_e dem Kehrwert von R_e proportional, so daß in der Leerlaufkennlinie als Abszisse an Stelle von I_e auch $1/R_e$ aufgetragen werden kann. Betriebspunkte ergeben sich dann als Schnittpunkte der jeweiligen Ordinaten mit der Kennlinie, Schnittpunkte, die immer — auch für große R_e — eindeutig vorhanden sind.

§ 32213　*Der Nebenschlußgenerator*

Beim Nebenschlußgenerator wird die Erregerwicklung nicht an eine fremde Stromquelle, sondern an die Klemmen der Maschine selbst angelegt. Sie ist also eine selbsterregte Maschine. Die *Leerlaufkennlinie* ist wieder mit der Magnetisierungslinie des magnetischen Kreises identisch. Sie liegt ein wenig tiefer als bei der fremderregten Maschine, da der Anker genau genommen nicht unbelastet ist, sondern den Erregerstrom I_e liefert, so daß ein kleiner Spannungsabfall $I_e R_a$

	Fremderregt	Selbsterregt		
		Nebenschluß	Hauptstrom	Doppelschluß
Schaltung				
Leerlaufkennlinie				
Belastungskennlinie				

Schaltung und Kennlinien von Gleichstrom-Generatoren

entsteht. Verbindet man, wie in der Abbildung eingezeichnet, einen Punkt der Kennlinie mit dem Ursprung, so ergibt sich ein Winkel α, dessen Tangente

$$\operatorname{tg} \alpha = \frac{U}{I_e} = \frac{U_e}{I_e} = R_e$$

dem gesamten Erregerkreiswiderstand gleich ist. Betriebspunkte werden also umgekehrt als Schnittpunkte entsprechend geneigter Strahlen aus dem Ursprung mit der Kennlinie erhalten. Sie ergeben bei größeren R_e (kleineren Erregerströmen) schleifende Schnitte. Der Nebenschlußgenerator wird also bei Herabregeln auf kleine Spannungen ohne zusätzliche Hilfseinrichtungen labil.

Bei *Belastung* ist wieder der Spannungsabfall $I_a R_a$ im Anker von der induzierten EMK abzuziehen. Da jetzt aber die Erregerwicklung an der sinkenden Ankerspannung liegt, wird gleichzeitig die Erregung kleiner, so daß der gesamte Spannungsabfall mit zunehmender Belastung größer ist als bei sonst gleichen Verhältnissen an der fremderregten Maschine. Der Einfluß macht sich mit zunehmender Belastung immer stärker bemerkbar. Bei Kurzschluß verschwindet mit U auch der Erregerstrom, das Feld bricht zusammen und der Kurzschluß-strom ist also Null. Es ergibt sich auf diese Weise die in der Zusammenstellung gezeichnete Belastungskennlinie. In Wirklichkeit verbleibt ein Kurzschlußstrom dadurch, daß infolge der Remanenz doch ein Restfeld bestehen bleibt.

Dieses Restfeld spielt auch eine wesentliche Rolle bei der Inbetriebnahme des Generators, da er ohne dasselbe nicht auf Spannung käme. So induziert das Restfeld zunächst eine kleine EMK, die einen kleinen Erregerstrom durch die Erregerwicklung treibt und damit das Feld verstärkt. Dadurch erhöht sich die Anker-EMK und damit auch wieder der Erregerstrom usw. (dynamoelektrisches Prinzip). Die Spannung des Generators würde sich so auf sehr hohe Werte hinaufschaukeln, wenn nicht schließlich infolge der Sättigung eine weitere Er-höhung des Erregerstromes nur eine so geringe Vergrößerung des magnetischen Feldes zur Folge hätte, daß dadurch der erhöhte Spannungsabfall im Anker nicht mehr gedeckt werden kann. Die Grenze ist durch den schon erwähnten Schnitt-punkt der Widerstandsgeraden mit der Leerlaufkennlinie gegeben.

Der Nebenschlußgenerator zeigt über einen großen Bereich der Belastung nahezu konstante Spannung. Der Abfall kann überdies leicht durch Verstellen des Feldreglers (Nebenschlußregler) ausgeglichen werden. Der Nebenschluß-generator ist demgemäß die am besten zur Großerzeugung von Gleichstrom ge-eignete Maschine und wird in Gleichstromzentralen fast ausschließlich verwendet.

§ 32214 *Der Hauptschlußgenerator*

Versieht man die Erregerwicklung mit vergleichsweise dicken Drähten und wenig Windungen und läßt sie in Serienschaltung mit dem Anker vom Belastungsstrom durchfließen, so erhält man den Hauptschlußgenerator. Die *Leerlaufkennlinie* ergibt sich wieder als Magnetisierungslinie des magnetischen Kreises. Sie kann jetzt aber nicht an der fertig geschalteten Maschine aufge-nommen werden, da jeder Strom im Erregerkreis nur ein Belastungsstrom sein kann. Zur Ermittlung der Leerlaufkennlinie muß also die Erregerwicklung ab-geklemmt und an eine eigene Stromquelle angeschlossen werden.

Die *Belastungskennlinie* erhält man durch Abziehen des Spannungsabfalles $I\,R_a$ von der induzierten EMK E. Es ergibt sich eine mit der Belastung an-steigende Spannung. Bei sehr großer Belastung sinkt sie dann wieder ab, bis zum Kurzschlußpunkt. Infolge dieser Charakteristik wird die Hauptschlußmaschine nur in Sonderfällen als Generator verwendet.

§ 32215 *Der Doppelschlußgenerator*

Bei der Speisung von Gleichstromverbrauchern ist im allgemeinen eine konstante Spannung erwünscht. Dem wird die Nebenschlußcharakteristik nicht ganz gerecht. Liegt die Belastung am Ende einer längeren Leitung, dann ist es sogar wünschenswert, wenn die Generatorspannung mit der Belastung etwas an-steigt, damit die Spannungsverluste auf der Leitung kompensiert werden und das belastungsseitige Leitungsende möglichst konstante Spannung, unabhängig von der Belastung, aufweist. Man erreicht dies, wenn man eine Nebenschluß-maschine mit einer zusätzlichen Hauptschlußwicklung versieht. Eine solche Maschine wird dann *Doppelschluß*- oder *Verbund*- bzw. *Compoundmaschine* ge-nannt. Je nach Anschluß und Stärke der Serienwicklung steigt die Spannung mit zunehmender Belastung, (Überkompoundierung), bleibt konstant (Kompoun-dierung) oder fällt stärker als bei der Nebenschlußmaschine (Gegenkompoun-dierung).

Der Doppelschlußgenerator wird hauptsächlich in Anlagen mit starken und häufigen Belastungsschwankungen (Bahnkraftwerke, Walz- und Hüttenwerke usw.) verwendet.

§ 3222 Wechselstromgeneratoren

§ 32221 *Der Synchrongenerator*

Die Synchronmaschine unterscheidet sich zunächst von der Gleichstrommaschine grundsätzlich nur dadurch, daß bei ihr der Kollektor entfällt und —

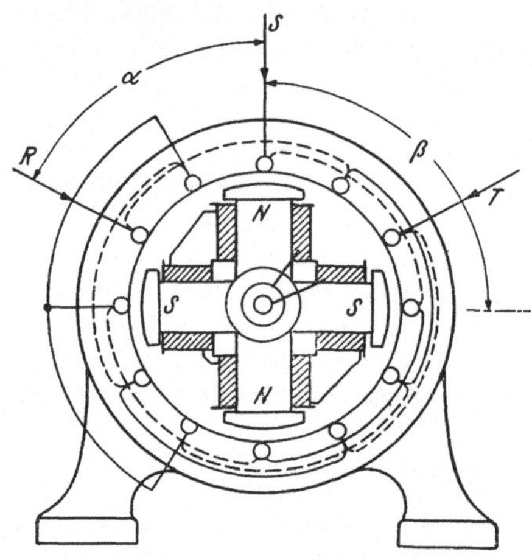

wenn vorerst wieder nur eine Schleife am Läufer angeordnet ist — die Enden der Leiterschleife am Läufer zu zwei Schleifringen geführt wird. Wie im § 32211 ausgeführt wurde, wird dann in der Leiterschleife eine Wechselspannung induziert, die jetzt an den Schleifringen abgenommen werden kann. Bei Belastung fließt dann auch der Belastungsstrom über die Schleifringe und Abnahmebürsten. Da die Synchrongeneratoren ausgesprochene Großmaschinen sind und bereits bis zu Leistungen von 200 MVA gebaut werden, würde die Dimensionierung der Schleifringe und Bürsten große Schwierigkeiten bereiten. Bei der Synchronmaschine werden daher in der Regel die Rollen von Ständer und Läufer vertauscht und der Ständer als Anker, bzw. der Läufer als Polrad ausgeführt. Die Maschine benötigt dann lediglich zwei Schleifringe für die Zuführung des ver-

Abb. 1 Grundsätzlicher Aufbau einer Synchronmaschine

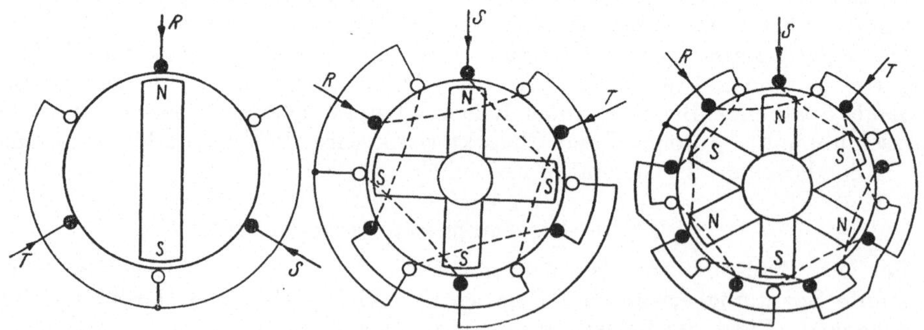

Abb. 2 Grundsätzliche Anordnung der mehrpoligen Wicklung

hältnismäßig kleinen Erregerstromes. Die grundsätzliche Anordnung zeigt dann die Abb. 1 für eine vierpolige Maschine.

Statt nun im Anker eine einfache Schleife anzuordnen, kann man deren auch mehrere vorsehen, in denen nun bei gleicher Windungszahl gleiche Wechselspannungen induziert werden, deren Phasenlage von der räumlichen Anordnung, nämlich dem Versetzungswinkel α der Spulen abhängt. Man erhält so ein Mehrphasensystem mit beliebig vielen Phasen. Wählt man drei Spulen und den Versetzungswinkel α so, daß die elektrischen Phasenlagen um 120 elektrische Grade

versetzt sind, dann erhält man ein normales Dreiphasen- oder Drehstromsystem.
Der Winkel α ergibt sich dabei aus der Erkenntnis, daß der Winkel von Pol zu
Pol 180 elektrischen Graden entspricht. Es ist also bei der $2p$-poligen Maschine
(p = Polpaarzahl)

$$\alpha = \frac{120^0}{p}. \tag{1}$$

Der Öffnungswinkel der Spulen ist ferner gleich dem Winkel zwischen zwei
Polen, also

$$\beta = \frac{180}{p}. \tag{2}$$

In der Abb. 2 ist nochmals die grundsätzliche Anordnung bei der zwei-, vier-
und sechspoligen Maschine angegeben. Dabei sind die drei Phasen in Stern geschaltet. Natürlich hätte man auch eine Dreieckschaltung anwenden können.
Da es sich aber meist um Erzielung höherer Spannungen handelt, ist die Sternschaltung die Regel. Bei den tatsächlichen Ausführungen werden ferner nicht
einzelne Schleifen, sondern entsprechende Spulen zu Wicklungen zusammengesetzt, so daß der ganze Ankerumfang ausgenützt wird.

Wenn sich das Polrad dreht, dann entsteht also in jeder Phase des Ankers
ein Wechselstromsystem. Seine Periodenzahl ergibt sich aus der Überlegung,
daß bei der zweipoligen Maschine bei einer
Umdrehung des Polrades gerade 1 Periode erzeugt wird. Bei der $2p$-poligen Maschine sind es
p Perioden. Bei n Umdrehungen ist daher die
Frequenz

$$\boxed{f = p\,n}. \tag{3}$$

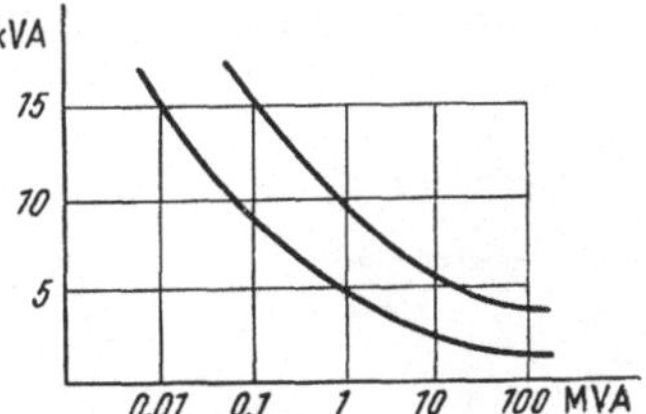

Abb. 3 Mittleres Leistungsgewicht von
Synchronmaschinen

Für die in der Starkstromtechnik normierte
Frequenz $f = 50$ Hz ergibt sich damit mit
$p = 1$ die höchste Drehzahl, für die Synchrongeneratoren ausgeführt werden können, zu
$n = 50$ Umdrehungen in der Sekunde oder 3000 in der Minute. Solche hohe
Drehzahlen sind zwar mechanisch schwieriger zu beherrschen, ergeben aber eine
bessere Ausnützung des verwendeten Materials. Das gilt ganz allgemein auch für
steigende Leistung, so daß man heute trachtet, die Generatoren mit möglichst
großer Leistung zu bauen, also die Leistung von Zentralen in nur wenige Einheiten zu unterteilen. Die Abb. 3 zeigt für heutige Ausführungen das mittlere,
auf die Leistung bezogene Gewicht von Synchronmaschinen normaler Bauart.

Die konstruktive Ausführung von Synchronmaschinen unterscheidet sich in
vielen Punkten von der der Gleichstrommaschinen. Vor allem erfordert der
Läufer besonderer Beachtung. Bei kleineren Drehzahlen werden die Polkörper
im Jochring mit großen Schrauben befestigt oder in schwalbenschwanzförmige
oder zylindrische Nuten eingeschoben. Dabei können die auftretenden Fliehkräfte
sehr große Werte annehmen und die Erregerwicklung auch senkrecht zur Pol-
achse beanspruchen. Dazu ist noch zu beachten, daß die Durchgangsdrehzahlen
der Antriebsmaschine, die z. B. bei Wasserkraftmaschinen 80% und mehr über
der Nenndrehzahl liegen können, berücksichtigt werden müssen. Bei höheren
Drehzahlen oder größeren Läuferdurchmessern werden die Fliehkräfte so groß,
daß sie auf die genannte Weise nicht mehr beherrscht werden können. Das Polrad wird dann aus Stahlscheiben zusammengesetzt und verschraubt. Bei Drehzahlen über 1000 Umdrehungen wählt man eine andere Form der Ausführung.
Der Läufer wird jetzt als Vollzylinder ausgeführt, aus dem Nuten ausgefräst

werden, in die die Erregerwicklung eingelegt und gegen das Herausschleudern durch kräftige Nutenkeile gesichert wird. Ein solcher Läufer wird *Turboläufer*, der Generator Turbogenerator genannt. Er heißt auch Zylinderläufer im Gegen-

Abb. 4 Schenkelpolläufer

satz zum Schenkelpolläufer mit ausgeprägten Polen. Als Material für Turboläufer kommt nur hochvergüteter Stahl in Frage. Ausführungsbeispiele von Synchronmaschinenläufern zeigen die Abb. 4 und 5.

Der aktive Teil des *Stators*, der den magnetischen Fluß führt und der die Nuten zur Aufnahme der Wicklung enthält, ist aus Dynamoblechen zusammengesetzt, die durch Längsbolzen zusammengepreßt werden. Die Wicklung selbst wird zur Kleinhaltung der durch Stromverdrängung (s. § 2334) bedingten zusätzlichen Verluste möglichst stark unterteilt und gegebenenfalls die Teilleiter verdrillt. Besonderes Augenmerk ist auch der Absteifung der außerhalb der Nuten liegenden Wicklungsteile, der Wickelköpfe zu widmen, damit die bei Kurzschlüssen auftretenden Kräfte abgefangen werden.

Abb. 5 Turboläufer

Die Erregerleistung wird meist einer eigenen *Erregermaschine* entnommen, die gewöhnlich als Nebenschlußgenerator ausgebildet ist und direkt an der Generatorwelle angebaut wird. Bei größeren Einheiten wird die Regelfähigkeit dadurch verbessert, daß die Erregermaschine fremderregt wird und deren Erregung einer zweiten Hilfserregermaschine entnommen wird, die ebenfalls an die Hauptwelle angebaut ist.

Die Maschinen werden sowohl mit horizontaler als auch mit vertikaler Achse ausgeführt. In letzterem Falle nennt man sie auch wegen ihrer Form *Schirmgeneratoren* (s. Abb. 6).

Die *Leerlaufkennlinie*, das ist wieder die Abhängigkeit der induzierten EMK vom Erregerstrom, hat dieselbe Bedeutung wie bei der Gleichstrommaschine. Bei

Belastung tritt auch hier eine Ankerrückwirkung ein, deren Einfluß aber außer
von der Höhe des Belastungsstromes von dessen Phasenlage abhängt und bei
Schenkelpol- und Zylinderläufern verschieden ist.

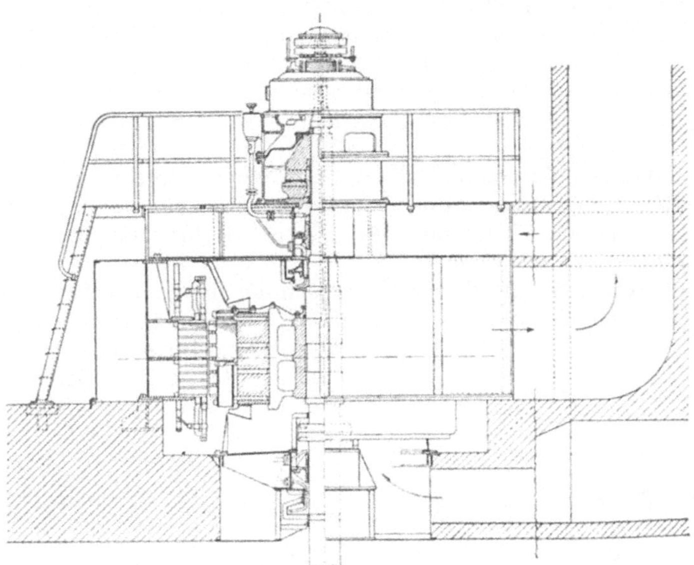

Abb. 6 Schirmgenerator

Von unmittelbarem Interesse ist zunächst das *Spannungsdiagramm*. Man
geht am besten vom wirksamen magnetischen Fluß Φ aus. Die von diesem
induzierte EMK eilt dem Fluß um 90° voraus (Abb. 7). Fließt nun ein Strom $\Im$
in beliebiger Phasenlage, so erzeugt er in der Wicklung
einen Spannungsabfall $— \Im R$ in Gegenphase zum Strom
und infolge der Streufelder eine Streuspannung $— \Im X_\sigma$
um 90° nacheilend (X_σ ist die die Streuung kennzeichnende Streuinduktivität). Es verbleibt dann die
Klemmenspannung $\mathfrak{U}$ und der Phasenwinkel φ zwischen
dieser und dem Belastungsstrom $\Im$.

Der wirksame magnetische Fluß ist der sich aus der
Polraderregung und der Ankerrückwirkung einstellende
resultierende Fluß. Dabei ist die Ankerrückwirkung
AW_a mit dem Ankerstrom $\Im$ in Phase und kann ebenso wie die Polraderregung AW_p und die resultierende

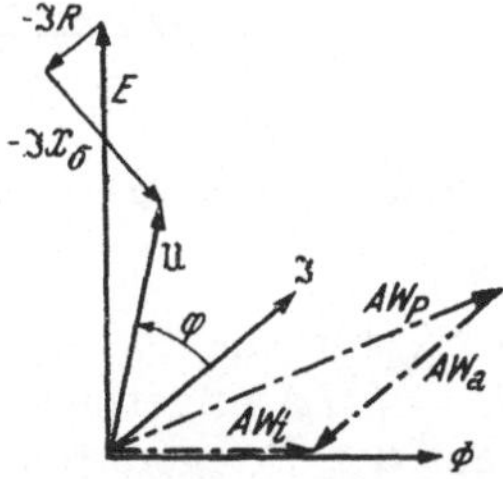

Abb. 7 Spannungsdiagramm
des Synchrongenerators

induzierende Erregung AW_i (für Φ) als Vektor in das Diagramm eingetragen
werden, wenn es sich um einen Zylinderläufer mit überall konstantem Luftspalt handelt. An Stelle der Erregungen (AW) können dabei auch die entsprechenden Ströme gewählt werden, nämlich der Erregerstrom $\Im_e$ für die
Läufererregung, ein dem Belastungsstrom $\Im$ proportionaler Ankerrückwirkungs-
strom $\Im_a$ und der daraus resultierende „Magnetisierungsstrom" $\Im_\mu$. Das Verhältnis von $\Im_a$ zu $\Im$ läßt sich leicht aus den Wicklungsdaten errechnen. Nach
Abb. 8 kann jetzt das Vektordiagramm wie folgt gelesen werden. Gegeben
ist die Spannung U und der Belastungsstrom $\Im$ in einer bestimmten Phasenlage φ. Trägt man nun die Spannungsabfälle $\Im R$ und $\Im X$ an, so erhält man
die vom resultierenden Drehfeld induzierte EMK E. Für diese entnimmt man

aus der Leerlaufkennlinie die erforderliche Erregung $\mathfrak{J}_\mu$ und trägt diese senkrecht zu E in das Diagramm ein. Nun ermittelt man aus dem Belastungsstrom $\mathfrak{J}_a$ (in der Gegenrichtung zu $\mathfrak{J}$). Die Summe $\mathfrak{J}_\mu + (-\mathfrak{J}_a)$ ist dann der wirkliche Erregerstrom $\mathfrak{J}_e$. E kann jetzt auch als Summe der Polradspannung E_p (gemäß dem wirklichen Erregerstrom $\mathfrak{J}_e$) und einer vom Ankerfeld (gemäß $\mathfrak{J}_a$) induzierten Spannung E_a angesehen werden. Die von der Polraderregung induzierte Spannung E_p wird also zunächst durch die Ankerrückwirkung E_a auf den Wert E verringert und führt schließlich nach Abzug der Spannungsabfälle zur Klemmenspannung U.

Bei der Schenkelpolmaschine ist eine zusätzliche Zerlegung notwendig, da sich das Feld zwischen den Pollücken schwächer ausbildet als unter den Polschuhen. Das Ankerfeld wird dann in ein „Längsfeld" und ein „Querfeld" zerlegt und weiter sinngemäß ausgewertet.

Trägt man das Ergebnis dieser Untersuchung in die Leerlaufkennlinie ein, so läßt sich dort eine sehr übersichtliche Darstellung gewinnen, wenn man den Ohmschen Spannungsabfall vernachlässigt, der bei größeren Maschinen meist unterhalb 1% der Klemmenspannung liegt gegenüber etwa 10 ...

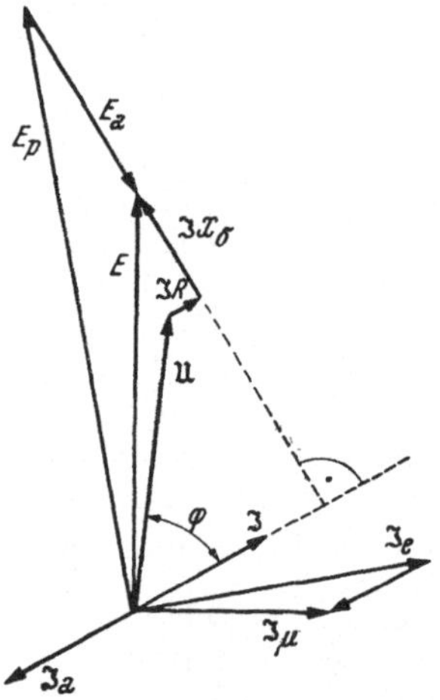

Abb. 8 Vektordiagramm mit Polradspannung

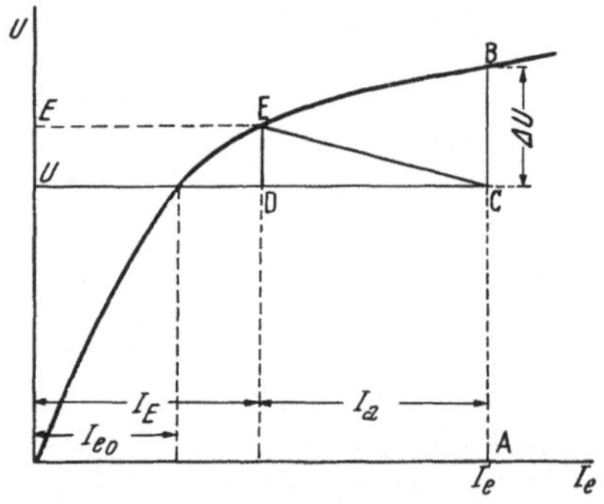

Abb. 9 Leerlaufkennlinie der Synchronmaschine

15% für die Streuspannung. In Abb. 9 ist zunächst die Leerlaufkennlinie $U = f(I_e)$ aufgetragen. Zur Erzeugung der Klemmenspannung U wäre im Leerlauf der Erregerstrom I_{eo} erforderlich. Bei Belastung tritt zunächst noch der Spannungsabfall $U_x = I\, X_\sigma$ hinzu, so daß die Erregung auf I_E steigen müßte. Schließlich ist noch die für die Ankerrückwirkung aufzubringende Zusatzerregung I_a (unter Berücksichtigung der Winkellage gemäß Abb. 7) hinzuzufügen, um die erforderliche endgültige Erregung I_e zu erhalten. Bei dieser Erregung wird also bei der angenommenen Belastung erst die Klemmenspannung $A\,C = U$ erzielt. Bleibt der Erregerstrom erhalten, dann würde die Spannung bei vollständiger Entlastung auf den Wert $A\,B$ ansteigen. Die Spannungsänderung ΔU wächst, wie aus dem Diagramm ersichtlich ist, bei gleichbleibender Wirklast mit zunehmender (induktiver) Blindbelastung, da dann die Ankerrückwirkung nicht nur größer wird, sondern immer näher in die Richtung von $\mathfrak{J}_\mu$ fällt.

Für den betrachteten *induktiven* Belastungsfall ist der Generator also *übererregt*; er benötigt eine um so größere Erregung, je mehr induktiven Blindstrom er liefern soll. Eine sinngemäße Betrachtung für *kapazitive* Belastung zeigt, daß der Generator dann *untererregt* laufen muß, das heißt, daß seine Erregung durch die Ankerrückwirkung unterstützt wird und er bei Belastung einen kleineren Erregerstrom braucht als bei Leerlauf. In der Streuinduktivität tritt dann kein Spannungsabfall, sondern eine Spannungserhöhung ein.

Verbindet man in der Kennlinie Abb. 9 die Punkte E und C miteinander, so erhält man ein charakteristisches Dreieck DEC, das *Potiersche Dreieck*. Seine Form und Größe hängt von der Stärke der Belastung und vom Phasenwinkel φ ab. Ausgezeichnet ist der Fall der rein induktiven Belastung mit $\cos\varphi = 0$. Es addieren sich dann der Spannungsabfall $I X_\sigma$ und die Ankerrückwirkung I_a algebraisch zu den zugehörigen Größen und alle Seiten des Dreieckes sind dem Belastungsstrom verhältnisgleich. Die Ankerrückwirkung kann jetzt bei bekannter Leerlaufkennlinie leicht durch einen Versuch mit reiner induktiver Blindbelastung ermittelt werden.

Eine weitere nützliche Kennlinie ist die *äußere Charakteristik*, nämlich die Abhängigkeit der Klemmenspannung vom Belastungsstrom bei konstanter Erregung. Sie läßt sich an Hand der Abb. 10 sofort aus der Leerlaufkennlinie und dem Potierschen Dreieck ableiten. Läßt man nämlich die Spannung alle Werte von U bis 0 durchlaufen, so gehört zu jeder Annahme von U ein Potiersches Dreieck, dessen Seiten parallel zu dem gegebenen sind. Zu jeder Spannung findet man dann aus einer der Seiten

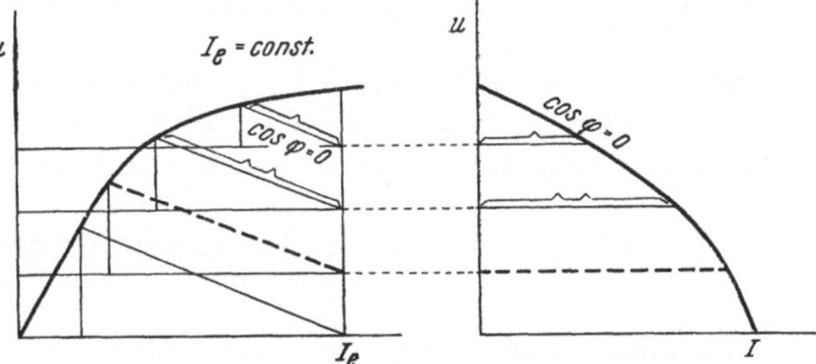

Abb. 10 Äußere Kennlinie der Synchronmaschine

des Potierschen Dreieckes den zu dieser Klemmenspannung gehörigen Strom. Für $U = 0$ und $\cos\varphi = 0$ erhält man so den Kurzschlußstrom bei der gegebenen Erregung I_e.

Im Spannungsdiagramm ist der *Kurzschluß* durch $U = 0$ gekennzeichnet. Der Strom wird jetzt so groß, daß der induktive Abfall $I X_\sigma$ die ganze induzierte EMK E verbraucht. Da I_e als konstant angenommen werden kann, I_a jetzt aber vergleichsweise groß ist, verbleibt als wirksame Erregung ein verhältnismäßig kleines I_μ. Der Kurzschlußstrom bleibt daher in vergleichsweise kleinen Grenzen, wie sich ja auch aus der Abb. 10 entnehmen läßt. Er beträgt bei neuzeitlichen Synchronmaschinen etwa das 1,5-... 2,5fache des Nennstromes.

Ändert man die Erregung, dann ist der Kurzschlußstrom dieser etwa bis zum Nennstrom direkt proportional. Die *Kurzschlußcharakteristik* $I_k = f(I_e)$ ist also eine Gerade durch den Ursprung.

Wird der Anker nur einphasig bewickelt, dann erhält man eine *Einphasen-Synchronmaschine*. Abgesehen davon, daß diese wegen der nur teilweisen Bewicklung (üblicherweise etwa zwei Drittel des Umfanges) materialmäßig nicht voll ausgenützt ist, gleicht ihre Wirkungsweise völlig der der Drehstrom-Synchronmaschine. Das Ankerfeld ist allerdings kein Drehfeld mehr, sondern ein stehendes Wechselfeld. Dieses kann aber in zwei gleich große, entgegengesetzt umlaufende Drehfelder zerlegt werden, wovon das eine wie bei der dreiphasigen Maschine mit dem Polrad mitläuft. Das Gegenfeld würde zusätzliche Ströme in der Erregerwicklung induzieren, die auf die Ankerwicklung zurückwirken. Es wird daher durch eine „Dämpferwicklung" praktisch aufgehoben, die aus in die Polschuhe in Nuten verlegten Kupferstäben besteht, die außen durch Ringe kurzgeschlossen werden. In dieser Wicklung werden durch das Gegenfeld Kurzschlußströme erzeugt, die das Gegenfeld praktisch auslöschen.

§ 32222 *Der Asynchrongenerator*

Der Asynchrongenerator arbeitet nach einem gänzlich anderen Prinzip als der Synchrongenerator. Der Ständer ist zwar vollständig gleich ausgebildet, die Erregung wird aber nicht von einem gleichstromerregten Polsystem geliefert, sondern dem Drehstromnetz selbst entnommen. Das genauere Verhalten soll — um Wiederholungen zu vermeiden — erst bei der Besprechung der Asynchronmotoren untersucht werden, deren praktische Bedeutung viel größer ist. Hier sei nur vorweg angeführt, daß die Entnahme der Erregerleistung aus dem Netz, dieses mit induktivem Blindstrom belastet und den Leistungsfaktor des Netzes verschlechtert. Eine Stromlieferung ist also auch nur möglich, wenn bereits ein von Synchrongeneratoren gespeistes Netz vorhanden ist, das den erforderlichen Blindstrom liefern kann. Ansonsten ist der Asynchrongenerator nicht wie der Synchrongenerator an die Einhaltung einer genauen Drehzahl gebunden, da die Netzfrequenz, durch die auf das Netz arbeitenden „takthaltenden" Synchrongeneratoren bestimmt wird. Trotz dieses Vorteiles werden Asynchrongeneratoren hauptsächlich wegen ihres induktiven Blindstrombedarfes nur sehr selten angewendet. Man wählt sie wegen ihrer einfachen Bauart und Schaltung manchmal zur Ausnutzung kleinerer Wasserkräfte, für die Synchrongeneratoren und Antriebsmaschinen mit komplizierten Drehzahlreglern zu kostspielig wären.

§ 323 Chemische Stromquellen

§ 3231 Primärelemente

Kommen zwei Körper in innige Berührung, so tritt zwischen ihnen eine Spannung auf, die man Berührungsspannung nennt. Sie rührt davon her, daß die einzelnen Substanzen Anziehungskräfte auf die in den Körpern vorhandenen Elementarladungen ausüben, deren Größe und Vorzeichen von Element zu Element verschieden sind. Es lädt sich dann der eine Körper positiv, der zweite negativ auf. Besonders eng ist eine solche Berührung zwischen einem festen und einem flüssigen Körper. Bringt man also zwei feste Körper in eine Flüssigkeit, so entsteht zwischen ihnen eine Spannung, die auch noch aufrechterhalten bleibt, wenn die Körper durch einen Leiter verbunden werden, der dann einen elektrischen Strom führt. Eine solche Anordnung kann also elektrische Energie liefern und wird *Primärelement* genannt. Dabei wird die Energie aus den chemischen Vorgängen geliefert, die sich an den Elektroden abspielen.

Die Primärelemente spielten in der Entwicklung der Elektrotechnik eine bedeutende Rolle als Stromquelle und Spannungsnormal. Zur Erzielung möglichst konstant bleibender Spannungen sind die verschiedensten Materialien und Anordnungen versucht worden. Eines der bekanntesten Elemente war das *Daniell-Element*, das Elektroden auf Kupfer und Zink benützt. Der Elektrolyt ist Schwefelsäure, und zur Reinerhaltung des Kupfers wird dieses noch von einer Kupfersulfatlösung umgeben. Die Kupferelektrode zeigt positives, die Zinkelektrode negatives Potential.

Die Bedeutung der Primärelemente ist stark zurückgegangen und sie werden heute kaum mehr verwendet. Ihre Spannung liegt in der Größenordnung von 1 Volt.

Für Meßzwecke steht auch heute gelegentlich noch das *Westonelement* im Gebrauch, das als „Normalelement" zur Darstellung einer definierten Spannung dient. Als Elektroden wird Cadmium und Quecksilber benützt. Als Elektrolyt dienen Schwefelsäure und Cadmiumsulfat. Bei sorgfältiger und vorgeschriebener Herstellung gibt das Element im Leerlauf bei $20°$ C eine Spannung von 1,01865 Volt.

§ 3232   Akkumulatoren

Als *Sekundärelemente* oder Akkumulatoren bezeichnet man Elemente, bei denen der chemische Prozeß, der zur Entwicklung der elektromotorischen Kraft führt, erst zur Wirkung kommt, nachdem dem Element elektrische Energie zugeführt wurde. Ihre Bedeutung liegt vor allem darin, daß sie somit befähigt sind, elektrische Energie zu speichern.

Die größte praktische Bedeutung hat der Bleiakkumulator erlangt. Daneben findet man noch den Eisen-Nickel- und den Cadmium-Nickel-Akkumulator.

Der *Bleiakkumulator* besteht aus einer positiven Platte aus Bleisuperoxyd (PbO_2), einer negativen aus Blei und dem Elektrolyten, verdünnte Schwefelsäure. Der chemische Prozeß folgt der Gleichung

$$PbO_2 + 2\,H_2SO_4 + Pb \underset{L}{\overset{E}{\rightleftarrows}} PbSO_4 + 2\,H_2O + PbSO_4,$$

wobei E die Richtung der Entladung und L die Richtung der Ladung anzeigt.

Bei der Entladung, also Belastung des Akkumulators entsteht auf beiden Platten Bleisulfat, so daß schließlich die Berührungsspannungen gleich groß und ihre Summe Null wird. Die Säuredichte nimmt dabei fortlaufend ab. Desgleichen geht die Spannung dauernd zurück. Ihr Anfangswert ist im aufgeladenen Zustand etwa 2 Volt je Zelle; bei etwa 1,85 Volt beendet man die Entladung, um Beschädigungen der Platten zu vermeiden. Die Säuredichte ist dann von 1,21 auf 1,185 gesunken.

Bei der Ladung, bei der sich der chemische Prozeß umkehrt, steigt die Spannung zunächst langsam bis 2,5 Volt an. Dort beginnt sich der

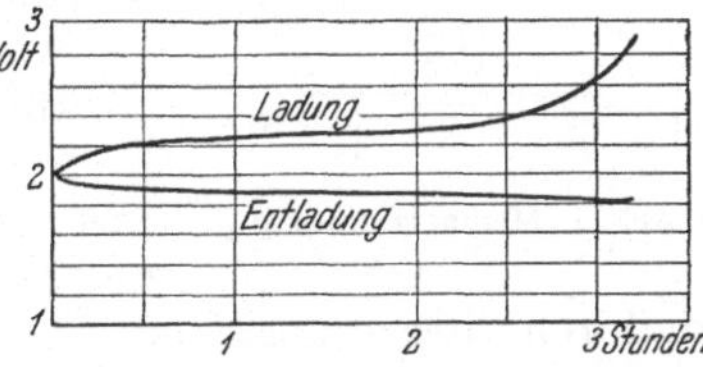

Abb. 1   Kennlinien des Bleiakkumulators

Elektrolyt zu zersetzen und es steigen Gasblasen auf (die Batterie „kocht"). Um eine entsprechende Tiefenwirkung zu erzielen, wird die Ladung noch bis 2,7 Volt je Zelle fortgesetzt.

Lade- und Entladevorgang sind in der Abb. 1 dargestellt.

Die dem Akkumulator entnehmbare Elektrizitätsmenge (in Ah) wird seine Kapazität genannt. Sie ist bei ein und demselben Akkumulator abhängig von der Entladestromstärke bzw. der Entladezeit. Sie sinkt z. B. bei einstündiger Entladung auf etwa den halben Wert, den sie bei zehnstündiger Entladung hat.

Als Wirkungsgrad werden zwei verschiedene Werte angegeben, je nachdem, ob man das Verhältnis der abgegebenen Amperestunden zu den aufgenommenen oder das Verhältnis der Energien bildet. Der Amperestundenwirkungsgrad des Bleiakkumulators liegt bei 90% und darüber; sein Wattstundenwirkungsgrad ist wesentlich niedriger und erreicht nur Werte zwischen 65 und 75%.

Ein Nachteil des Bleiakkumulators ist sein hohes Gewicht und das Vorhandensein von Säure. Die Ausnützbarkeit liegt je nach der Bauart bei 10 bis 25 Wh/kg. Die Haltbarkeit der Platten ist vergleichsweise gering, so daß die Unterhalt- und Ersatzkosten ziemlich hoch werden.

Der *Eisen-Nickel-Akkumulator* hat als Elektroden Eisen (positive Elektrode) und Nickelhydroxyd (negative Elektrode); der Elektrolyt ist Kalilauge. Der chemische Prozeß verläuft nach der Gleichung

$$Fe + KOH + 2\,Ni(OH)_3 \underset{L}{\overset{E}{\rightleftarrows}} Fe(OH)_2 + KOH + 2\,Ni(OH)_2.$$

Die Kalilauge nimmt also hier an der chemischen Reaktion gar nicht teil und dient lediglich als Leiter.

Die Ruhespannung der Zelle beträgt 1,5 Volt; sie wird bei der Entladung bis auf 1,1 Volt gesenkt und steigt bei der Ladung bis auf 1,8 Volt.

Die Wirkungsgrade liegen bei etwa 70 bzw. 50%.

Das Gewicht ist wesentlich geringer als beim Bleiakkumulator; die Ausnützung steigt demgemäß auf etwa 28 Wh/kg.

Sehr ähnlich ist der *Cadmium-Nickel-Akkumulator* mit einer Ausnützung von etwa 20 Wh/kg. Er kann zum Unterschied vom Eisen-Nickel-Akkumulator, der mit großen Strömen aufgeladen werden muß, mit beliebig kleinen Strömen geladen werden, und verträgt auch beliebig lange Zeiten, in denen er unbenützt bleibt, ohne Schaden.

§ 324 Hochfrequenzstromquellen

Für die Erzeugung hochfrequenter Energie werden vorteilhaft Elektronenröhren verwendet. Die grundlegende Schaltung ist die in der Abb. 1 dargestellte *Meißner*schaltung. Sie besteht darin, daß die Gitterspannung, die den Anodenkreis steuern soll, diesem letzteren selbst entnommen wird, ähnlich der Eigenerregung beim Gleichstromnebenschlußgenerator. Eine Energiezufuhr von außen entfällt damit und die Anordnung wirkt als Erzeuger elektrischer Schwingungen.

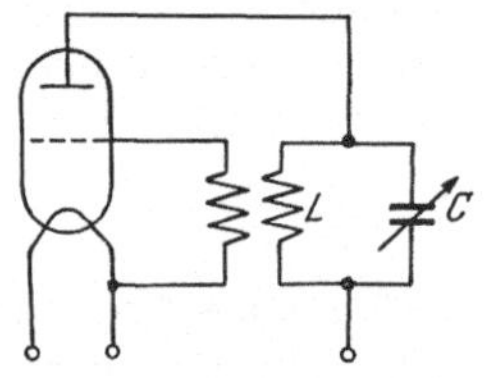

Abb. 1 Meißnerschaltung

Infolge der induktiven Kopplung zwischen Anodenkreis und Gitterkreis wirkt jede Änderung im Anodenkreis auf das Gitter zurück *(Rückkopplung)*. Ist nun der Sinn dieser Rückwirkung so gerichtet, daß durch die dadurch hervorgerufene Änderung der Gitterspannung der primäre Impuls unterstützt wird, so wird im Anodenkreis eine Schwingung angefacht, deren Frequenz im wesentlichen durch die Induktivität und Kapazität des Anodenschwingkreises bestimmt ist, also durch

$$\omega_0 = \frac{1}{\sqrt{LC}}.\tag{1}$$

Je nach der Stärke der Kopplung weicht die tatsächliche Frequenz hievon mehr oder weniger ab. Durch Einstellen der Kapazität kann die Schwingungsfrequenz verändert werden. Der Schwingungskreis kann auch im Gitterkreis angeordnet sein.

Diese grundsätzliche Schaltung hat im Laufe der Entwicklung eine Reihe von Verbesserungen erhalten, die je nach dem Verwendungszweck zu einer Vielfalt von Schaltungen geführt hat. Soll im besonderen die erzeugte Schwingung große Konstanz aufweisen, dann ist auch ein primärer Schwingungserzeuger großer Konstanz anzuwenden. Als solcher hat sich der *Quarz* oder das *Seignettesalz* bewährt, vermöge einer Eigenschaft, die man *Piezoelektrizität* nennt.

Diese Eigenschaft beruht darauf, daß der piezoelektrische Körper bei Druckoder Zugbeanspruchung an seinen Begrenzungsflächen Ladungen freistellt. Wird also etwa eine Quarzscheibe periodischen Druckbeanspruchungen ausgesetzt, so durchfließt ein an die Druckscheiben angeschlossenes Strommeßgerät ein hochfrequenter Wechselstrom.

Bei der Schwingungserzeugung wird die Umkehrung dieses Effektes ausgenützt. Die Belegungen des Quarzes bilden jetzt einen Kondensator, der an eine Wechselspannung angeschlossen wird. Der Quarz wird jetzt im Takte der angelegten Wechselspannung komprimiert und gedehnt. Erfolgt die Erregung in Resonanz mit der Eigenschwingung des Quarzes, so kann dieser vergleichsweise große Schwingungsweiten annehmen.

Die Frequenz der Schwingung ergibt sich aus der Gleichung

$$f = \frac{k}{d}, \tag{2}$$

worin d die Dicke des Quarzes und k eine Konstante vom Wert $k = 2850$ m/s bedeutet. Die auftretende Ladung ist dann dem Druck und der Fläche proportional

$$Q = \delta\, p\, F,$$

wobei

$$\delta = 1{,}9 \cdot 10^{-12}\,\frac{C}{kp} \quad \text{beim Piezoquarz}$$

und

$$\delta = 300 \cdot 10^{-12}\,\frac{C}{kp} \quad \text{beim Seignettesalz.}$$

Der im Gitterkreis angeordnete Quarz ergibt dann eine sehr konstante Schwingung der dem Quarz eigenen Frequenz. Für jede andere Frequenz muß der Quarz ausgewechselt werden.

Eine beliebte Stromquelle der Schwachstromtechnik ist ferner der *Schwebungssummer*. Er besteht im wesentlichen aus zwei Hochfrequenzgeneratoren, deren Frequenzen einzeln verändert werden können. Werden die beiden Schwingungen überlagert, so entsteht eine Schwebung, das ist eine Schwingung mit der Differenzfrequenz. Damit kann ein vergleichsweise weiter Frequenzbereich bei großer Konstanz der Schwingungsamplituden bestrichen werden. Außerdem ist die Bedienung sehr einfach, da die Frequenz lediglich durch Verstellen eines Drehkondensators im Anodenschwingkreis des einen Röhrengenerators eingestellt werden kann.

Auf die Erzeugung extrem hochfrequenter Schwingungen kann hier nicht eingegangen werden.

§ 33 Umformung elektrischer Energie
§ 331 Rotierende Umformer

Es tritt häufig das Erfordernis auf, ein vorhandenes Stromsystem in ein anderes umzuwandeln. Das gilt vor allem für den Gleichstrombedarf, da die elektrische Energie zum größten Teil als Wechselstromenergie erzeugt wird. Die Umwanlung kann am einfachsten so durchgeführt werden, daß ein an das vorhandene Netz angeschlossener Motor einen Generator für das geforderte System antreibt. Eine solche Kombination wird Umformersatz, Umformergruppe oder *Motorgenerator* genannt. Die üblichste Zusammenstellung ist die Verbindung eines Gleichstrom-Nebenschlußgenerators mit einem Asynchronmotor bei kleineren und mittleren Belastungen, oder mit einem Synchronmotor bei größeren Belastungen. In letzterem Fall kann der Motor durch Übererregen gleichzeitig zur Lieferung induktiver Blindleistung in das Wechselstromnetz herangezogen werden.

Die Ausführung der Umformung als Motorgenerator bietet eine Reihe von Vorteilen. Vor allem sind die beiden gekuppelten Netze weitgehendst unabhängig voneinander. Das ermöglicht insbesondere eine einfache, vom Primärnetz unabhängige Spannungsregelung des Sekundärnetzes, was gerade bei der Drehstrom-Gleichstrom-Umformung von praktischer Bedeutung ist. Als Teilmaschinen des Umformersatzes können normale Maschinen bewährter Bauart verwendet werden, die jederzeit leicht ersetzt oder ausgewechselt werden können. Nachteilig ist lediglich der durch die Hintereinanderschaltung der Teilwirkungsgrade erzielbare, vergleichsweise niedrige Gesamtwirkungsgrad und der verhältnismäßig große Platzbedarf.

Eine Verbesserung in dieser Hinsicht stellt der *Einankerumformer* dar. Er dient zur Umformung von Drehstrom auf Gleichstrom oder umgekehrt und entsteht so, daß sowohl die Läufer der beiden Teilmaschinen eines Synchron-Nebenschluß-umformers zu einem gemeinsamen Läufer vereinigt werden, als auch ein gemeinsamer Ständer verwendet wird. Es handelt sich also um die Kombination eines Synchronmotors mit einem Gleichstromgenerator in einer einzigen Maschine. Der Läufer enthält dann eine normale Gleichstromwicklung, die einerseits zu einem Kommutator geführt und anderseits an drei Punkten angezapft ist, die mit drei Schleifringen für das Drehstromnetz verbunden sind. Die Ströme der Drehstrom- und Gleichstromseite überlagern sich dann im Anker des Umformers, und zwar in derart günstiger Weise, daß die Verluste besonders klein bleiben und der Wirkungsgrad sehr gut wird. Er erreicht Werte von 95% und darüber.

Eine gewisse Schwierigkeit ergibt sich beim Einankerumformer dadurch, daß Wechselspannung und Gleichspannung in einem bestimmten festen Verhältnis zueinander stehen. Dieses ist bei Einphasenstrom 0,707, bei Drehstrom 0,612.

Abb. 1 Einankerumformer

Die Spannungsregelung erfordert demgemäß zusätzliche Einrichtungen. Eine Änderung der Erregung bringt zunächst keine Spannungs-änderung mit sich, sondern ändert nur den Leistungsfaktor auf der Wechselstromseite, da hiefür das Verhalten des Umformers als Synchronmaschine maßgebend ist. Eine Spannungsänderung auf der Gleichstromseite ist also nur durch Änderung der Wechselspannung möglich. Dies kann beispielsweise durch Vorschalten von Drosselspulen mit entsprechend großer Induktivität geschehen. Der jetzt durch Änderung der Erregung verursachte Blindstrom erzeugte in den Drosselspulen mehr oder minder große Spannungsabfälle, so daß jetzt doch mit Hilfe der Erregung eine Spannungsregulierung möglich ist. Der so erzielbare Regelbereich beträgt etwa ± 10%.

Als Synchronmotor kann der Einankerumformer von der Wechselstromseite nicht selbst anlaufen. Wenn er also gleichstromseitig nicht auf ein auf jeden Fall unter Spannung stehendes Netz arbeitet, von wo er als Gleichstrommotor angelassen werden kann, muß er noch einen Hilfsmotor zum Anfahren und Synchronisieren auf der Drehstromseite erhalten.

Eine weitergehende Spannungsregulierung kann durch Vorschalten eines Transformators mit Stufenschalter (s. § 3321) erfolgen, der an Stelle des einfachen Haupttransformators zum Anschluß an das Wechselstromnetz gewählt wird. An Stelle eines Stufentransformators kann natürlich auch ein Drehtransformator oder ein Schubtransformator (s. § 3321) Verwendung finden.

Die Abb. 1 zeigt die Ansicht eines sechsphasigen Einankerumformers (sechs Schleifringe) von der Gleichstromseite.

Die Gleichspannung am Einankerumformer ist noch ziemlich stark von der Frequenz abhängig, also durch die normierte Starkstromfrequenz nur in vergleichsweise engen Grenzen wählbar. Man umgeht diese Schwierigkeit mit dem *Kaskadenumformer*, der aus einem Asynchronmotor und einem auf der gleichen

Welle angeordneten Einankerumformer besteht, wobei die Schleifringe des Einankerumformers an den Läufer des Asynchronmotors angeschlossen werden. Der Umformer verhält sich dann wie ein über Drosselspulen angeschlossener Einankerumformer mit der Frequenz

$$f_A = f \frac{p_A}{p_A + p_u}$$

wobei f die Netzfrequenz, p_A und p_u die Polpaarzahlen der Asynchronmaschine und des Einankerumformers bedeuten.

§ 332 Statische Umformer

§ 3321 Der Transformator

Der Transformator, eines der wichtigsten Apparate der Starkstromtechnik, besteht im wesentlichen aus zwei Spulen mit den im allgemeinen verschiedenen Windungszahlen w_1 und w_2, die von einem gemeinsamen magnetischen Fluß Φ_{12} durchsetzt werden. In jeder Spule wird dann von diesem eine EMK E induziert, die sich aus dem Induktionsgesetz

$$E = w \frac{d\Phi}{dt}$$

errechnet. Sind alle Größen zeitlich sinusförmig veränderlich, so wird mit

$$\Phi = \Phi_m \sin \omega\, t,$$

$$E = \omega\, w\, \Phi_m \cos \omega\, t = \omega\, w\, \Phi_m \sin (\omega\, t - 90°).$$

Die EMK ist also verhältnisgleich der Windungszahl und dem Fluß, $E = \omega\, w\, \Phi$, und eilt dem letzteren um 90° nach.

Das Feld Φ kann nun so entstanden sein, daß die eine der beiden Spulen (Primärspule) an ein Wechselstromnetz mit der Spannung U_1 angeschlossen wurde. Der von dem von ihr dann aufgenommenen Strom i_1 erzeugte Fluß ist so groß, daß die in der Spule erzeugte EMK E_1 der Netzspannung das Gleichgewicht hält, wenn zunächst Spannungsabfälle in der Wicklung vernachlässigt werden. Es ist dann also

$$U_1 = \omega\, w_1\, \Phi.$$

Wird weiters angenommen, daß die zweite Spule (Sekundarspule) offen ist, also keinen Strom führt, dann ist die in ihr induzierte EMK E_2 gleichzeitig die an den Spulenenden auftretende Klemmenspannung

$$U_2 = \omega\, w_2\, \Phi.$$

Das Spannungsverhältnis beträgt also unter den gemachten Annahmen

$$\frac{U_2}{U_1} = \frac{w_2}{w_1}. \tag{1}$$

Werden auch in der zweiten Spule Spannungsabfälle vernachlässigt, dann gilt dieses Verhältnis auch angenähert, wenn die zweite Spule Strom führt. Da ferner die primär aufgenommene Leistung der sekundär abgegebenen gleich sein muß, wird mit

$$N_1 = U_1 I_1 = N_2 = U_2 I_2,$$

$$\frac{I_2}{I_1} = \frac{U_1}{U_2} = \frac{w_1}{w_2}. \tag{2}$$

Während sich also die Spannungen wie die Windungszahlen verhalten, ist das Verhältnis der Ströme das umgekehrte. Das Windungszahlverhältnis der beiden Wicklungen wird *Übersetzungsverhältnis* des Transformators genannt. Die

Gl. (1) zeigt, daß es mit Hilfe zweier Spulen grundsätzlich möglich ist, eine Wechselspannung auf einfachste Weise auf irgendeinen Wert umzuwandeln (zu transformieren). Dies ist eine der Hauptgründe der überragenden Bedeutung, die die Wechselstromtechnik und in ihrer praktischen Anwendung der Transformator in der Starkstromtechnik gewonnen hat.

Das entwickelte Idealbild des Transformators benötigt mehrerer Ergänzungen. Um eine möglichst gerichtete und beide Wicklungen tunlichst vollständig umfassende Führung des magnetischen Flusses zu erzielen, wird dieser in einen geschlossenen Eisenkreis verlegt. Bei der einphasigen Anordnung nach Abb. 1 tragen dann die beiden „Schenkel" die zwei Wicklungen, während die „Joche" unbewickelt bleiben. Wie man sieht, ist der beiden Wicklungen gemeinsame Fluß Φ nur durch einen Teil der Feldlinien gebildet. Jede Wicklung bildet darüber hinaus noch Feldlinien aus, die sich außerhalb des Eisens schließen und den anderen Wicklungsteil gar nicht oder nur teilweise durchsetzen. Sie bilden die sogenannten Streufelder. Nur der gemeinsame Fluß wirkt sich im Sinne der oben geschilderten idealen Transformation aus.

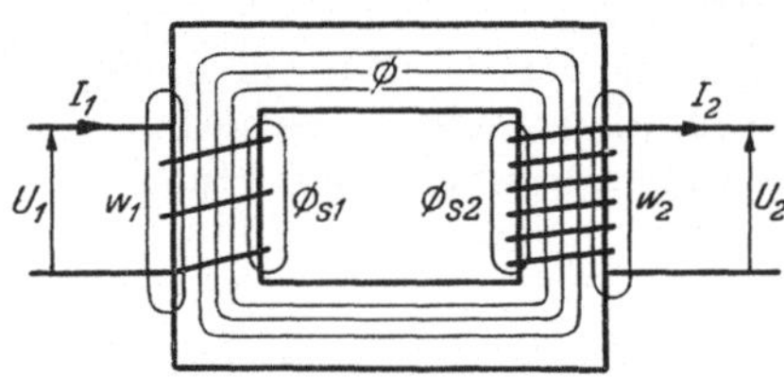
Abb. 1 Prinzip des Transformators

Man kann sich demgemäß die Streufelder vorausgeschaltet denken und erhält so ein Ersatzschaltbild nach Abb. 2, in dem auch noch die Widerstände der Wicklungen eingetragen sind.

Den magnetischen Flüssen lassen sich nach (23322/1) Induktivitäten zuordnen. Dabei ist zu beachten, daß der gemeinsame Fluß Φ zustande kommt als Auswirkung beider Erregungen $I_1 w_1$ und $I_2 w_2$ der beiden Wicklungen. Jeder Erregung entspricht dann eine Induktivität

$$L_{12} = \frac{w_2 \, \Phi_{12}}{I_,} \quad \text{und} \quad L_{21} = \frac{w_1 \, \Phi_{21}}{I_2}$$

und für den gemeinsamen Fluß

$$L = \frac{w_1 \, \Phi}{I_\mu}$$

worin

$$\Phi = \Phi_{12} + \Phi_{21}$$

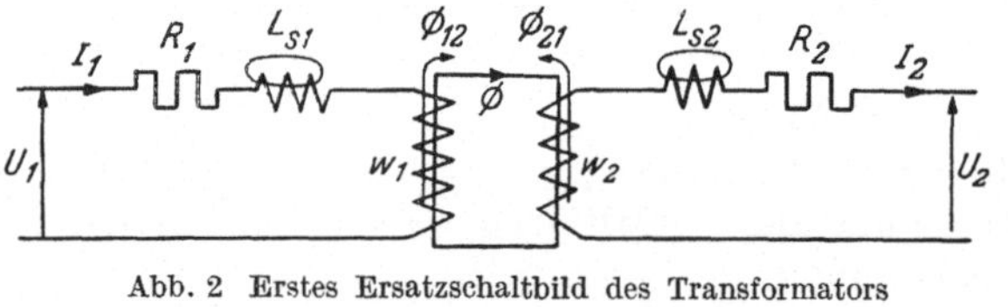

Abb. 2 Erstes Ersatzschaltbild des Transformators

und I_μ der zur Erzeugung des resultierenden gemeinsamen Flusses in der Primärentwicklung fließende resultierende (Magnetisierungs-) Strom ist. Dieser ergibt sich aus der Gleichgewichtsbedingung für die Erregungen

$$AW_1 + AW_2 = AW_\mu,$$

$$I_1 w_1 - I_2 w_2 = I_\mu \, w_1, \tag{3}$$

oder

$$I_\mu = I_1 - \frac{w_2}{w_1} \, I_2 = I_1 - I_2'. \tag{4}$$

Das negative Vorzeichen ergibt sich dabei aus der Tatsache, daß bei Energielieferung in das sekundärseitig angeschlossene Netz (also nicht etwa auch bei sekundärseitiger Speisung) die sekundären Amperewindungen den primären entgegenwirken.

Vom Primärstrom allein wird das Streufeld $\Phi_{s\,1}$ und das Feld Φ_{12} erzeugt. Dazu gehört die Induktivität

$$L_{11} = \frac{w_1 \Phi_1}{I_1} \quad \text{mit} \quad \Phi_{11} = \Phi_{12} + \Phi_{s1}.$$

Ebenso für die Sekundärseite

$$L_{22} = \frac{w_2 \Phi_{22}}{I_2} \quad \text{mit} \quad \Phi_{22} = \Phi_{21} + \Phi_{s2}.$$

Schließlich gehören zu den Streufeldern die Induktivitäten

$$L_{s1} = \frac{w_1 \Phi_{s1}}{I_1} \quad \text{und} \quad L_{s2} = \frac{w_2 \Phi_{s2}}{I_2}.$$

In (4) ist der mit dem Übersetzungsverhältnis multiplizierte Sekundärstrom mit I_2' bezeichnet. I_2' ist damit der „von der Primärseite aus gesehene", oder wie man auch sagt, der „auf die Primärseite bezogene" Sekundärstrom. Beachtet man, daß man nunmehr auch die Widerstände wie folgt

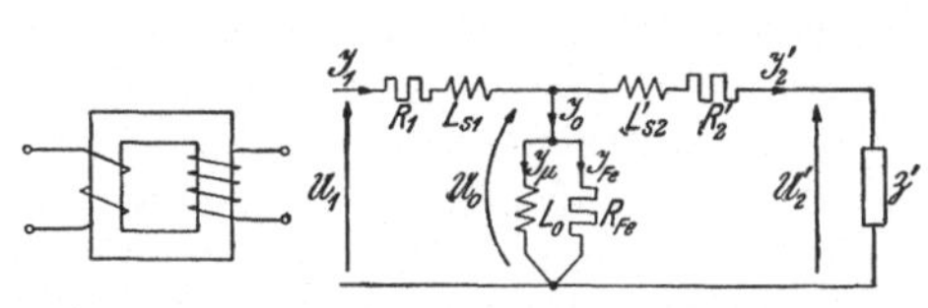

Abb. 3　Endgültiges Ersatzschaltbild des Transformators

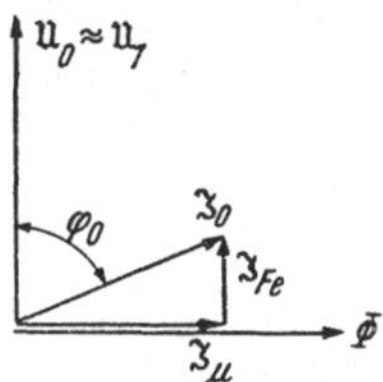

Abb. 4　Vektordiagramm des Transformators bei Leerlauf

oder

$$Z_2 = \frac{U_2}{I_2} = \frac{U_2' \, w_2/w_1}{I_2' \, w_1/w_2} = \frac{U_2'}{I_2'} \left(\frac{w_2}{w_1}\right)^2 = Z_2' \left(\frac{w_2}{w_1}\right)^2$$

$$R_2' = R_2 \left(\frac{w_1}{w_2}\right)^2 \quad \text{und} \quad X_2' = \omega L_2' = X_2 \left(\frac{w_1}{w_2}\right)^2 \tag{5}$$

auf die Primärseite beziehen kann, dann kommt man schließlich auf folgende Deutung und einfache Darstellung:

Nimmt man nachträglich an, daß der vorliegende Transformator $1:1$ übersetzt, so ändern sich die Sekundärgrößen auf die vorhin beschriebenen, bezogenen Werte, die nun direkt mit den Primärgrößen zusammengesetzt werden können. Man erhält so das sehr einfache und übersichtliche Ersatzschaltbild der Abb. 3. Der primäre Strom I_1 setzt sich dann einfach in dem Sekundärstrom I_2' fort, nachdem vorher der Magnetisierungsstrom I_μ abgezweigt ist. Die tatsächlichen Sekundärgrößen erhält man dabei durch beziehungsweise Multiplizieren mit dem Übersetzungsverhältnis, dessen Kehrwert oder Quadrat. Es wird jetzt sehr leicht, das Vektordiagramm des Transformators abzuleiten.

Im *Leerlauf* entfällt mit $I_2 = 0$ die sekundäre Gegenerregung. Der ganze primäre Strom wird zur Erregung des gemeinsamen Feldes und des

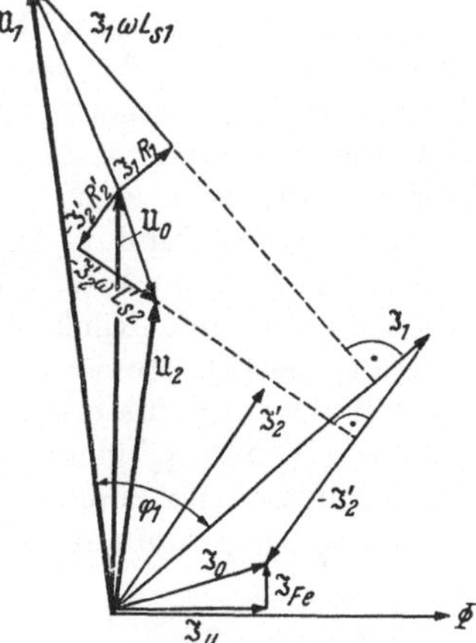

Abb. 5　Vektordiagramm des Transformators bei Belastung

primären Streufeldes verwendet. Der sich der Primärseite (dem Netz) bietende Widerstand ist gegeben durch R_1, ωL_1 und ωL_{12}, wobei ωL_{12} so überwiegt, daß die beiden anderen Anteile dagegen vernachlässigt werden können. Infolge des großen induktiven Widerstandes ωL_{12} ist der primär aufgenommene Strom I_0 sehr klein (etwa 3 ... 6% des Vollastnennstromes) und nahezu rein induktiv. Geht man nach Abb. 4 vom magnetischen Fluß Φ aus, so ist mit diesem in Phase der Magnetisierungsstrom $\Im_\mu$ zu zeichnen. Nun treten im Eisenkreis immer noch Verluste auf, die durch eine Wirkstromkomponente $\Im_{Fe}$ gedeckt werden müssen, die also senkrecht auf den induktiven Magnetisierungsstrom $\Im_\mu$ einzutragen ist. Beide zusammen ergeben den Leerlaufstrom $\Im_0$. Im Ersatzschaltbild werden die Eisenverluste durch einen zu L_0 parallel geschalteten Widerstand R_{Fe} berücksichtigt. Die vom magnetischen Fluß induzierte EMK eilt dem Fluß um 90° nach, die Gegenspannung $\mathfrak{U}_0$ um 90° vor. Zu ihr treten noch die Spannungsabfälle $I_0 R_1$ und $I_0 \omega L_{s\,1}$, die aber gegen U_0 vernachlässigbar klein (etwa $1^0/_{00}$ und 1%) sind, so daß praktisch $\mathfrak{U}_0$ mit der Primärspannung $\mathfrak{U}_1$ identisch ist. Der Leistungsfaktor $\cos \varphi_0$ im Leerlauf ist sehr klein und meistens noch kleiner als 0,1.

Bei *Belastung* ist der Einfluß des Sekundärstromes zu berücksichtigen. Dieser schwächt die Primärerregung, so daß zunächst das resultierende Feld kleiner würde. Damit sinkt auch dessen Induktivität, so daß der aufgenommene Primärstrom ansteigt. Das Gleichgewicht ist wieder erreicht, wenn die Schwächung der Erregung seitens der sekundären Amperewindungen durch die Erhöhung

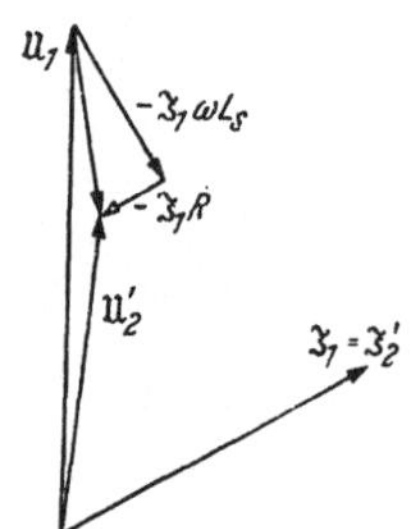

Abb. 6 Vektordiagramm bei Vernachlässigung des Magnetisierungsstromes

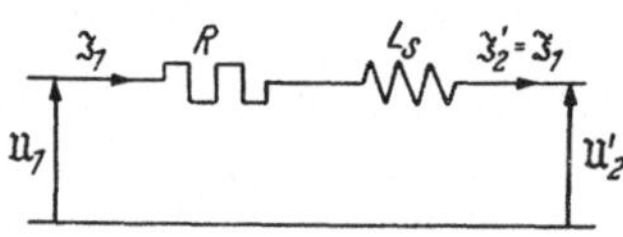

Abb. 7 Ersatzschaltbild des Transformators bei Vernachlässigung des Magnetisierungsstromes

der primären Amperewindungen wieder ausgeglichen und damit das ursprüngliche Feld neuerdings hergestellt ist. Im Vektordiagramm zeigt sich das nach Abb. 5 in der Weise, daß der resultierende Querstrom $\Im_0 = \Im_\mu + \Im_{Fe}$, also im wesentlichen der Magnetisierungsstrom, sich aus der Summe aus Primärstrom $\Im_1$ und auf die Primärseite bezogenen Sekundärstrom $\Im_2'$ ergibt, wie bereits (4) zeigte. Nunmehr sind zu $\mathfrak{U}_0$ noch die Spannungsabfälle $\Im_1 R_1$ und $\Im_1 \omega L_{s\,1}$ bzw. $-\Im_2' R_2'$ und $-\Im_2' \omega L_{s\,2}'$ zu addieren, um schließlich die Klemmenspannungen $\mathfrak{U}_1$ und $\mathfrak{U}_2'$ zu erhalten. Diese Spannungsabfälle sind wesentlich kleiner als es mit Rücksicht auf die Deutlichkeit in der Abb. 5 gezeichnet ist.

Der Leerlaufstrom $\Im_0$ ist sehr klein im Vergleich zu den Belastungsströmen, so daß man ihn für erste Beurteilungen gegen diese vernachlässigen kann. Es ist dann $\Im_1$ und $\Im_2'$ gleich groß und gleichphasig. Die Ohmschen und induktiven Spannungsabfälle können nun zusammengezogen werden, so daß sich das vereinfachte Diagramm nach Abb. 6 ergibt. Dabei ist dann

$$R = R_1 + R_2' \quad \text{und} \quad L_s = L_{s\,1} + L_{s\,2}'. \tag{6}$$

Das Ersatzschaltbild vereinfacht sich jetzt gemäß Abb. 7 zu einer einfachen Reihenschaltung von R und L_s.

Der Spannungsabfall ΔU, sowie seine beiden Komponenten $U_R = I_1 R$ und $U_x = I_1 \omega L_s$ werden gewöhnlich auf die Nennspannung U_1 bezogen und dann gern in Prozenten angegeben

$$u_k = \frac{\Delta U}{U_1}, \quad u_R = \frac{I_1 R}{U_1}, \quad u_x = \frac{I_1 \omega L_s}{U_1}. \tag{7}$$

Besondere Beachtung verdient noch der Fall des *Kurzschlusses*. Mit $U_2' = 0$ degeneriert jetzt das Spannungsdiagramm zu dem in der Abb. 8 gezeichneten „Kurzschlußdreieck", dessen Hypothenuse durch die Primärspannung U_1 gebildet wird. Da wieder der induktive Abfall überwiegt, ist der Phasenwinkel φ_k groß, der Leistungsfaktor also klein.

Der Kurzschlußstrom errechnet sich jetzt umgekehrt leicht aus

$$I_k = \frac{U_{1k}}{\sqrt{R^2 + X^2}} \approx \frac{U_{1k}}{X}, \tag{8}$$

oder bei primärer Nennspannung U_1 (also etwa bei Anschluß des Transformators an ein sehr leistungsfähiges Netz) und unter Berücksichtigung von (7)

$$I_k = \frac{I_{1\,\text{nenn}}}{u_k}. \tag{9}$$

Die dabei verbrauchte Leistung ist damit

$$N_k = \frac{N_{\text{nenn}}}{u_k}. \tag{10}$$

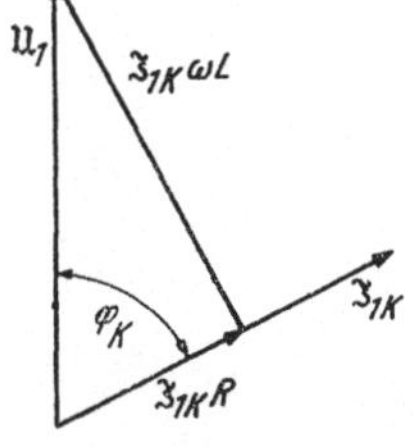

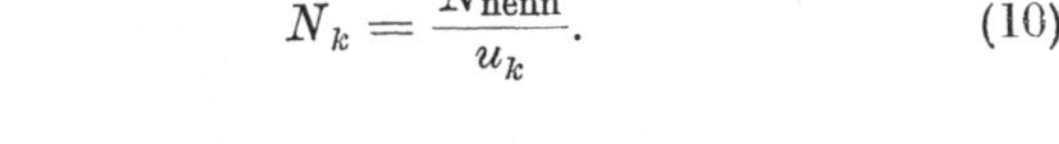

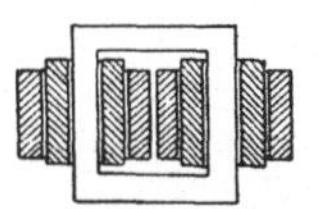
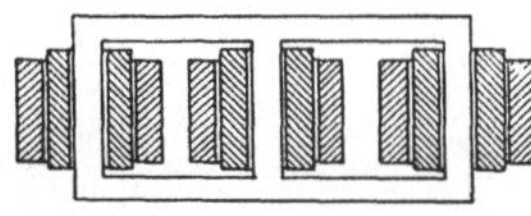

Abb. 8 Kurzschlußdreieck

Abb. 9 Einphasiger und dreiphasiger Kerntransformator

Kurzschlußleistung und Kurzschlußstrom erreichen also bei Anschluß an die Nennspannung den $1/u_k$-fachen Betrag der Nennwerte bei Vollast.

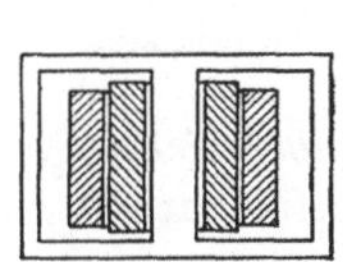
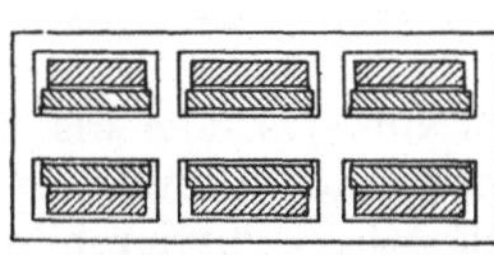
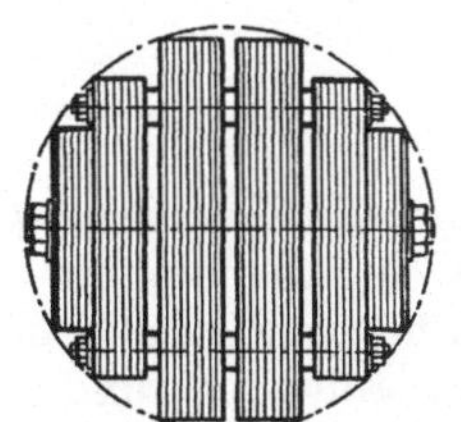
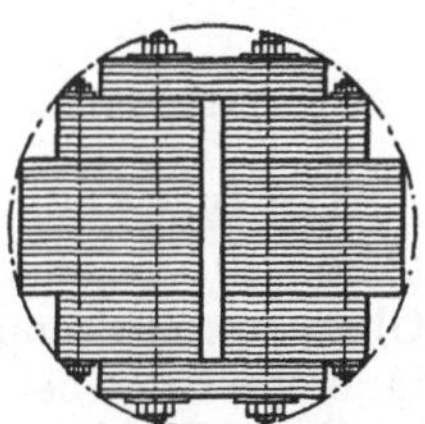

Abb. 10 Einphasiger und dreiphasiger Mantel-
transformator

Abb. 11 Eisenquerschnitt mit Kühlkanälen

Die im Kurzschluß zum Fließen des Nennstromes erforderliche Spannung, die sogenannte Kurzschlußspannung, ist

$$U_k = I_{1\,\text{nenn}} \sqrt{R^2 + X^2} \approx I_{1\,\text{nenn}} X, \tag{11}$$

oder bezogen auf die Nennspannung

$$\frac{U_k}{U_{1\,\text{nenn}}} = \varepsilon_k. \tag{12}$$

Sie liegt bei den üblichen Ausführungen bei $4 \ldots 12\%$; bei großen Einheiten findet man oft den Wert 10%. Je größer die bezogene Kurzschlußspannung, desto kleiner wird der Kurzschlußstrom im Vergleich zum Nennstrom. (Dies kann bedeutungsvoll sein für die Kurzschlußsicherheit der hinter dem Transformator angeschlossenen Anlagenteile.)

Zum *Aufbau des Transformators* ist zu sagen, daß heute meistens alle Joche bewickelt werden. Beim Einphasentransformator tragen dann die beiden Joche je die halbe Windungszahl der Primär- und Sekundärwicklung, beim Drehstromtransformator jedes Joch die beiden Wicklungen je einer Phase. Solche Transformatoren werden *Kerntransformatoren* genannt (Abb. 9). Im Gegensatz hiezu werden bei den *Manteltransformatoren* (Abb. 10) nur die Innenschenkel bewickelt.

Der Eisenkern wird aus Eisenblechen aufgebaut, die mit Silizium legiert sind und meist eine Stärke von 0,35 mm erhalten. Sie sind gegeneinander durch einen einseitigen Papierauftrag (0,02 ... 0,03 mm) oder Anstrich mit Isolierlack oder Wasserglas isoliert.

Der Querschnitt der Kerne ist selten rechteckig, meist abgestuft und der Kreisform angenähert. Zwischen einzelnen Blechlagen werden Kühlkanäle freigelassen; bei großen Einheiten werden auch Querkanäle angeordnet, die eine noch stärkere Kühlung ergeben (s. Abb. 11). Bei Manteltransformatoren herrscht der rechteckige Eisenquerschnitt vor.

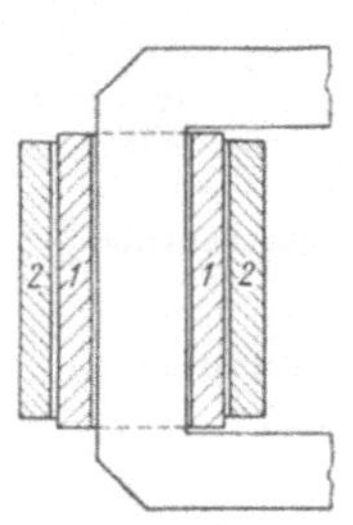

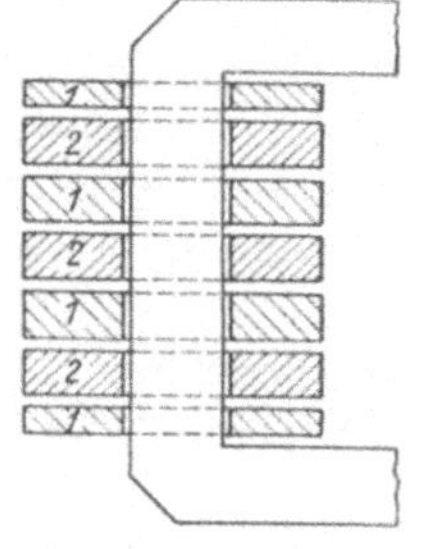

Abb. 12 Zylinderwicklung   Abb. 13 Scheibenwicklung   Abb. 14 Transformator mit Wellblechkesse

Die Wicklung wird als *Zylinderwicklung* (Abb. 12) oder als *Scheibenwicklung* (Abb. 13) ausgebildet, je nachdem, ob — wie meistens beim Kerntransformator — Ober- und Unterspannungswicklung konzentrische Zylinder bilden, oder ob sie in mehrere Scheiben aufgeteilt und abwechselnd übereinander aufgeschichtet werden. Die Distanzierung der Spulen, ihre Lagerung und Abstützung erfolgt durch Holz- oder Hartpapierteile, die Isolierung der Wicklung in den Öltransformatoren heute fast ausschließlich mit Papier. Die Eingangsspulen und Sternpunktswindungen werden meistens doppelt so stark isoliert wie die übrige Wicklung. Zur Beherrschung der Kurzschlußkräfte werden die Wicklungen, gegebenenfalls unter Zuhilfenahme von kräftigen Federn, gegen die Joche verspannt.

Die Verluste in den Wicklungen und im Eisen verursachen eine Erwärmung des Transformators im Betrieb; es muß also für eine entsprechende Kühlung gesorgt werden. Nur kleinere Transformatoren werden einfach durch die Umgebungsluft gekühlt *(Trockentransformatoren)*. In weitaus den meisten Fällen, namentlich aber bei größeren Leistungen, wird Öl als Kühlmittel verwendet *(Öltransformatoren)*. Das Öl bietet dabei mehrere Vorteile. Es führt einerseits wegen der größeren Leitfähigkeit die Wärme besser ab, hat aber noch außerdem wegen seiner bedeutenden spezifischen Wärme eine vergleichsweise hohe Wärmekapazität (Wärmespeicherfähigkeit), so daß der Transformator vorübergehende Überlastungen leichter erträgt. Darüber hinaus ist Öl noch ein guter Isolator mit einer etwa sechsfachen Durchschlagsfestigkeit als Luft.

Die konstruktive Durchbildung erfolgt so, daß das Transformatorgestell samt Wicklung in einen Kessel eingebaut wird (Ölkessel), der noch zusätzliche Einrichtungen zur Wärmeabfuhr erhält.

Das sind entweder Kühlrippen (Wellblechkessel, Abb. 14) oder eingebaute Rohre oder Radiatoren (Röhrenkessel, Abb. 15; Radiatorkessel, Abb. 16). Bei stärkerer Ausnützung der Transformatoren muß die Kühlung forciert werden und eine zusätzliche Kühlung des Öles vorgesehen werden, da sonst die Kessel zu groß würden. Man setzt dann bei älteren Ausführungen entweder Kühlschlangen in den Kessel, die von kaltem Wasser durchflossen werden, oder man pumpt das heiße Öl aus dem Transformator und treibt es durch einen neben ihm aufgestellten Ölkühler.

Das Öl des Transformators ist hygroskopisch und nimmt leicht Wasser aus der feuchten Luft auf. Da dadurch die Durchschlagsfestigkeit stark herabgesetzt werden würde, muß eine solche Wasseraufnahme möglichst verhindert werden. Dies geschieht vor allem dadurch, daß man einerseits die direkte Berührung des heißen Öles mit der Außenluft vermeidet und

Abb. 15 Transformator mit Röhrenkessel

anderseits die unvermeidliche Berührungsfläche mit der Luft überhaupt möglichst klein hält. Diesem Zweck dient der etwas erhöht angeordnete *Ölkonservator*, der für etwa 10% des Ölinhaltes des Transformators bemessen wird und nun auch als Ausdehnungsgefäß für das sich erwärmende Öl dient. Der Transformator ist jetzt stets vollständig mit Öl gefüllt, das aber nur im Konservator mit Luft in Berührung kommt, die außerdem noch zur Trocknung über Chlor-Calcium geführt werden kann.

Die Verluste des Transformators sind vergleichsweise niedrig; es entfallen vor allem auch alle mit der Bewegung umlaufender Teile im Zusammenhang stehenden Verluste. Die erreichbaren Wirkungsgrade sind daher hoch und liegen bei Großtransformatoren bei 99% und darüber. Der Wirkungsgrad erreicht ein Maximum bei Vollbelastung, wenn der Transformator so bemessen ist, daß die Verluste in den Wicklungen (Kupferverluste $I^2 R$) und die Eisenverluste gleich groß sind.

Abb. 16 Transformator mit Radiatorkessel

Eine Reihe von Sonderausführungen betreffen vor allem die Änderung des Übersetzungsverhältnisses. Die Transformatorwicklung erhält zu diesem Zwecke

Anzapfungen, die mit einem eigens ausgebildeten Schalter (Lastschalter) während des Betriebes umgeschaltet werden können. Solche Transformatoren heißen dann *Stufentransformatoren.* Besondere Sorgfalt ist dabei den Vorgängen während des Umschaltens zu widmen (s. auch Abb. 17).

Eine weitere Ausführungsform bedient sich verschiebbarer Joche, die die aus zwei parallelen Zweigen bestehende Primärwicklung tragen (s. Abb. 18), während die Sekundärwicklung am feststehenden Kern untergebracht ist. Durch Verschieben des Joches längs des Kernes kann eine stetige Spannungsregulierung erzielt werden *(Schubtransformator).*

Abb. 17 Transformator mit angebautem Stufenschalter

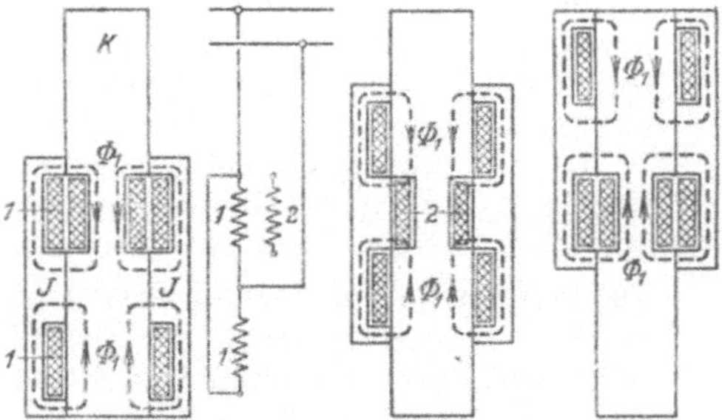

Abb. 18 Schubtransformator

§ 3322 Stromrichter

Stromrichter sind statische Umformer ohne rotierende Teile, deren Wirkung auf der Eigenschaft bestimmter Anordnungen beruht, den Stromdurchgang von einer Elektrode zur anderen in der einen Richtung fast ganz oder vollständig zu sperren, während sie die Strömung in der anderen Richtung freigeben. Je nach der Schaltung kann dieses Verhalten in verschiedenster Weise ausgenützt werden. Man erhält so

den Gleichrichter, bei der Umwandlung von Wechselstrom in Gleichstrom,
den Wechselrichter, bei der Umwandlung von Gleichstrom in Wechselstrom,
den Umrichter, bei der Umwandlung von Wechselstrom in Wechselstrom anderer Periodenzahl.

Die *Gleichrichter* haben dabei bisher die größte Bedeutung erlangt und stehen in mehreren Formen in Gebrauch.

Für kleinere Spannungen und Leistungen wird in steigendem Maße der *Sperrschichtgleichrichter* verwendet, der meist als *Trockengleichrichter* gebaut wird. Jede Zelle dieser Gleichrichterart besteht aus einem Halbleiter und einem Metall, zwischen denen sich als „Sperrschicht" meist eine isolierende Oxydschicht von etwa 10^{-5} cm Dicke befindet. Eine solche Zusammenstellung bietet dem Stromfluß in der Richtung vom Metall zum Halbleiter einen viel größeren Widerstand als in der entgegengesetzten Richtung. Damit ergibt sich eine Kennlinie, wie sie die Abb. 1 zeigt. Die je Zelle beherrschbaren Sperrspannungen liegen je nach dem Zellenmaterial bei etwa 4 ... 15 Volt eff., die Strombelastbarkeit in der Größenordnung von 40 mA/cm². Für höhere Spannungen und Belastungen müssen also Zellen in Reihe und parallel geschaltet und zu Batterien verbunden werden. Da stärkere Erwärmungen schädlich sind, werden die Zellen meist mit größeren Kühlplatten versehen.

Eine Gleichrichtung kann auch in elektrischen Entladungsröhren bewirkt werden, die in diesem Zusammenhang *Ventilgleichrichter* genannt werden. Dabei kann das Gefäß evakuiert oder mit einem Edelgas oder schwach leitendem Gas gefüllt sein. Die negative Elektrode, die Kathode, wird dabei zum Glühen gebracht und emittiert die für die Strömung erforderlichen Elektronen, die zur anderen Elektrode, der Anode, fliegen und damit lediglich eine Strömung in nur der einen Richtung zustande kommen lassen.

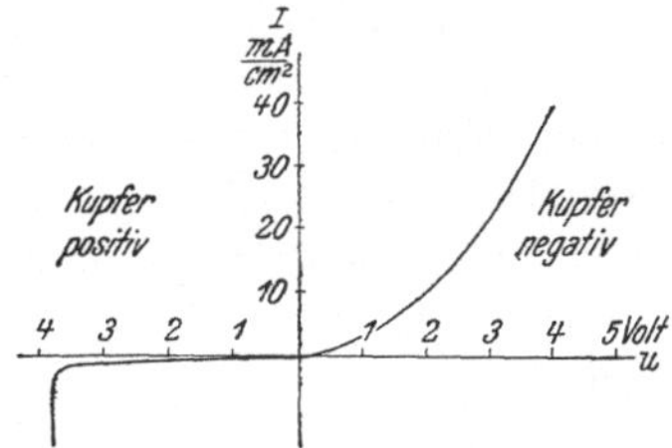

Abb. 1 Kennlinie des Kupferoxydulgleichrichters

Die evakuierten Gefäße eignen sich besonders für hohe Spannungen und kleinste Ströme. Für kleinere Spannungen und beliebig hohe Ströme kommen gasgefüllte Gleichrichtergefäße in Frage. Besondere Verbreitung haben dabei die Gefäße mit Quecksilberdampffüllung gefunden. Für die quecksilberdampfgefüllten Stromrichter findet man häufig auch die Bezeichnung *Mutator*.

Der *Quecksilberdampfgleichrichter* besteht bei den kleineren Einheiten aus einem Gefäß aus Glas, bei größeren Einheiten aus Eisen, das weitgehendst (bis unter 0,001 Torr) evakuiert wird, als Kathode Quecksilber und Anoden aus Graphit oder möglichst reinem Eisen besitzt. Durch den entstehenden Lichtbogen erhitzt sich das Quecksilber am Ansatzpunkt des Bogens auf Weißglut und emittiert dadurch Elektronen. Gleichzeitig verdampft ein Teil des Quecksilbers und erfüllt das Gefäßinnere mit dem schwachleitenden Quecksilberdampf. An den meist noch künstlich gekühlten Gefäßwänden kondensiert der Quecksilberdampf wieder. Das entstehende flüssige Quecksilber rinnt dann der Kathode zu, so daß kein Verschleiß an Kathodenmaterial eintritt.

Wegen der Empfindlichkeit des Gleichrichters gegen schlechtes Vakuum werden bei großen Gefäßen eigene Pumpen vorgesehen, die das Vakuum dauernd sicherstellen.

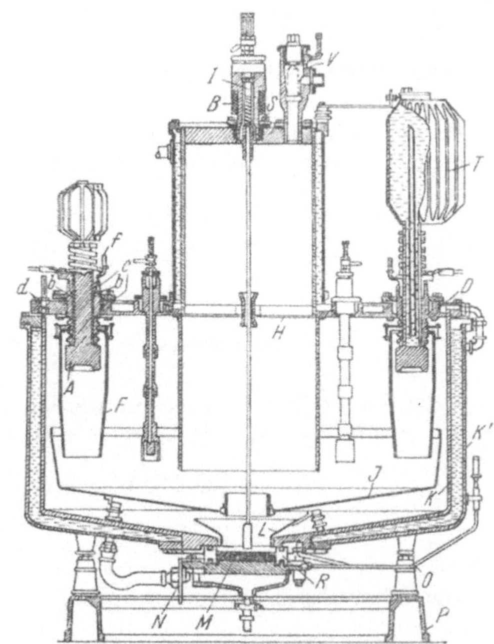

Abb. 2 Quecksilberdampfgleichrichter (BBC).
A = Anode; *B* = Solenoid für die Zündanode; *D* = Anodenplatte; *F* = Anodenhülse; *H* = Tragstern für den Führungsisolator der Zündanode; *I* = Magnetkern der Zündanode; *J* = Quecksilbersammler; *K* = Arbeitszylinder; *K'* = Kühlmantel; *L* = Lichtbogenführung; *M* = Quecksilberkathode; *N* = Anschluß für Kühlwasser; *O* = Stützisolator; *P* = Grundring; *R* = Kathodenisolator; *S* = Feder für die Zündanode; *T* = Anodenkühler; *V* = Vakuumhahn; *b* = Anodenisolator; *c* = Anodendichtung; *d* = Befestigungsschrauben; *f* = Quecksilberstandzeiger

Zur Vermeidung von Überschlägen zwischen den Anoden (Rückzündungen), die Phasenkurzschlüssen auf der Wechselstromseite gleichkommen, werden die Anoden so angeordnet, daß zwischen ihnen möglichst lange Wege liegen. Dem gleichen Zweck dienen Schutzbleche um die Anoden.

Zur Inbetriebsetzung eines Quecksilberdampfgleichrichters muß der Lichtbogen eingeleitet werden, was meist über eigene Hilfselektroden geschieht, die in das Quecksilber eingetaucht und rasch herausgezogen werden. Weitere kleine Hilfselektroden, die Erregerelektroden, dienen zur Aufrechterhaltung des Lichtbogens bei kleinen Belastungen.

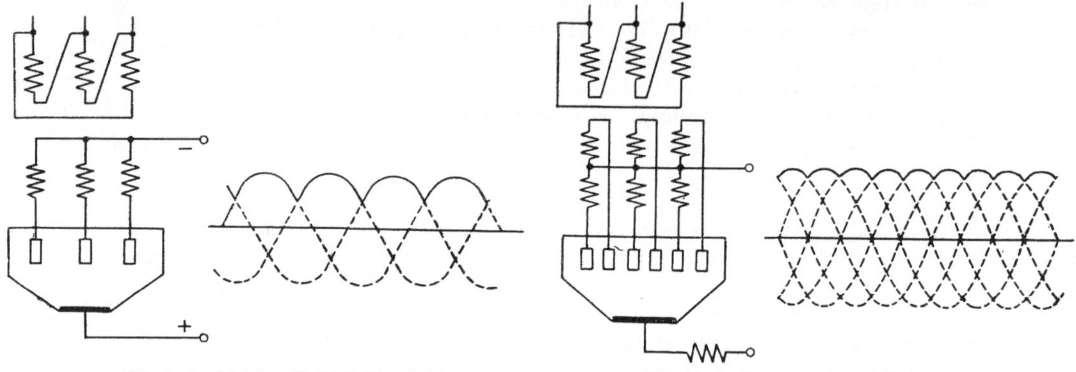

Abb. 3 Dreiphasige Gleichrichterschaltung   Abb. 4 Sechsphasengleichrichter

Da die Spannung im Quecksilberlichtbogen vom Strom nahezu unabhängig (etwa 22 Volt) ist, wird der Wirkungsgrad — weil die Lichtbogenspannung als

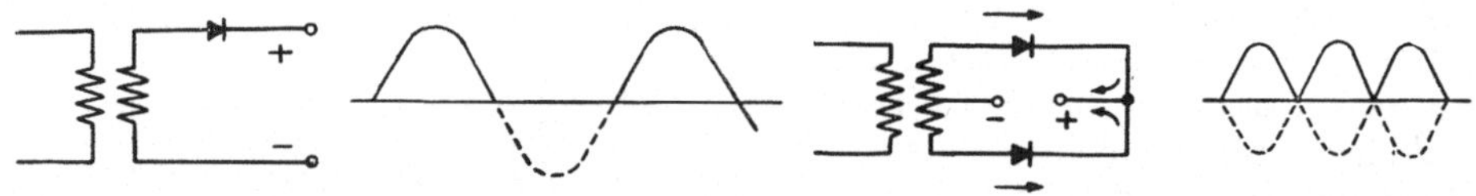

Abb. 5 Einweggleichrichter   Abb. 6 Zweiwegschaltung

Maß für die Verluste angesehen werden kann — um so besser, je höher die äußere Spannung ist; also beispielsweise

$$\text{für } 110\,\text{V}: \quad \eta = \frac{110}{110 + 22} = 83\%,$$

$$\text{für } 500\,\text{V}: \quad \eta = \frac{500}{500 + 22} = 96\%.$$

Die Schaltung erfolgt bei Dreiphasenstrom entweder nach Abb. 3 oder durch sechs- oder mehrphasige Auflösung (Abb. 4). Die Anode mit der jeweils höchsten Spannung führt den Strom, wie es auch rechts in den Abbildungen dargestellt ist. Je größer die Phasenzahl, um so geringer ist die „Welligkeit" des Gleichstromes, so daß man heute größere Gleichrichter auch schon für 24 Phasen ausführt.

Bei Einphasenstrom bringt die Anordnung eines einzelnen Gleichrichters nur die positiven Halbwellen zur Ausbildung (Abb. 5). Um auch die negativen Halbwellen auszunützen, kann wieder eine Aufspaltung in die doppelte Phasenzahl vorgenommen werden (Doppelwegschaltung Abb. 6). Dabei wird aber immer noch nur die halbe Transformatorwicklung ausgenützt. Dies vermeidet schließlich die *Graetzschaltung* nach Abb. 7, bei der an einer Brückenschaltung von vier

Gleichrichtern in der einen Diagonale die speisende Transformatorwicklung angeschlossen ist, während in der zweiten Diagonale die Gleichspannung abgenommen wird. Der Stromverlauf während der beiden Wechselstromhalbwellen ist in der Abbildung durch Pfeile angedeutet.

Die Welligkeit des Gleichstromes kann noch dadurch verbessert werden, daß auf der Gleichstromseite in der Kathodenzuleitung eine Spule (Glättungsdrossel) zugeschaltet wird, die sich raschen Stromänderungen widersetzt und somit den Strom vergleichmäßigt („glättet").

Wie bereits im § 245 ausgeführt wurde, können die gasgefüllten Gefäße auch mit Gittern ausgestattet werden, wodurch es möglich wird, den Zündeinsatz der Anoden zu steuern. Der an einer Anode brennende Lichtbogen kann jetzt erst zur nächsten Anode übergehen, wenn deren Gitter positives Potential besitzt. Legt man also die Gitter an eine Wechselspannung gleicher Frequenz wie die Anodenspannung und verändert man deren Phasenlage gegenüber letzterer, so

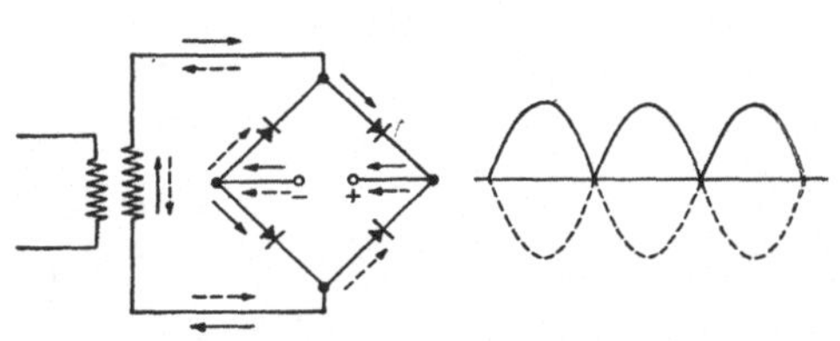

Abb. 7　Graetzschaltung

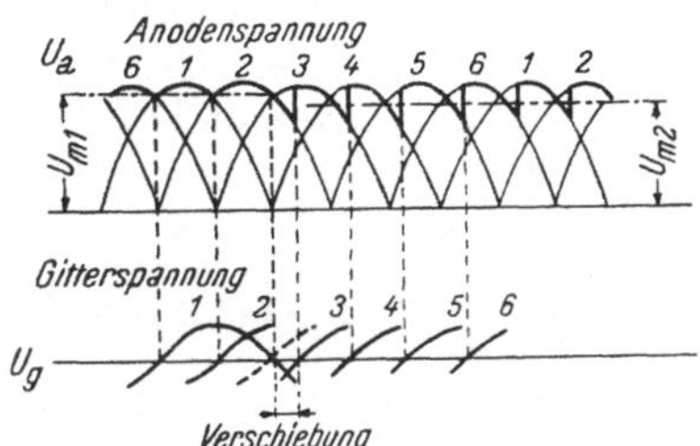

Abb. 8　Spannungsregelung durch Verschieben der Phasenlage der Gitterspannung

kann der Zündeinsatz, also der Lichtbogenübergang zur nächsten Anode beliebig verzögert werden. Der Bogen bleibt also dann noch an der vorhergehenden Anode hängen, obwohl die nächste bereits höheres Potential aufweist. Wie die Abb. 8 zeigt, kann dadurch eine weitgehende und stetige Regelung der Gleichspannung erzielt werden. Am einfachsten bewerkstelligt man die Regelung über einen kleinen Drehtransformator. Der Mittelwert der entstehenden Gleichspannung wird dann kleiner und kann bis auf Null gebracht werden, wenn die Gitterspannung in Gegenphase zur Anodenspannung steht.

Wird der Zündpunkt von Halbwelle zu Halbwelle verschoben, zum Beispiel durch Anwendung einer von der Netzfrequenz abweichenden Frequenz im Gitterkreis, so zeigt die an den Stromrichterklemmen abgenommene Spannung selbst eine Frequenz, die der Gitterfrequenz gleich ist. Der Stromrichter arbeitet dann als Umrichter (Frequenzwandler).

Über die Gittersteuerung kann auch eine auf der Gleichstromseite aufgedrückte Gleichspannung in eine Wechselspannung umgeformt werden, indem die Gitter die Schaltung der Anoden im richtigen Augenblick sicherstellen. Solche Wechselrichter werden bei der Leistungsübertragung mit hochgespanntem Gleichstrom eine wesentliche Rolle spielen.

§ 3323　Sonstige Umformer

Die Gleichrichtung nach den im vorhergehenden Kapitel beschriebenen Verfahren zeigt in besonderen Fällen Schwierigkeiten, die zu anderen Lösungen geführt haben. Bei sehr hohen Spannungen kann man z. B. einen mit der Wechselspannung synchron umlaufenden Umschalthebel benützen, der mit jedem Polwechsel den Anschluß der Gleichstromklemmen vertauscht. Die Umschaltung erfolgt dabei nicht durch schleifende Kontakte, sondern durch Aneinandervorbeiführen entsprechender Schaltstücke, zwischen denen dann die Verbindung durch Funkenüberschlag hergestellt wird. An Stelle des rotierenden Schalthebels kann auch ein synchron pendelnder Schalter verwendet werden (Pendelgleichrichter).

Überhaupt ist es grundsätzlich möglich, die Schaltungen des Lichtbogens im Stromrichter durch mechanische Kontaktschalter zu ersetzen. Auf diesem Prinzip ist der *Kontaktumformer* aufgebaut, der im wesentlichen aus einer Reihe von Schaltkontakten besteht, die zeitlich um Bruchteile der Wechselstromperiodendauer gegeneinander verschoben betätigt werden und wie im Quecksilberdampfgleichrichter jeweils die höchste Anodenspannung mit der Gleichstromseite metallisch verbinden. Der Kontaktumformer zeichnet sich durch vergleichsweise hohe Wirkungsgrade auch schon bei kleineren Spannungen aus.

§ 34 Fortleitung elektrischer Energie

§ 341 Allgemeines und Leitungskonstanten

Mit der zunehmenden Verbreitung der Elektrizität in allen Zweigen der verarbeitenden und erzeugenden Technik trat das Problem der Fortleitung der elektrischen Energie immer mehr in den Vordergrund. Wirtschaftliche und

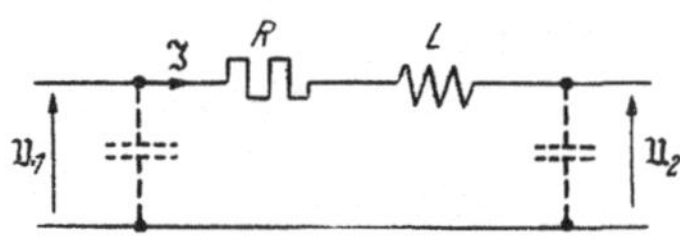

Abb. 1 Ersatzschaltbild einer Freileitung

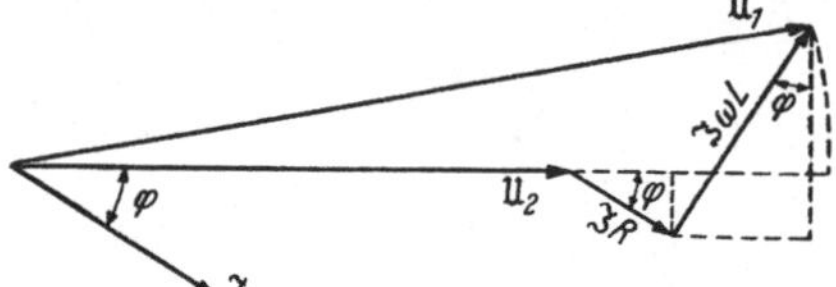

Abb. 2 Vektordiagramm der Freileitung

geographische Gründe zwingen dazu, die elektrische Energie an den Stätten des Anfalles der Rohenergie (Wasser, Kohle, Öl) zu erzeugen, die oft sehr weit von den Verbrauchszentren entfernt liegen. Der Transport der Energie erfolgt dann über Leitungen, die entweder Freileitungen oder Kabel sein können, je nachdem, ob die Leiter frei auf Masten angeordnet sind oder in der Erde verlegt werden.

Als Leitermaterial wird vorzugsweise Kupfer oder Aluminium verwendet. Bei Freileitungen erhält die Aluminiumleitung zur mechanischen Verstärkung oft eine Stahlseele. Wenn größere Festigkeit verlangt wird, kommt die Aldrey-Leitung in Frage, das ist eine Legierung aus 98,6% Al, 0,6% Si, 0,4% Mn und 0,3% Fe. Der spezifische Widerstand der vier Materialien ist 0,0175, 0,029, 0,029 und 0,033 Ω mm²/m. Er ist zusammen mit dem Leiterquerschnitt maßgebend für den Spannungsabfall in der Leitung für die zu übertragende Wirkleistung. Einen weiteren Anteil liefert der Blindstrom wegen des Auftretens eines induktiven Widerstandes.

Die Spannungsverhältnisse lassen sich aus dem Schaltbild Abb. 1 unschwer ableiten. Geht man von der Spannung $\mathfrak{U}_2$ am Leitungsende aus und ist φ der Phasenwinkel der Belastung, so hat man nach Abb. 2 zu $\mathfrak{U}_2$ die Spannungsabfälle $I\,R$ und $I\,\omega\,L$ zu addieren, um die Spannung $\mathfrak{U}_1$ am Leitungsanfang zu erhalten. Dabei ist $I\,R$ in der Richtung des Stromes, $I\,\omega\,L$ um 90° dagegen verschoben zu zeichnen. Bei induktiver Belastung ergibt sich U_1 stets größer als U_2. Den Unterschied der Beträge findet man aus dem Diagramm sehr einfach, wenn man bei seiner Berechnung U_1 durch die Projektion von $\mathfrak{U}_1$ auf $\mathfrak{U}_2$ ersetzt. Es ist dann der Spannungsverlust auf der Leitung

$$\Delta U = U_1 - U_2 = I\,R\,\cos\varphi + I\,\omega\,L\,\sin\varphi = I_w\,R + I_b\,\omega\,L. \tag{1}$$

Der gesamte Spannungsabfall setzt sich also aus zwei Teilen zusammen, dem Spannungsverlust des Wirkstromes im Wirkwiderstand und jenem des Blindstromes in der Leitungsinduktivität. Ist der Belastungsblindstrom kapazitiv, dann wird das zweite Glied negativ und ΔU kann bei genügender Größe von I_b Null oder negativ werden. Im letzteren Fall ist die Spannung am Leitungsende höher als am Leitungsanfang (Ferranti-Effekt).

Bei höheren Spannungen und langen Leitungen muß noch die Kapazität der Leitungsstränge untereinander und gegen Erde berücksichtigt werden.

Durch den Spannungsverbrauch entlang der Leitung entsteht in ihr auch ein Leistungsverlust, nämlich

$$N_v = \Delta U\, I = I^2\,(R \cos \varphi + \omega\, L \sin \varphi). \tag{2}$$

Für den Spannungsverlust wird normalerweise etwa 10% als Höchstwert zugelassen.

Hat der Leiter der Leitung den Querschnitt q und die einfache Länge l und wird ein Leitungsmaterial vom spezifischen Widerstand ϱ verwendet, so ist der *Wirkwiderstand* je Strang

$$\boxed{R = \varrho\,\frac{l}{q}}, \tag{3}$$

für Hin- und Rückleitung das Doppelte.

Die *Induktivität* errechnet sich aus dem magnetischen Feld zwischen den Leitern der Leitung gemäß den Regeln des § 23322. Man erhält so je Strang den Selbstinduktionskoeffizient

$$\boxed{L = \frac{\mu_0}{2\,\pi}\,l\left(\ln\frac{d}{r} + 0{,}25\right)} \tag{4}$$

für die Hin- und Rückleitung einer einfachen Leiterschleife zusammen also das Doppelte. Dabei ist r der Halbmesser des Leiters und d der Abstand zwischen beiden Leitern. Da

$$\frac{\mu_0}{4\,\pi} = 0{,}1\,\frac{\mathrm{mH}}{\mathrm{km}}$$

ist, findet man für die Leiterschleife je km Länge auch häufig die Formel

$$L_1 = 0{,}4\left(\ln\frac{d}{r} + 0{,}25\right)\frac{\mathrm{mH}}{\mathrm{km}}. \tag{5}$$

Die Gl. (4) gilt auch für jeden Draht einer symmetrischen Drehstromleitung.

Da dem Leiter einer Leitung noch andere Leiter — nämlich die Leiter der anderen Phasen und die Erde — gegenüberstehen, hat jede Leitung auch eine *Kapazität*. Bei höheren Spannungen und größeren Leitungslängen sammeln sich vermöge dieser Kapazitäten Ladungen an, deren zeitliche Änderungen in die Größenordnung der Leitungsströme fallen, also nicht mehr vernachlässigt werden dürfen. Man berücksichtigt ihren Einfluß dadurch, daß man im Ersatzschaltbild der Leitung am Anfang und Ende derselben je die halbe Kapazität der Leitung anordnet. Die Leitung nimmt dann einen voreilenden (Lade-) Strom auf, der im Sinne einer Spannungserhöhung wirkt. Die Kapazität einer Leiterschleife ergibt sich nach (213/19a) zu

$$\boxed{C = \frac{\pi\,\varepsilon_0\,l}{\ln\dfrac{d}{r}}}, \tag{6}$$

oder wenn für ε_0 der Zahlenwert eingeführt wird,

$$C_1 = 0{,}0275 \frac{l}{\ln \dfrac{d}{r}} \frac{\mu\mathrm{F}}{\mathrm{km}}. \tag{7}$$

Die Kapazität eines Leiters gegen eine leitende Ebene ergibt sich aus der Überlegung, daß das auftretende elektrische Feld gerade die Hälfte des Feldes darstellt, das zwischen dem Leiter und seinem Spiegelbild zur Ebene auftreten würde. Ist also H der Abstand des Leiters von der Ebene, so wird

$$\boxed{C_e = \frac{2\,\pi\,\varepsilon\,l}{\ln \dfrac{2H}{r}}}. \tag{8}$$

Liegt, wie bei den ausgeführten Leitungen eine Leiterschleife im Abstand H von einer leitenden Ebene vor, so wird die Gesamtkapazität

$$C = \pi\,\varepsilon\,l \frac{l}{\ln \dfrac{d}{r}\dfrac{2H}{\sqrt{4H^2 + d^2}}}. \tag{9}$$

§ 342 Freileitungen

Die Freileitung besteht aus in freier Luft verlegten drahtförmigen Leitern, die über Isolatoren aus Porzellan oder Glas an Leitungsmasten befestigt werden. Im Ersatzschaltbild ist die Leitung durch eine Reihenschaltung von Wirk- und induktivem Widerstand darzustellen, wozu noch gegebenenfalls am Leitungsanfang und -ende die halbe Leitungskapazität parallelgeschaltet werden muß. Das Mittel, in dem sich das elektromagnetische Feld ausbildet, ist die Luft. Die Größe der Induktivität und Kapazität ergibt sich damit nach dem vorhergehenden Kapitel zu

$$L = \frac{\mu_0}{2\,\pi}\,l \left(\ln \frac{d}{r} + 0{,}25\right) = 0{,}2\,l \left(\ln \frac{d}{r} + 0{,}25\right) \frac{\mathrm{mH}}{\mathrm{km}} \tag{1}$$

und

$$C = \pi\,\varepsilon_0\,l \frac{1}{\ln \dfrac{d}{r}\dfrac{2H}{\sqrt{4H^2 + d^2}}} = 0{,}0276\,l \frac{1}{\ln \dfrac{d}{r}\dfrac{2H}{\sqrt{4H^2 + d^2}}} \frac{\mu\mathrm{F}}{\mathrm{km}}, \tag{2}$$

worin H die Höhe der Leitung über dem Erdboden bedeutet.

Während (1) den Wert der Induktivität je Phase sowohl der Einphasen- als auch der symmetrischen Drehstromleitung ergibt, gilt (2) zunächst nur für die ganze Leitungsschleife der Einphasenleitung. Für die symmetrische Drehstromleitung muß man jeder Phase die Kapazität

$$C' = 2\,\pi\,\varepsilon_0\,l \frac{1}{\ln \dfrac{d}{r}\dfrac{2H}{\sqrt{4H^2 + d^2}}} = 0{,}0552\,l \frac{1}{\ln \dfrac{d}{r}\dfrac{2H}{\sqrt{4H^2 + d^2}}} \frac{\mu\mathrm{F}}{\mathrm{km}} \tag{3}$$

zuordnen.

Bei *Gleichstrom* ist der Spannungsabfall auf der Leitung

$$\Delta U = U_1 - U_2 = I\,R = \frac{N}{U}\,R = \frac{N}{U}\,\varrho\,\frac{2l}{q},$$

woraus der erforderliche Querschnitt

$$q = 2\,\varrho\,l \frac{100}{u} \frac{N}{U^2}, \tag{4}$$

worin

$$u = \frac{\Delta U}{U}\, 100 \qquad (5)$$

der prozentuale Spannungsabfall, bezogen auf die Netzspannung bedeutet, der normalerweise kleiner als 10% gehalten wird. Der hiefür erforderliche Leiterquerschnitt sinkt also mit steigender Spannung proportional mit dem Kehrwert des Spannungsquadrates. Die wichtigste Maßnahme zur Kleinhaltung der Leitungsquerschnitte ist also die Wahl einer entsprechend hohen Spannung. Aus Sicherheitsgründen und wegen der Schwierigkeit einer Spannungsumwandlung werden die Gleichstromleitungen und Anlagen normalerweise nur für 110 oder 220 Volt ausgeführt. Man kommt damit bald zu einer wirtschaftlichen Übertragungsgrenze. Einen Ausnahmefall bilden die Fahrdrahtleitungen der elektrischen Bahnen, die mit höheren Spannungen betrieben werden, weil sie der Berührung durch Unberufene im allgemeinen nicht zugänglich sind. Die Übertragung erfolgt in diesem Falle nur durch *einen* Draht; die Rückleitung übernehmen die Schienen.

Es gibt noch eine Schaltung, die bei Sicherstellung einer maximalen Berührungsspannung von 220 Volt eine Übertragungsspannung von 440 Volt aufweist. Es ist dies das sogenannte *Dreileitersystem*, das aus der Zusammenschaltung zweier normaler Gleichstromsysteme für 220 Volt entstanden ist.

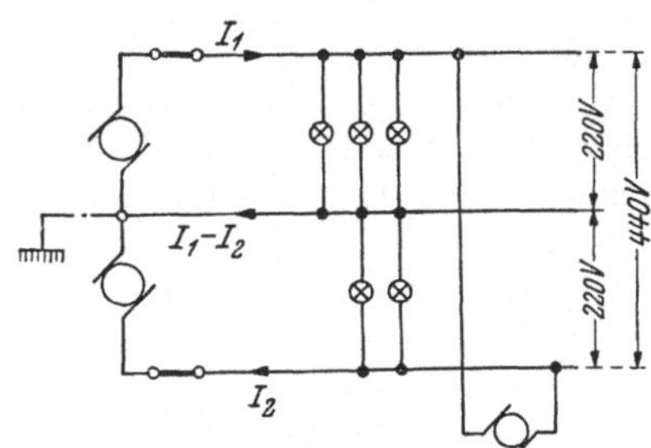

Abb. 1 Dreileiteranlage mit zwei Generatoren

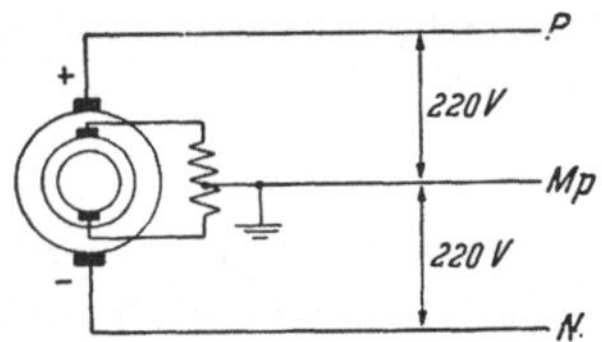

Abb. 2 Dreileiteranlage mit einem Generator und Spannungsteiler

Nach Abb. 1 werden dabei zwei normale Gleichstromgeneratoren in Reihe geschaltet und ihr gemeinsamer Pol als „Mittelpunktsleiter" herausgeführt. Zwischen diesem und den Außenleitern herrscht dann je die Generatorspannung von 220 Volt, während die Spannung zwischen den Außenleitern 440 Volt beträgt. Ist der Mittelpunktsleiter vorschriftsgemäß mit der Erde verbunden (geerdet), in welchem Falle er auch Nulleiter heißt, so kann in der Anlage nirgends eine Berührungsspannung auftreten, die größer als 220 Volt gegen Erde beträgt.

Bei ungleicher Belastung sind die beiden Außenleiterströme verschieden und der Strom im Mittelpunktsleiter gleich der Differenz der Außenleiterströme. Bei gleicher Belastung fließt im Mittelpunktsleiter kein Strom. Die Dreileiteranlage wird damit sehr wirtschaftlich, da der Mittelpunktsleiter mit kleinerem Querschnitt ausgeführt werden kann und für die Ausbildung des Spannungsabfalles auf der Leitung bei symmetrischer Belastung nur die einfache Leitungslänge maßgebend ist.

Die Speisung der Dreileiteranlage kann auch mit nur *einem* Generator erfolgen. Dieser erhält dann eine normale Wicklung für 440 Volt, die zusätzlich an zwei diametralen Punkten angezapft und zu Schleifringen geführt wird. Nach Abb. 2 wird an die Schleifringe eine Drosselspule angeschlossen, deren Mittelpunkt mit dem Nulleiter verbunden ist.

Bei *Wechselstrom* setzt sich nach (1) des vorigen Kapitels der Spannungsabfall aus zwei Teilen zusammen, die durch den Wirk- und den Blindstrom bestimmt werden. Man wird also im allgemeinen trachten, den Blindstrom möglichst klein zu halten und tunlichst mit einem Leistungsfaktor $\cos \varphi = 1$ zu arbeiten. Der prozentuale Anteil des Spannungsverlustes an der Netzspannung ist um so kleiner, je größer diese ist. Wegen der Leichtigkeit der Spannungsumwandlung durch Transformatoren kann die Wechselstromleitung mit beliebiger Spannung betrieben werden. Für große Leistungen und Entfernungen werden heute Spannungen von 110 und 220 kV verwendet und man denkt daran, in besonderen Fällen auf 400 oder 500 kV überzugehen. Die Übertragung erfolgt dabei, mit Ausnahme der Leitungen für die mit Einphasenstrom betriebenen Bahnen, ausschließlich mit Drehstrom. Bei größeren Leistungen werden auch zwei (Doppelleitung) oder mehrere Leitungen parallelgeschaltet und auf denselben Masten verlegt.

Soll bei größeren Spannungen die Kapazität der Leitung berücksichtigt werden, was am einfachsten und in erster Annäherung durch Anordnung je der halben Leitungskapazität am Anfang und Ende der Leitung geschehen kann, dann ist der kapazitive Ladestrom dieser Kondensatoren zum Belastungsstrom rechtwinkelig zu addieren und das Diagramm mit diesem Strom zu entwerfen, wie es im Abschnitt § 341 beschrieben ist.

Bei den Höchstspannungsleitungen genügt auch diese Näherung nicht mehr und es muß berücksichtigt werden, daß Wirkwiderstand, Induktivität und Kapazität längs der Leitung stetig verteilt sind. Die auf die Längeneinheit bezogenen Kenngrößen werden dann Leitungsbeläge genannt. Die Wurzel aus dem Verhältnis des Induktivitätsbelages zum Kapazitätsbelag (bei Vernachlässigung der Verluste)

$$Z = \sqrt{\frac{L}{C}} \tag{6}$$

ist eine wichtige Kenngröße der Leitung; sie wird deren *Wellenwiderstand* genannt und hat für alle Freileitungen den ungefähr gleichen Wert $375\,\Omega$. Wird die Leitung mit einer Belastung beansprucht, die diesem Wellenwiderstand entspricht, dann liegen optimale Verhältnisse mit einem Minimum an Verlusten und $\cos \varphi = 1$ vor. Die zugehörige Leistung

$$N_n = \frac{U^2}{Z} \tag{7}$$

wird „natürliche Leistung" genannt.

Zu den durch die Widerstände bedingten Verlusten treten bei der Hochspannungsleitung noch die *Koronaverluste*, die dadurch entstehen, daß infolge der hohen Feldstärken an den Leiteroberflächen dort Entladungen auftreten (Glimmentladung). Bei Höchstspannungen können die Koronaverluste beträchtliche Werte annehmen. Sie beginnen nach Überschreiten einer kritischen Durchbruchstärke, die bei etwa 21 kV/cm liegt. Zur Vermeidung beträchtlicher Verluste müssen die Leiterdurchmesser entsprechend groß gehalten werden, bei Höchstspannung größer als es für die mechanische Festigkeit oder den Spannungsverlust an sich notwendig wäre. Die Leiter werden dann häufig als Hohlseile ausgeführt.

Von weiterem Einfluß auf die Höhe der Koronaverluste sind die Temperatur, der Luftdruck, die Frequenz und vor allem die Beschaffenheit der Leiteroberfläche.

Auch Unsymmetrien in den Leiteranordnungen wirken sich ungünstig aus. Sie können weitgehend vermieden werden, wenn man die Leitung verdrillt, das heißt, die einzelnen Leiter zyklisch miteinander vertauscht, so daß im Mittel alle Leiter gleiche Höhe über der Erde haben. Auch die gegenseitige Beeinflussung zwischen benachbarten Leitungen wird dadurch auf ein Minimum herabgesetzt.

Jede bedeutendere Leitung wird ferner meist mit einem *Erdseil* versehen, einem über der Hochspannungsleitung verlegten, mit den Masten und Erde leitend verbundenen Metallseil. Durch das Hochziehen des Erdpotentials sollen damit direkte Blitzschläge in die Leitung vermieden und auch die Beeinflussung durch nahe gelegene Blitzschläge verringert werden.

§ 343 Kabelleitungen

Die Kabelleitung ist eine in der Erde verlegte Leitung. Die einzelnen Phasen liegen jetzt nahe beisammen und auch ihr Abstand gegen Erde ist klein. Das erfordert einmal die Einbettung der Leiter in ein gutes Isoliermaterial und darüber hinaus die Anordnung eines entsprechenden Schutzes gegen mechanische Beanspruchung. Die kleinen Leiterabstände ergeben ferner (vernachlässigbar) geringe Induktivitäten und vergleichsweise große Kapazitäten.

Die Kabeltechnik kennt eine Reihe von Ausführungsformen. In der Starkstromtechnik unterscheidet man vor allem zwischen Einleiter-, Zweileiter- und Dreileiterkabel, beziehungsweise hinsichtlich der Isolierung zwischen Gummi- und

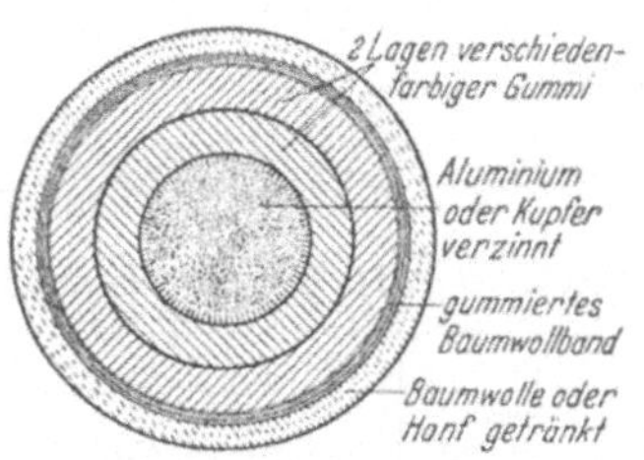

Abb. 1   Einleiter-Gummikabel

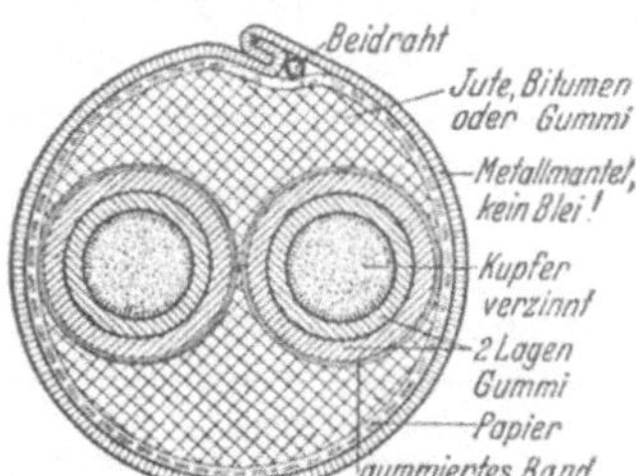

Abb. 2   Rohrdrahtleitung

Papierkabel. Dabei werden die Gummikabel vorzugsweise bei den niedrigeren, die Papierkabel bei den höheren Spannungen verwendet. Im einfachsten Fall eines *Gummikabels* wird der Kupferleiter durch einen Gummimantel umgeben, der aus Sicherheitsgründen aus zwei Lagen hergestellt und mit einem gummierten Baumwollband umwickelt ist. Zum Schutz gegen Feuchtigkeit und chemische Beeinflussung erfolgt noch eine Umflechtung aus entsprechend getränkter Baumwolle oder Hanf. Bei größeren Leiterquerschnitten wird der Leiter zur Erzielung einer genügenden Biegsamkeit aus mehreren Drähten gebildet.

Diese Leitungen weisen keinen besonderen mechanischen Schutz auf. Wo also die Gefahr einer Beschädigung vorliegt, müssen sie durch Verlegung in Rohren geschützt werden. Das sind mechanisch weniger widerstandsfähige Isolierrohre bei Verlegung unter Putz, oder Stahlrohre (Stahlpanzerrohr) bei offener Verlegung. Im letzteren Falle ist zu beachten, daß Hin- und Rückleitung im gleichen Rohr verlegt ist, damit sich im Rohr keine magnetischen Felder ausbilden, die erhöhte Spannungsabfälle, zusätzliche Verluste und eine Erwärmung der Rohre zur Folge hätten.

Diese normalen Gummileitungen werden bis 750 Volt und Querschnitten von 1000 mm² angefertigt. Bei verstärkter Ausbildung der Gummischicht erhält man Leitungen bis 25 kV bei einem Querschnitt von etwa bis 300 mm².

Zur Verlegung über Putz erhalten normal ausgebildete Gummileitungen einen gefalzten Metallmantel (Rohrdraht), der aber nicht aus Blei sein darf.

Bei höheren, insbesondere auch chemischen Beanspruchungen verwendet man Bleimantelleitungen, bei denen die normalen Gummileitungen verseilt, mit

Gummi umpreßt und von einem Bleimantel umgeben werden. Dieser erhält als weiteren Schutz noch eine Beflechtung aus getränktem Hanf, Jute oder Baumwolle. Bei besonderer Beschädigungsgefahr bekommen die Bleimäntel noch eine Bewehrung aus zwei Lagen Bandeisen.

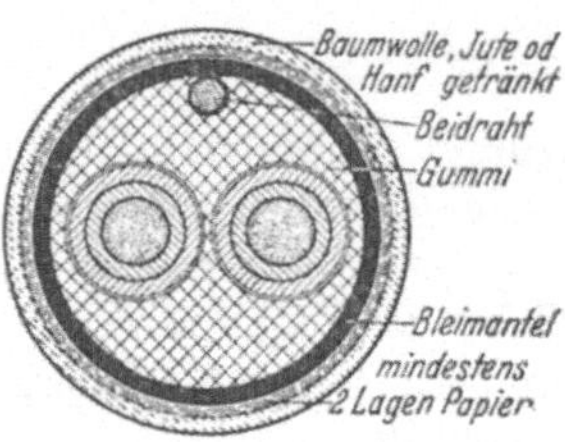

Abb. 3 Gummikabel mit Bleimantel

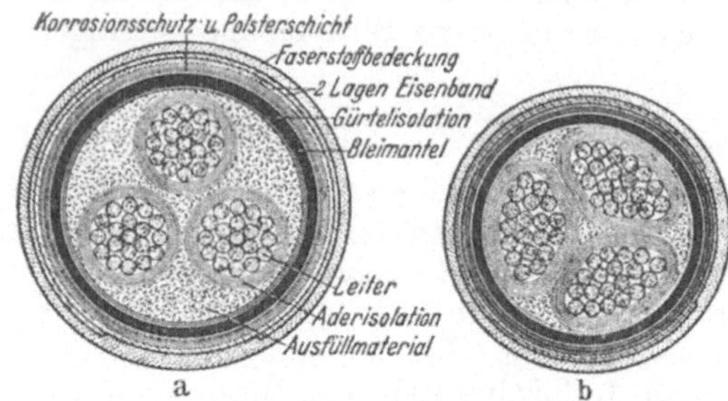

Abb. 4 Papierkabel

Beispiele für die Ausführung von Gummileitungen zeigen die Abb. 1 bis 3. Für die Belastung der Gummikabel existieren eigene Vorschriften, die auf der zulässigen Erwärmung aufgebaut wurden. Die untenstehende Tabelle 1 nennt die Werte für Gummikabel mit Kupferleitern.

Tabelle 1.
Belastungstafel für gummiisolierte Leitungen mit Kupferleitern.

1	2	3	4	5	6	7
	Bei fester Verlegung in Rohr		Bei fester Verlegung in Luft		Für bewegliche Leitungen	
Nennquerschnitt des Kupferleiters mm²	höchste dauernd zulässige Stromstärke für jeden Leiter A	Nennstromstärke für entsprechende Schmelzsicherung A	höchste dauernd zulässige Stromstärke für jeden Leiter A	Nennstromstärke für entsprechende Schmelzsicherung A	höchste dauernd zulässige Stromstärke für jeden Leiter A	Nennstromstärke für entsprechende Schmelzsicherung A
0,75	—	—	—	—	10	6
1	12	6	—	—	12	6
1,5	16	10	—	—	16	10
2,5	21	15	—	—	27	20
4	27	20	—	—	35	25
6	35	25	—	—	48	35
10	48	35	—	—	66	60
16	66	60	—	—	90	80
25	90	80	—	—	110	100
35	110	100	—	—	140	125
50	140	125	—	—	175	160
70	175	160	230	200	215	200
95	215	200	290	260	260	225
120	255	225	350	300	305	260
150	295	260	410	350	350	300
185	340	300	480	430	400	350
240	400	350	570	500	480	430
300	470	430	660	600	570	500
400	570	500	790	700	—	—
500	660	600	900	800	—	—

Die Sicherheit gegen Durchschlag ist bei den *Papierkabeln,* die getränktes Papier als Isolierstoff verwenden, wesentlich größer als bei den Gummikabeln. Das Papierkabel wird daher bei höheren Spannungen, meist aber auch bei in der

Tabelle 2. Belastungstafel für Einleiter-Gleichstromkabel, Zweileiter-, Dreileiter- und Vierleiterkabel für Nennspannungen bis 1 kV.

1	2	3	4	5
Querschnitt mm²	Einleiterkabel	Zweileiterkabel	Dreileiterkabel	Vierleiterkabel
	Belastbarkeit in Ampere			
1,5	35	30	25	22
2,5	50	40	35	30
4	65	50	45	40
6	85	65	60	55
10	110	90	80	70
16	155	120	110	95
25	200	155	135	125
35	250	185	165	150
50	310	235	200	185
70	380	280	245	230
95	460	335	295	270
120	535	380	340	305
150	610	435	390	355
185	685	490	445	405
240	800	570	515	470
300	910	640	590	530
400	1080	760	700	—
500	1230	—	—	—
625	1420	—	—	—
800	1640	—	—	—
1000	1880	—	—	—

Tabelle 3. Belastungstafel für verseilte Dreileiterkabel mit gemeinsamem Bleimantel.

1	2	3	4	5	6
Querschnitt mm²	$U = 3$	6	10	15	20 kV
	Belastbarkeit in Ampere				
6	60	—	—	—	—
10	80	75	65	—	—
16	105	100	85	80	—
25	135	130	110	105	105
35	165	160	135	130	125
50	200	195	165	155	150
70	245	235	200	195	185
95	290	280	240	230	225
120	335	325	280	265	260
150	380	370	320	305	300
185	435	420	360	350	340
240	505	490	420	410	400
300	570	560	475	470	—
400	660	—	—	—	—

Erde verlegten Kabeln für Niederspannung fast ausschließlich verwendet. Die Empfindlichkeit des Gummikabels ist hauptsächlich darin begründet, daß der Gummi durch das Ozon, das sich durch Glimmentladungen in den unvermeidlichen kleinen Lufteinschlüssen bildet, zerstört wird. Auch in der Papierisolation sind solche Lufteinschlüsse zu vermeiden. Das gelingt hier durch Tränkung mit

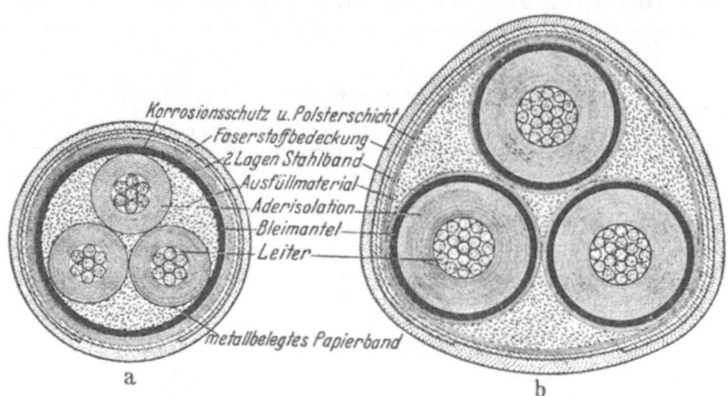

Abb. 5 Höchstädter und Dreimantelkabel

Kabelmasse bei höherer Temperatur, womit auch eine spätere Feuchtigkeitsaufnahme des Papieres verhindert wird. Dies wird weiters durch Anordnung eines Bleimantels sichergestellt. Ein Ausführungsbeispiel eines Papierkabels zeigt die Abb. 4. Auch hier wird das Kabel je nach Erfordernis mit weiteren Schutzhüllen umgeben. Über die Belastbarkeit geben die Tabellen 2 und 3 Auskunft.

Tabelle 4. Belastungstafel für aus Einleiterkabeln verseilte Dreileiterkabel.

1	2	3	4	5	6	7	8	9
Querschnitt mm²	$U_0 = 1{,}75$ $U = 3$	3,5 6	6 10	10 15	12 20	17,5 30	25 45	35 kV 60 kV
	Belastbarkeit in Ampere							
6	65	60	—	—	—	—	—	—
10	85	80	70	—	—	—	—	—
16	115	110	95	90	—	—	—	—
25	150	145	125	120	115	—	—	—
35	185	180	150	145	140	135	—	—
50	225	220	190	180	170	165	155	--
70	270	265	230	220	210	200	185	—
95	315	310	270	255	245	240	220	210
120	370	365	310	295	285	270	250	240
150	420	415	350	340	325	310	285	270
185	470	465	395	380	365	345	320	305
240	540	535	460	445	425	400	370	355
300	615	610	520	500	480	450	420	400
400	710	700	600	575	550	515	485	460
500	790	780	670	640	615	580	—	—

Für Kabel mit metallumhüllten Adern und gemeinsamem Bleimantel sind bei Spannungen bis $U = 20$ kV für die Belastung die Mittelwerte aus Tafeln VIII und IX einzusetzen; bei Spannungen $U = 30$ bis 60 kV sind die Werte um 5 % zu ermäßigen.

Um eine möglichst gleichmäßige elektrische Beanspruchung zu erzielen, hat zuerst Höchstädter jeden einzelnen isolierten Leiter innerhalb des Bleimantels mit einer geerdeten Metallfolie umgeben und damit erreicht, daß die Papierisolation nur radial, also senkrecht zur Papierschicht, die Ausfüllung und Zwickel überhaupt nicht elektrisch beansprucht werden.

Die Fortführung dieses Gedankens führt zum *Dreimantelkabel*, bei dem jeder Leiter für sich einen Bleimantel besitzt. Ein Ausführungsbeispiel dieser Kabelform zeigt die Abb. 5, ihre Belastbarkeit die Tabelle 4.

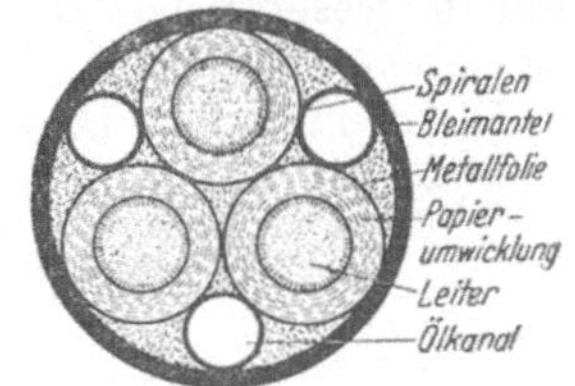

Abb. 6 Ölkabel

Für höhere Spannungen muß besonders darauf geachtet werden, daß im Kabelinneren keine Hohlräume auftreten können. Dies kann erreicht werden durch Ölfüllung oder durch Druckluftisolierung.

Beim *Ölkabel* (Abb. 6) wird die Masseisolierung durch Öl ersetzt, das bei normaler Temperatur dünnflüssig ist. Das Kabel erhält Ausdehnungsgefäße, in denen das Öl unter Druck steht, so daß es in das Kabel eindringt und dasselbe

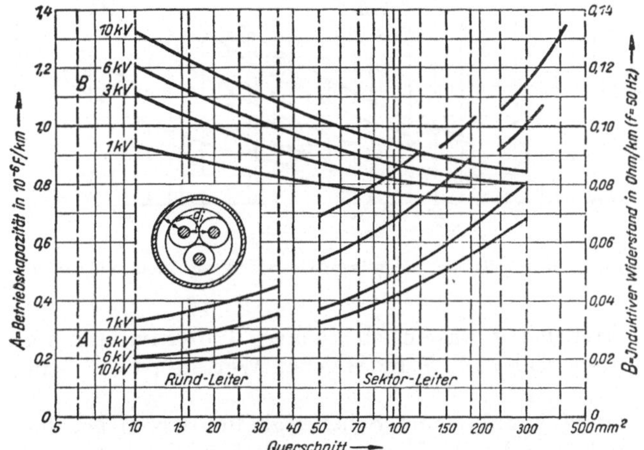

Abb. 7 Kapazität und induktiver Widerstand von Gürtelkabeln

voll ausfüllt, wenn es sich nach vorübergehender Belastung abkühlt. Die Entstehung von Hohlräumen ist damit verhindert. Solche Ölkabel werden bis zu den höchsten Spannungen gebaut.

Beim *Druckkabel* ist das eigentliche Bleimantelkabel in einem dichten Stahlrohr untergebracht, in welchem sich Stickstoff unter einem Druck von etwa 15 at befindet. Dadurch wird das Kabel derart fest zusammengepreßt, daß trotz schwankender Temperatur keine Hohlräume auftreten können.

Eine wichtige Einzelheit der Kabelleitungen bildet der Abschluß der Leitungen an den Enden und die Verbindung der Teilleitungen miteinander. Da die Papierisolation sehr hygroskopisch ist, muß der Abschluß so ausgebildet sein, daß keinerlei Feuchtigkeit in das Kabelinnere eindringen kann. Die Kabelenden erhalten sogenannte *Kabelendverschlüsse*, die je nach Kabelart verschieden konstruiert sind. Die Sicherstellung der erforderlichen Isolation, Vermeidung des Austretens von Isoliermasse, Feuchtigkeitsabschluß, Beherrschung der elektrischen Beanspruchung usw. haben eine Reihe von mehr oder minder komplizierten Konstruktionen entstehen lassen, auf die aber hier nicht näher eingegangen werden kann.

Da die Kabel nur beschränkte Längen haben, müssen bei längeren Leitungen in gewissen Abständen Verbindungen hergestellt werden. Für diese *Kabelmuffen* sind im wesentlichen die gleichen Gesichtspunkte maßgebend wie für die Endverschlüsse.

Die elektrischen Daten eines Kabels sind stark von deren Konstruktion abhängig. Die Nähe der Phasen bzw. ihre Nähe zum geerdeten Mantel ergeben

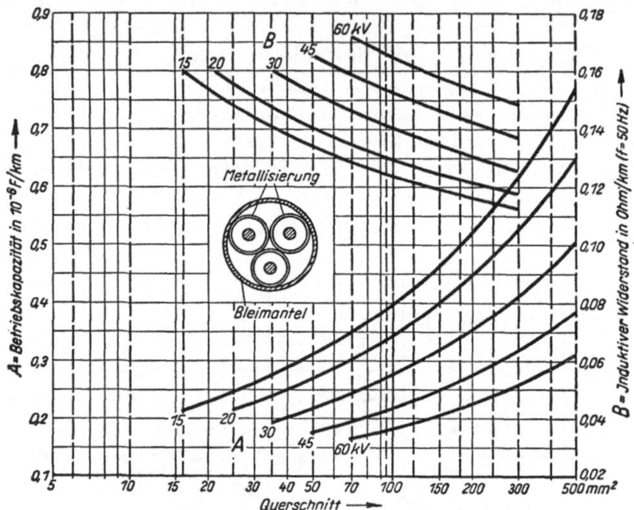

Abb. 8 Kapazität und induktiver Widerstand von Dreimantelkabeln

gegenüber der Freileitung wesentlich kleinere Induktivitäten und beträchtlich höhere Kapazitäten. Die Abb. 7 und 8 geben Werte für Gürtel- und Dreimantelkabel an.

Besondere Gesichtspunkte und Schwierigkeiten treten bei der Konstruktion von Fernmeldekabeln auf. Die Verwendung hoher Frequenzen rücken dabei die gegenseitigen Kapazitäten der Leiter in den Vordergrund der Betrachtung. Unsymmetrien ergeben gegenseitige Beeinflussungen der Stromkreise, die dielektrischen Verluste des Isoliermittels Dämpfungserscheinungen und Verzerrungen der zu übertragenden Zeichen usw. Die Konstruktion solcher Kabel führt damit auf eine große Zahl von Problemen hinsichtlich der Leiteranordnungen, der Isolierstoffwahl, der Kapazitätsabgleichung usw., worauf aber hier nicht näher eingegangen werden kann.

§ 344 Verteilnetze

Die Versorgung der Verbraucher mit elektrischer Energie erfolgt nur in den einfachsten Fällen durch einzelne Leitungen. In den meisten Fällen handelt es sich um die Belieferung eines größeren Gebietes mit mehr oder minder großer Verbrauchsdichte. Zwar wurden ursprünglich die nacheinander auftretenden Abnehmer einzeln durch Leitungen angeschlossen; dadurch wurden diese aber bald so dicht, daß sie selbst wieder verbunden werden konnten und jetzt ein in sich vermaschtes Netz bildeten. Natürlich ist diese Vermaschung vom Charakter des Versorgungsgebietes (Stadtnetz, ländliche Versorgung, Industriegebiet) stark abhängig. Auch die Benutzungszeiten und Benutzungsdauern spielten natürlich eine wesentliche Rolle. Die Berücksichtigung dieser Einflüsse hat schließlich zu folgender Unterteilung geführt:

Die Großkraftwerke, meist an den Anfallort der Rohenergie gebunden, sind untereinander durch Höchstspannungsleitungen verbunden, die mit 100 bis 380 kV betrieben werden und wenn möglich einfache Ringe, gegebenenfalls mit einzelnen Querverbindungen bilden. Die Leitungsführung erfolgt so, daß unterwegs die Belastungsschwerpunkte berührt werden. Dieses Hochspannungsnetz bildet das Rückgrat der Versorgung eines Landes und wird in diesem Zusammenhang dessen *Landessammelschiene* genannt.

Die Landessammelschiene kann natürlich nur einzelne Belastungsschwerpunkte treffen, alle übrigen müssen durch eigene Leitungen versorgt werden. Da die dabei zu überbrückenden Entfernungen und die übertragenen Leistungen jetzt aber vergleichsweise geringer sind, reicht für diese Übertragung eine mittlere Spannung aus. Die Zahl der zu beliefernden Stationen ist wesentlich größer; das Mittelspannungsnetz wird daher viel stärker vermascht. Das hat neben kleineren Spannungsabfällen auch den Vorteil, daß die Stationen (Knotenpunkte im vermaschten Netz) von mindestens zwei Seiten gespeist werden, also auch im Betrieb bleiben, wenn eine der Zuleitungen etwa infolge eines Defektes abgeschaltet wird und ausfällt. Mit Rücksicht auf gute Übersicht ist aber eine übermäßige Vermaschung zu vermeiden. Weit abliegende Abnehmer werden nach wie vor durch einzelne Leitungen (Stichleitungen) angeschlossen.

An den einzelnen Abnahmepunkten der Hochspannungsverteilung schließt nun die eigentliche Versorgung der Verbraucher an. Das ist in manchen Fällen ein Hochspannungsanschluß, wie z. B. für die Hochspannungsmotoren von Industriebetrieben, die häufig mit 3000 oder 5000 Volt betrieben werden, in vielen Fällen aber eine Niederspannungsverteilung, die ein begrenztes Gebiet mit der Gebrauchsspannung von 220 und 380 Volt versorgt. Ob dieses Niederspannungsnetz zu vermaschen ist oder nicht, hängt von der Art der Abnehmer und ihrer räumlichen Dichte ab. Bei Freileitungsnetzen wird meist eine schwache Vermaschung angestrebt, die eine entsprechende Betriebssicherheit gewährleistet, aber noch keine besonderen Schwierigkeiten für die Erfassung und Abschaltung der Kurzschlüsse durch einen einfachen Selektivschutz (s. § 441) ergibt. Bei den Niederspannungskabelnetzen, die vorzugsweise im Stadtgebiet, also bei dichter Besiedelung zur Anwendung kommen, wird dagegen auf eine enge Vermaschung größerer Wert gelegt, da bei Stichleitungsbetrieb durch die Häufung der hintereinander angeschlossenen Abnehmer im Störungsfall eine zu große Zahl von Abnehmern in Mitleidenschaft gezogen würde. Die Störungslokalisation und wahlrichtige (selektive) Abschaltung der defekten Leitungsabschnitte erfolgt in diesem Falle durch entsprechend ausgelegte Sicherungen mit von der Stromstärke abhängigen Abschmelzzeiten.

Wie die Netze im einzelnen auszuführen sind, hängt von deren Ausdehnung, Belastungsdichte und Lage der speisenden Zentralen ab. Bei größerer Ausdehnung eines Niederspannungsnetzes werden in diesem z. B. einige „Speisepunkte" festgelegt, die mit der oder den Zentralen durch eigene „Speiseleitungen" verbunden sind, das sind mit größerem Querschnitt ausgelegte Leitungen, die die Aufgabe haben, die Speisepunkte möglichst auf konstanter Spannung zu halten, also gewissermaßen die Zentrale nach dorthin zu verlegen. Diese Speiseleitungen erhalten dann natürlich keine Verbraucherabzweige.

In größeren Städten verlegt man diese Speisepunkte schon in das Mittelspannungsnetz, z. B. 30 kV, und verbindet sie durch eine Ringleitung oder ein einfaches Maschennetz. Die Speisepunkte werden damit gleichzeitig zu Unterstationen, in denen die Spannungstransformation auf Gebrauchsspannung vorgenommen wird.

Die Berechnung der Netze und Leitungen erfolgt einesteils auf zulässige Erwärmung der Leiter und andererseits auf Erzielung eines erträglichen Spannungsabfalles bei voller Belastung. Im allgemeinen läßt man eine kurzzeitige Spannungsschwankung von $\pm\,5\%$ der Nennspannung zu, die vor allem für die sehr stark spannungsempfindlichen Glühlampen als noch erträglich angesehen wird. Bei 5% Spannungserhöhung sinkt die Lebensdauer der Glühlampen im Durchschnitt auf etwa 55%, während bei um 5% zu niedriger Spannung der Lichtstrom auf etwa 83% des Nennwertes heruntergeht. Die Drehstrommotoren geben bei 5%iger Unterspannung nur etwa 90% ihres Nenndrehmomentes ab.

Aus dem zulässigen prozentualen Spannungsabfall p läßt sich leicht der Leiterquerschnitt rechnen. Für die Gleichstromleitung ergibt sich dieser aus

$$\varDelta U = U_1 - U_2 = \frac{p\,U_1}{100} = \varrho\,\frac{2l}{q}\,I = \varrho\,\frac{2l}{q}\,\frac{N_1}{U_1}.$$

Darin ist

$U_1,\ U_2$ die Spannung am Anfang und Ende der Leitung,

$\quad l$ die einfache Leitungslänge,

$\quad q$ der Leiterquerschnitt,

$\quad N_1$ die in die Leitung gesandte Leistung.

Der Leiterquerschnitt errechnet sich daraus zu

$$q = \frac{2l}{p}\,\varrho\,\frac{N_1}{U_1^2}\,100. \tag{1}$$

Der Spannungsabfall längs der Leitung hat auch einen Leistungsverlust zur Folge. Dieser errechnet sich zu

$$N_V = I\,\varDelta U = \varDelta U\,\frac{N_1}{U_1} = N_1\,\frac{p}{100}.$$

Sein prozentualer Anteil an der übertragenen Leistung

$$\frac{N_v}{N_1}\,100 = p \tag{2}$$

ist dem prozentualen Spannungsabfall gleich.

Bei der Wechselstromleitung geht man sinngemäß von (341/1)

$$U = I\,R\,\cos\varphi_2 + I\,\omega\,L\,\sin\varphi_2 = U' + U''$$

aus und bestimmt getrennt die beiden Anteile U' und U'' bei gegebener Leitung. Für eine neu zu errichtende Leitung erhält man aus dem zulässigen prozentualen Leistungsverlust p

$$N_v = \frac{p}{100}\,N = I^2\,\varrho\,\frac{l}{q} = \frac{N^2}{U^2\cos^2\varphi}\,\varrho\,\frac{l}{q},$$

$$q = \frac{N\,l\,\varrho}{U^2\cos^2\varphi\cdot p}\,100. \tag{3}$$

Für Höchstspannungsleitungen ist der Leiterdurchmesser durch die Koronaverluste bestimmt. Der aus mechanischen Gründen dazugehörige Querschnitt ist dann stets größer als es die Rechnung aus einem zulässigen Leistungsverlust ergäbe. Der Querschnitt liegt also meist schon mit der gewählten Spannung fest und es müssen jetzt nur die Spannungsverhältnisse an Hand eines genauen Vektordiagrammes überprüft werden. Eine Beeinflussung erfolgt dann, wenn erforderlich, durch Änderung des Leistungsfaktors der Übertragung durch Aufstellen von Kondensatoren oder Phasenschiebern bzw. durch Zwischenschalten von Zusatztransformatoren.

§ 35 Verwendung elektrischer Energie

§ 351 Ausnützung der mechanischen Wirkungen des elektrischen Stromes

§ 3511 Gleichstrommotoren

§ 35111 *Allgemeines*

Ein in einem magnetischen Feld von der Stärke B senkrecht zu den Feldlinien gelagerter Leiter erfährt nach § 2311 eine Kraft P senkrecht zum Leiter und zu den Feldlinien von der Größe

$$P = B I l, \tag{1}$$

wenn der Leiter vom Strom I durchflossen wird und seine Länge im Magnetfeld l ist. Dieses Gesetz kann leicht zur Erzeugung eines mechanischen Drehmomentes verwendet werden, indem man die gleiche Anordnung zwischen den Leitern einer Wicklung und einem Magnetfeld vorsieht, wie sie in § 32211 für Stromerzeuger beschrieben wurde, diese aber insofern in verkehrtem Sinne benützt, als man jetzt die Ankerwicklung an eine — etwa konstant angenommene — Netzspannung U legt. Infolge der Stromaufnahme der Ankerwicklung greifen nun an allen Wicklungsleitern Kräfte tangential zum Ankerumfang an und ergeben so ein gleichbleibendes Drehmoment. Da dieses der an einem Leiter angreifenden Kraft proportional, und B dem Magnetfluß verhältnisgleich ist, ergibt sich aus (1) die grundsätzliche Drehmomentengleichung

$$M = C \Phi I_a, \tag{2}$$

die ebenfalls bereits im § 32211 abgeleitet wurde. Mit diesem Drehmoment ist die Maschine, die jetzt Motor genannt wird, imstande, eine mechanische Belastung anzutreiben. Generator und Motor stellen somit dieselbe Maschine mit umgekehrtem Energie- oder Leistungsfluß dar. Während dem Generator mechanische Antriebsenergie zur Überwindung des Drehmomentes nach (32211/2) zugeführt werden muß, erfordert der Motor die Zufuhr elektrischer Energie aus dem Netz, die in mechanische Energie umgeformt wird. Dabei kann auch hier wieder ein elektrisches Energiegleichgewicht betrachtet werden ähnlich wie im Falle des Generators das mechanische Gleichgewicht Antriebsmoment = Gegendrehmoment. In den Drähten des sich drehenden Ankers wird nämlich nach (32211/1) eine Spannung $E = K \Phi n$ induziert, die jetzt der aufgedrückten Netzspannung entgegengesetzt gerichtet ist. Diese Gegenspannung ergibt mit dem aufgenommenen Strom eine Leistung, die durch die vom Netz aufgenommene elektrische Leistung überwunden werden muß.

Die für den Motorbetrieb wichtigste Kenngröße ist die Drehzahl. Als Kennlinien werden daher vorzugsweise die Abhängigkeit der Drehzahl von der Belastung dargestellt. Die Netzspannung kann dabei als konstant angenommen werden. Die Gegenspannung im Anker ist dann mit

$$E = U - I_a R_a \tag{3}$$

um den Spannungsabfall in der Ankerwicklung mit dem Widerstand R_a kleiner als die Netzspannung. Daraus wird

$$n = \frac{E}{K \Phi} = \frac{U - I_a R_a}{K \Phi}. \tag{4}$$

Für erste Beurteilungen kann $I_a R_a$ gegen U vernachlässigt werden und es ist dann die Drehzahl verkehrt proportional dem Feld. Dies ist sofort einzusehen, wenn man bedenkt, daß sich der Anker bei schwächerem Feld rascher drehen muß, um die erforderliche Gegenspannung E zu erzeugen bzw. daß bei stärkerem

Feld schon kleinere Drehzahlen genügen, um das Spannungsgleichgewicht $E = U$ herzustellen.

Im Aufbau und in der Konstruktion gilt für den Gleichstrommotor das schon in § 32211 Gesagte auch hier. Die Notwendigkeit eines Kommutators ergibt sich aus der Anwendung von Gleichstrom als Betriebsstrom. Zur Verbesserung der Stromwendung ist wieder die Anordnung von Wendepolen das geeignetste Mittel. Auch die Kompensationswicklung wird bei größeren Motoren anzuwenden sein.

Besondere Maßnahmen erfordert das Inbetriebsetzen der Motoren. Würde man den Anker einfach an das Netz schalten, so würde er einen unzulässig hohen Strom aufnehmen, für dessen Stärke einzig der sehr kleine Ankerwiderstand maßgebend ist. Eine Gegenspannung E ist ja zunächst noch nicht vorhanden, sondern entsteht vielmehr erst in dem Maße, als der Anker sich zu drehen beginnt. Vorausgesetzt ist dabei noch, daß die Erregung von Anfang an angeschaltet war, was also auf jeden Fall erforderlich ist. Der Gleichstrommotor kann also — mit Ausnahme von Kleinstmotoren — nicht unmittelbar an das Netz geschaltet, sondern er muß *angelassen* werden. Dies geschieht in einfachster Weise durch Vorschalten von Widerständen, die stufenweise nach Erreichung von Drehzahlzwischenstufen kurzgeschlossen werden. Die Widerstandsstufen sind so gewählt, daß ein gewisser Anlaßspitzenstrom nicht überschritten wird. Der Strom ergibt sich aus (3) und (4) zu

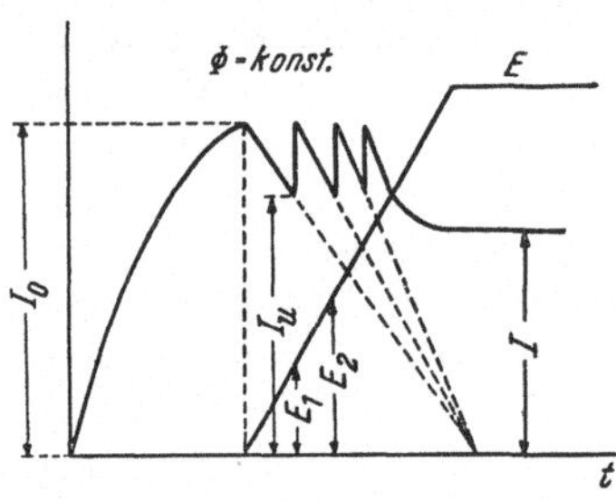

Abb. 1
Anlaßvorgang eines Gleichstrommotors

$$I_a = \frac{U - E}{R_a + R_A} = \frac{U - K\,\Phi\,n}{R_a + R_A},$$

worin R_A den jeweiligen Anlaßwiderstand bedeutet. Der Vorgang läßt sich nun leicht an Hand der Abb. 1 verfolgen. Nach dem Einschalten steigt der Strom zunächst auf den Anlaßspitzenstrom $I_0 = \dfrac{U}{R_a + R_{A1}}$; der Motor beginnt sich zu drehen und entwickelt eine Gegenspannung E, womit gleichzeitig der Strom sinkt. Bei einem unteren Wert I_u wird die erste Stufe überbrückt, so daß neuerdings der Spitzenstrom $I_0 = \dfrac{U - E_1}{R_a + R_{A2}}$ entsteht, worauf sich das Spiel wiederholt, bis der ganze Anlaßwiderstand ausgeschaltet ist.

Die Erregung des Gleichstrommotors kann in gleicher Weise erfolgen wie beim Gleichstromgenerator, so daß im wesentlichen wieder vier Grundtypen unterschieden werden können.

§ 35112 *Der fremderregte Motor*

Der fremderregte Motor hat vollständig konstantes Feld. Seine Drehzahl sinkt daher mit zunehmender Belastung gemäß (35111/4) nur ganz wenig, nämlich nach Maßgabe des kleinen Spannungsabfalles im Ankerwiderstand R_a. Dazu kommt aber noch der Einfluß der Ankerrückwirkung, die das Feld mit zunehmender Belastung schwächt, also die drehzahlvermindernde Wirkung des Spannungsabfalles je nach Auslegung der Wicklung und des magnetischen Kreises teilweise oder ganz aufhebt oder sie sogar übertreffen kann. Im Regelfall wird also die Drehzahl praktisch von der Belastung unabhängig sein.

Das grundsätzliche Schaltbild ist wieder unter Fortlassung aller für die Beurteilung der Haupteigenschaften des Motors unwesentlichen Teile in der umstehenden Zusammenstellung angegeben. Die Drehzahlkennlinien sind dabei für verschiedene, aber konstant bleibende Werte des Feldes eingetragen. Zu jedem Feld, also zu jeder Einstellung des Erregerstromes durch den Feldregler, gehört eine Kennlinie. Die Drehzahlregelung ist also sehr leicht und einfach durchzuführen. Das Anlaufmoment ist, da das Feld schon vor dem Anlauf eingeschaltet sein muß, direkt abhängig vom Anlaufstrom.

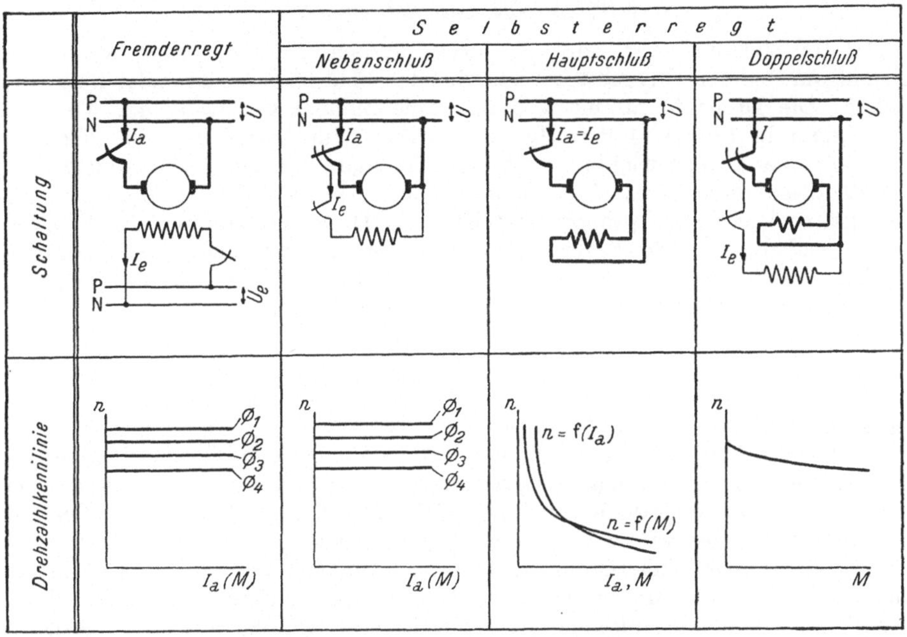

	Fremderregt	Selbsterregt		
		Nebenschluß	Hauptschluß	Doppelschluß
Schaltung				
Drehzahlkennlinie				

Schaltbild und Kennlinien von Gleichstrommotoren

Der fremderregte Gleichstrommotor wird vergleichsweise selten verwendet, da meist nicht ein zweites unabhängiges Netz zum Anschluß der Erregung zur Verfügung steht. Er kommt dort in Betracht, wo ein Antrieb mit gleichbleibender Drehzahl gefordert wird.

§ 35113　Der Nebenschlußmotor

Beim Nebenschlußmotor liegt nahezu das gleiche Verhalten vor wie beim fremderregten Motor, da die Erregung an die konstant angenommene Netzspannung angeschlossen ist. Er ist gegen Netzspannungsschwankungen dadurch etwas unempfindlich, daß sich Zähler und Nenner der Gl. (35111/4) bei solchen in gleichem Sinne ändern.

Die Drehzahleinstellung erfolgt wieder durch einen Feldregler (Nebenschlußregler). Grundsätzlich könnte eine Drehzahlregelung auch durch Vorschalten von Widerständen vor den Anker durchgeführt werden, was ja einer Erniedrigung von U in (35111/4) gleichkommt. Eine solche Regelung wäre aber unwirtschaftlich, da sie mit dauernden Verlusten im Widerstand verbunden ist. Eine Drehrichtungsumkehr ist auf einfachste Weise möglich durch Vertauschen der Ankeranschlüsse.

Von Bedeutung ist ferner, daß der Nebenschlußmotor durch Erhöhen seiner Drehzahl, also durch Antrieb in der Drehrichtung, in den Generatorzustand übergeht. Dadurch kann in gewissen Fällen eine Bremsung erzielt werden. Das Anlaufdrehmoment ist wiederum lediglich vom Anlaufstrom abhängig.

Der Nebenschlußmotor ist der für möglichst gleichbleibende Drehzahl meist angewandte Gleichstrommotor. Sein Hauptanwendungsgebiet liegt also im Antrieb von Transmissionen, Werkzeugmaschinen, Aufzügen, Pumpen, Gebläsen, Kompressoren und landwirtschaftlichen Maschinen.

§ 35114 *Der Hauptstrommotor*

Der Hauptstrommotor zeigt ein grundsätzlich anderes Verhalten. Da der Ankerstrom zugleich Erregerstrom ist, wird das Feld mit zunehmender Belastung stärker. Die Drehzahl nimmt also mit zunehmender Belastung ab. Vernachlässigt man in (35111/4) den Spannungsverlust im Anker, zu dem hier auch noch der in der Erregerwicklung träte, so sieht man, daß die Drehzahl dem Feld, oder da dieses dem Strom I_a verhältnisgleich gesetzt werden kann, dem Belastungsstrom verkehrt proportional ist. Die Drehzahlkennlinie $n = \mathrm{f}\,(I_a)$ ist also angenähert eine gleichseitige Hyperbel. Das Drehmoment wird jetzt dem Quadrat des Stromes verhältnisgleich, so daß die Abhängigkeit der Drehzahl vom Drehmoment auch durch die Beziehung

$$n = \frac{U}{K\sqrt{M}} \tag{1}$$

angenähert dargestellt werden kann.

Die Drehzahl des Hauptschlußmotors stellt sich also nach seiner Belastung ein. Sie steigt mit abnehmender Belastung stark an und würde bei Leerlauf den theoretischen Wert unendlich annehmen. Wenn auch ein vollkommener Leerlauf wegen der Reibungsverluste nicht erzielt werden kann, ist die im unbelasteten Zustand sich einstellende Drehzahl doch so groß, daß der Motor in Trümmer ginge. Man sagt, der Motor „geht durch". Hauptschlußmotoren dürfen daher niemals unbelastet fahren können und sind deshalb für Riementriebe ungeeignet.

Eine Drehzahlregelung könnte wieder durch Feldschwächung so erfolgen, daß man zur Erregerwicklung einen regelbaren Widerstand parallelschaltet. Die Regelung ist aber wegen der kleinen Widerstände unsicher, weshalb man hier im allgemeinen Vorschaltwiderstände vorzieht und die in diesen entstehenden Verluste in Kauf nimmt. Da bei Hauptschlußmotorbetrieb eine Drehzahlkonstanz ja nicht in Frage kommt, besteht im allgemeinen gar kein Bedürfnis nach einer Drehzahlregelung, es sei denn während des Anfahrens, wo diese Funktion aber auch der Anlasser übernehmen kann. Für den übrigen Lauf ist höchstens die sich bei Vollast oder konstanter Teillast einstellende Drehzahl von Bedeutung, für die dann der Motor ausgelegt wird. Bei Verwendung von zwei oder mehreren Motoren, wie beispielsweise im Bahnbetrieb, kann eine stufenweise Drehzahlregelung auch durch Reihenparallelschaltung erzielt werden. Bei kleinster Drehzahl sind alle Motoren in Reihe geschaltet, so daß jeder nur an einer Spannung liegt, die der Netzspannung dividiert durch die Anzahl der Motoren gleich ist. Die größte Drehzahl tritt auf, wenn alle Motoren parallel geschaltet sind, also an der vollen Netzspannung liegen. Zwischenstufen entstehen durch Parallelschalten von in Reihe liegenden Motoren (erst von vier Motoren aufwärts möglich).

Da der magnetische Fluß vom Ankerstrom erregt wird, ist das Drehmoment dem Quadrat desselben proportional. Der Hauptstrommotor hat also ein sehr hohes Anzugsmoment. Diese Eigenschaft und die Anpassung der Drehzahl an die Belastung machen ihn zum idealen Fahrzeugmotor im Bahnbetrieb. Ansonsten wird er überall dort am Platze sein, wo starke Lastschwankungen auftreten, ohne daß eine Drehzahlkonstanz gefordert oder diese sogar unerwünscht wäre, wie z. B. bei Hebezeugen, Schiebebühnen, Kreiselpumpen, Ventilatoren usw.

Auch überall dort, wo ein Anlauf unter voller oder vielleicht noch erschwerter Belastung erfolgen soll, wird man zum Hauptschlußmotor greifen.

§ 35115 *Der Doppelschlußmotor*

Der Doppelschlußmotor ist als Nebenschlußmotor mit zusätzlicher Hauptschlußwicklung zu werten. Er erhält damit eine Nebenschlußcharakteristik, bei der aber wegen des Einflusses der Hauptstromwicklung ein stärkeres Absinken der Drehzahl mit zunehmender Belastung eintritt. Bei Leerlauf stellt sich eine endliche Drehzahl ein; der Motor geht also nicht durch. Die Betriebseigenschaften liegen zwischen denen des Nebenschluß- und Hauptschlußmotors. Eine Drehzahlregelung ist leicht mit Hilfe eines Nebenschlußreglers möglich. Das Anlaufdrehmoment ist wegen der Hauptstromwicklung größer als beim Nebenschlußmotor. Die Verwendung des Doppelschlußmotors konzentriert sich auf jene Gebiete, wo größeres Anzugsmoment mit nicht allzu starker Drehzahlschwankung verbunden ist, also Antrieb von Aufzügen, Baggern, Walzenzugmaschinen und bei Schwungradantrieben von Pressen, Stanzen, Scheren usw.

§ 35116 *Sonderschaltungen*

Für Sonderaufgaben sind eine Reihe von Sonderschaltungen und Sondermaschinen entwickelt worden, von denen die wichtigsten angeführt seien.

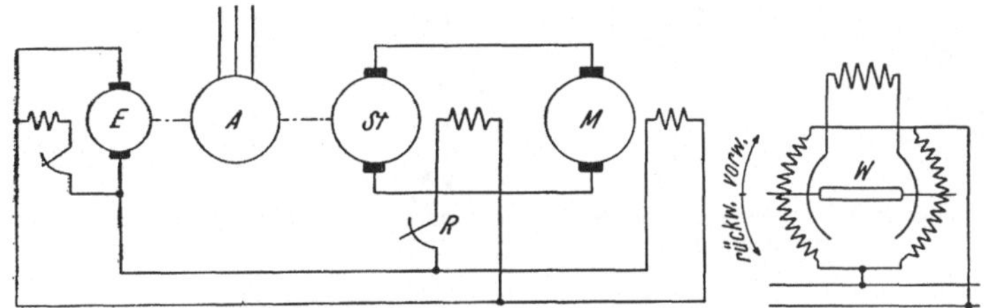

Abb. 1 Leonardschaltung (rechts Umkehrregler)

Soll eine Drehzahlregelung in weiten Grenzen, vor allem auch bis zu sehr kleinen Drehzahlen durchgeführt werden, so verwendet man häufig die *Leonard-Schaltung*. Bei dieser erfolgt die Drehzahlregelung durch Regelung der Spannung, an der der Motor liegt. Dies geschieht hier aber nicht durch Vorschalten von Widerständen, sondern dadurch, daß der Motor an einen eigenen Generator, den Steuergenerator, angeschlossen wird, dessen Spannung durch einen Feldregler geändert werden kann. Die Schaltung zeigt die Abb. 1. A ist ein gemeinsamer Antriebsmotor (für Drehstrom) für den Maschinensatz, St der Steuergenerator und M der zu regelnde Motor, der vom Steuergenerator gespeist wird. Die Spannung dieses Generators wird durch den Feldregler R geändert und damit die Drehzahl des Motors in weiten Grenzen eingestellt. Den Erregerstrom liefert eine Erregermaschine E, wenn nicht die Erregung aus einem vorhandenen Netz entnommen werden kann. Man kann die Schaltung auch noch leicht erweitern und eine Umkehr der Drehrichtung ermöglichen, wenn man den Feldregler durch den in der Abbildung rechts gezeichneten Umkehrregler ersetzt, der je nach der Richtung, in der sein Schalthebel betätigt wird, die Erregerwicklung nach der einen oder anderen Polarität anschaltet.

Man verwendet die Leonard-Schaltung vorzugsweise zum Antrieb von Walzenzugsmotoren, Werkzeugmaschinen, Seilbahnen usw.

Eine weitere Schaltung zur Drehzahlregelung in großen Grenzen ist die *Zu- und Gegenschaltung*. Hier wird der zu regelnde Motor mit einem zusätzlichen Generator in Reihe an das Netz gelegt. Der Zusatzgenerator entwickelt eine Spannung gleich der Netzspannung. Durch einen Umkehrfeldregler kann diese Spannung zur Netzspannung addiert oder von ihr subtrahiert werden. Der Motor kann somit zwischen Null und der doppelten Netzspannung beaufschlagt werden.

Auch gittergesteuerte Stromrichter können zur Drehzahlregelung herangezogen werden. Der Motor liegt dann über einem gittergesteuerten Gleichrichter am Drehstromnetz, während ein zweiter gittergesteuerter Gleichrichter die Erregung speist.

§ 3512 Wechselstrommotoren

§ 35121 *Der Synchronmotor*

Wird ein am Netz laufender Synchrongenerator entlastet und dann mechanisch belastet, indem man versucht, von seiner Achse ein Drehmoment abzunehmen, so wird er zum Synchronmotor. Das vom Ständer erzeugte Drehfeld

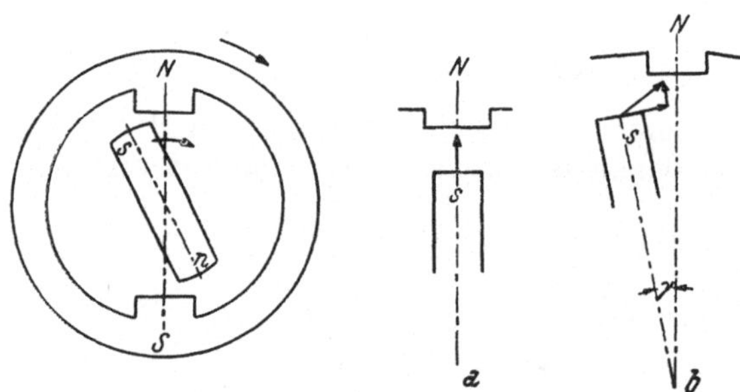

Abb. 1   Grundsätzliche Arbeitsweise des Synchronmotors (schematisch)

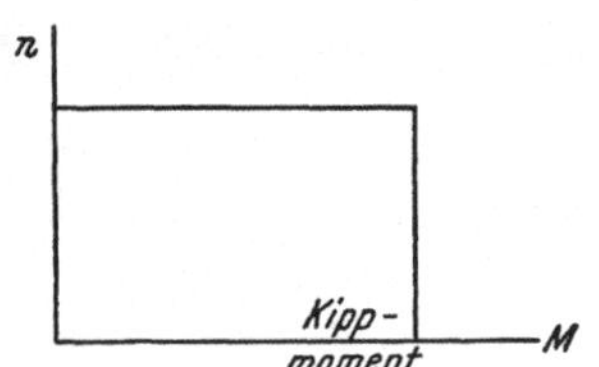

Abb. 2   Kennlinie des Synchronmotors

zieht dann den Läufer nach. Die Drehzahl des Motors ist damit genau gleich der Umlaufzahl des Drehfeldes und ergibt sich aus der Gl. (32221/3) zu

$$n = \frac{f}{p}. \tag{1}$$

Der Rotor läuft also „synchron" mit dem Drehfeld, was dem Maschinentypus seinen Namen gab.

Die Wirkungsweise kann leicht an Hand der schematischen Skizze Abb. 1 überblickt werden. In dieser ist das Drehfeld durch einen magnetischen Ring mit den Polen N und S dargestellt, denen die Pole s und n des Polrades gegenüberstehen. Zwischen den Polen entstehen anziehende Kräfte, so daß das Polrad vom drehenden Magnetfeld mitgenommen wird. Im Leerlauf, wenn kein Drehmoment abgegeben wird und auch Reibungsverluste nicht vorhanden wären, würden die Drehfeldachse und die Polradachse zusammenfallen. Die Kraft zwischen den Polpaaren ginge durch die Drehachse; ein Drehmoment käme also gar nicht zustande, ist aber auch nicht erforderlich (Fall a in der Abb. 1). In Wirklichkeit muß aber schon ein kleines Drehmoment zur Überwindung der Reibungen vorhanden sein. Das Polrad bleibt dann um einen konstanten Winkel γ zurück und die Kräfte zwischen den Polen haben jetzt eine Tangentialkomponente, die das Drehmoment ergeben. Je größer die Belastung wird, desto größer wird auch der Winkel zwischen Polradachse und Drehfeldachse, weil dann bei gleichbleibender Kraft die Tangentialkomponente anwächst. γ stellt sich also so ein, daß jeweils das geforderte Moment entsteht. Trotzdem läuft das Polrad nach jeder neuen Belastungseinstellung wieder synchron. Nur im Moment einer Belastungsänderung findet eine Berichtigung von γ statt. Dies kann auch in Form einer Schwingung geschehen, mit der der neue Wert von γ sich einpendelt.

Die Annahme der konstanten Kraft zwischen den Polen widerspricht nun den Tatsachen. Mit der Vergrößerung des Abstandes zwischen den Polen sinkt jeweils diese Kraft und es wird einen maximalen Wert von γ geben, wo diese Verkleinerung der anziehenden Kräfte mit weiterer Zunahme von γ gegenüber der Vergrößerung der Tangentialkomponente überwiegt, so daß bei versuchter weiterer Belastung das Drehmoment jetzt kleiner wird. Das Polrad kann jetzt nicht mehr nachgezogen werden und bleibt stehen: Der Motor „kippt" oder „fällt außer Tritt". Dieser Vorgang geht mit kurzschlußartigen Erscheinungen vor sich, da jetzt der Reihe nach richtige und falsche Pole übereinanderstreichen.

Nach dem Gesagten ist die Kennlinie des Synchronmotors eine Gerade, wie es die Abb. 2 zeigt. Das Anzugsmoment ist Null; der Motor kann ja nicht vom Stillstand angefahren werden, da er ja kein Drehmoment entwickelt, wenn das Drehfeld über das Polrad hinwegstreicht. Das Anfahren des Synchronmotors bedarf vielmehr besonderer Maßnahmen. Diese gipfeln darin, den Läufer vor dem Anschließen auf synchrone Drehzahl und in eine solche Lage zu bringen, daß die in seinen Ständerphasen durch das Polrad induzierten Spannungen mit den Netzspannungen in Phase sind. Man nennt diesen Vorgang das Synchronisieren.

Der Synchronmotor wird überall dort verwendet, wo es auf absolut genaue Einhaltung der Drehzahl ankommt.

Wie beim Synchrongenerator erhält auch der Synchronmotor seine Erregung meist von einer angebauten, auf der gleichen Welle sitzenden Erregermaschine.

Wie aus dem Obigen hervorgeht, benötigt der Synchronmotor für das Anfahren noch einen Anwurfmotor, der ihn auf die synchrone Drehzahl bringt. Das erschwert und verteuert natürlich seine Anwendung. Man hat daher noch andere Verfahren ersonnen, um ein Anfahren ohne Anwurfmotor zu ermöglichen. Das Wichtigste dieser Verfahren wird im nächsten Kapitel kurz besprochen werden.

§ 35122 *Der Asynchronmotor*

Wie schon der Name sagt, handelt es sich hier um einen Motor, dessen Läuferdrehzahl nicht mehr mit der Drehzahl des Ständerfeldes übereinstimmt, vielmehr gegen diese nachhinkt. Die Wirkungsweise des Asynchron- oder Induktionsmotors ist etwa die folgende.

Der Ständer trägt eine normale Drehstromwicklung und erzeugt ein Drehfeld mit der „synchronen Drehzahl"

$$n_1 = \frac{f_1}{p}, \tag{1}$$

wenn f_1 die Drehstromfrequenz und p die Polpaarzahl der Ständerwicklung bedeutet. Der Läufer besteht nun im einfachsten Falle des sogenannten Käfigläufers aus in Nuten verlegten Leitern, die an den beiden Stirnseiten untereinander durch Ringe kurzgeschlossen sind (s. Abb. 1). Wenn nun das Ständerdrehfeld über den Käfiganker streicht, induziert es in diesem Spannungen, die Ströme zur Folge haben, auf die das Drehfeld bewegende Kräfte ausübt. Die Ströme sind so gerichtet, daß sie die Ursache ihrer Entstehung, nämlich die Relativbewegung des Ständerdrehfeldes gegen den Läufer aufzuheben trachten. Es bildet sich also ein Drehmoment aus, das den Läufer in der Richtung des Drehfeldes antreibt und versucht, die Läuferdrehzahl der Drehzahl des Ständerdrehfeldes zu nähern. Das gelingt nicht vollständig, da sonst die Relativbewegung aufhören würde und im Läufer keine Drehmomente bildenden Ströme mehr induziert würden. Die Relativbewegung muß im Gegenteil um so größer sein, je größer das verlangte Drehmoment ist; nur bei absolutem Leerlauf, wenn keine Reibungsverluste vorhanden wären, würde die synchrone Drehzahl erreicht werden.

Abb. 1 Einzelteile eines Drehstromkurzschlußmotors.

Die Motordrehzahl ist also immer kleiner als die synchrone Drehzahl; der Motor hat einen „Schlupf" und läuft „asynchron". Auch hier geht die Belastbarkeit nur bis zu einer bestimmten Grenze,

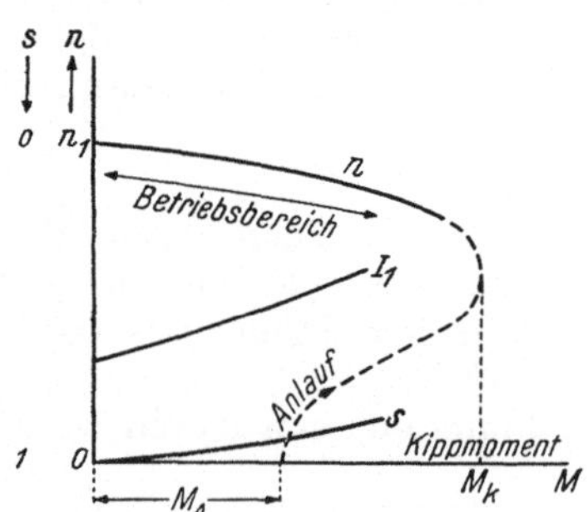

Abb. 2 Kennlinien des Asynchronmotors

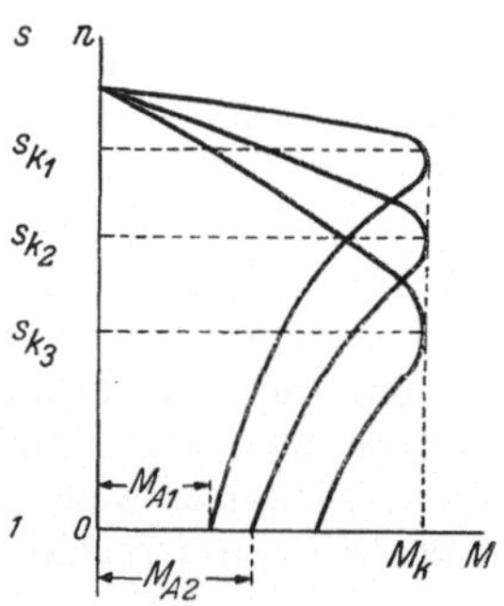

Abb. 3 Änderung der Kennlinie durch Änderung des Läuferwiderstandes

wenn der Motor einen maximal zulässigen Schlupf erreicht hat. Wird das verlangte Drehmoment größer, so „kippt" er und bleibt stehen.

Bezeichnet man die Drehzahl des Motors mit n, dann ist die Differenz $n_1 - n = n_2$ zur synchronen Drehzahl die Relativdrehzahl des Ständerdrehfeldes gegen den Läufer, $f_2 = pn_2$ also die Frequenz der Ströme im Läufer. n_2 wird Schlupfdrehzahl und ihr Verhältnis zur synchronen Drehzahl

$$s = \frac{n_2}{n_1} = \frac{n_1 - n}{n_1} = \frac{f_2}{f_1} \tag{2}$$

Schlupf genannt. Im Stillstand ist also $s = 1$, im synchronen Leerlauf $s = 0$. Bei Nennlast beträgt der Schlupf im allgemeinen etwa 1 ... 6%, ist also verhältnismäßig klein, so daß dem Asynchronmotor der Charakter des Gleichstrom-Nebenschlußmotors zukommt. Die Kennlinie ist in der Abb. 2 angegeben. Der Kippschlupf liegt bei etwa 6 ... 30%.

Bei Stillstand verhält sich der Asynchronmotor wie ein kurzgeschlossener Transformator, bei dem das Wechselfeld durch ein Drehfeld ersetzt wird. Der Strom beträgt dabei etwa das Sechs- bis Achtfache des Nennstromes. Das Anfahren durch direktes Einschalten ist demgemäß mit starken Stromstößen verbunden und nur bei kleineren Motoren zulässig. Das Anlaufdrehmoment M_A ist vergleichsweise niedrig, was sich kurz so erklären läßt, daß der Läufer im Stillstand nahezu als rein induktive Belastung wirkt. Die Läuferströme sind damit so stark phasenverschoben, daß sie trotz ihrer durch den Schlupf bedingten Größe nur ein verhältnismäßig kleines Drehmoment ergeben. Das Verhalten läßt sich verbessern, wenn man den Widerstand des Läufers erhöht und dadurch eine günstigere Phasenlage des Läuferstromes herstellt. Die Abb. 3 zeigt die Vergrößerung des Anlaufmomentes durch Vergrößerung des Läuferwiderstandes. Allerdings läuft damit auch ein unerwünschtes Ansteigen des Schlupfes im normalen Betriebsbereich und eine Vergrößerung der Verluste einher. Man ist daher für größere Motoren zu einer Lösung gekommen, bei der der Läufer nicht mehr als Käfig ausgebildet wurde, sondern eine Wicklung erhält, die zu drei Schleifringen auf der Welle führt (Schleifringläufer). Die offene Wicklung wird nun durch an die Schleifringbürsten angeschlossene Widerstände kurzgeschlossen. Diese Widerstände können stufenweise abgeschaltet und schließlich kurzgeschlossen werden, so daß der Läufer nach Beendigung des Anlaufes wieder als Kurzschlußläufer arbeitet. Um ein übriges zu tun und auch die Bürstenverluste zu beseitigen, werden nach dem Anlauf die Bürsten durch eine geeignete Vorrichtung abgehoben und die Läuferwicklung direkt an den Schleifringen kurzgeschlossen. Bei Beibehaltung der normalen Kennlinie erhält so der Schleifringmotor ein erhöhtes Anlaufdrehmoment. Gleichzeitig dienen die Widerstände aber auch als Anlaßwiderstände, die das Auftreten von zu hohen Strömen beim Anfahren verhindern. Die Auslegung der Widerstandsstufen erfolgt ähnlich wie bei den Anlassern für Gleichstrommotoren.

Bei kleineren Motoren ist auch noch eine andere Art des Anlassens gebräuchlich, um allzu hohe Stromspitzen zu verhindern und doch den wesentlich billigeren und robusteren Kurzschlußläufer verwenden zu können. Man führt dazu die zweiten Enden der Ständerwicklung heraus und schließt sie an einen *Stern-Dreieck-Schalter*, der die Wicklung zuerst in Stern und in einer zweiten Stufe in Dreieck schaltet. Dadurch erhält der Motor in der ersten Stufe nur die $1/\sqrt{3}$fache Spannung und nimmt nur den dritten Teil des Stromes auf, der bei Dreieckschaltung fließen würde. Allerdings sinkt dabei auch das Anlaufdrehmoment auf den dritten Teil des Wertes, den der Motor bei Dreieckschaltung entwickeln würde. Solche Motoren können also im allgemeinen nur leer oder mit Teillast anfahren.

Ein weiteres Anlaufverfahren macht sich die Widerstandsvergrößerung durch Stromverdrängung zunutze. Man wählt dabei ziemlich hohe Leiter im Läufer, für die die Stromverdrängung bei Netzfrequenz schon stärker in Erscheinung tritt und damit im Anlauf, wo $f_2 = f_1$ ist, eine kräftige Widerstandsvermehrung gibt. In dem Maße, als der Motor Drehzahl annimmt, sinkt f_2 immer mehr und damit auch die Widerstandsvergrößerung durch die Stromverdrängung. Der Läufer hat also im Anlauf hohen, im Betrieb niedrigen Widerstand, also gerade das, was beim Schleifringläufer durch die Anlaßwiderstände erreicht wird. Ähnlich wirkt auch der *Doppelkäfigläufer*, der am Läuferumfang einen Käfig mit hohem und tiefer eingebettet einen Käfig mit niedrigem Widerstand trägt. Beim Anlauf fließt der Strom wegen der hohen Blindwiderstände bei Netzfrequenz in erster

Linie im äußeren Käfig, bei Betrieb infolge des geringen Wirkwiderstandes zur Hauptsache im inneren Käfig.

Die Drehzahlregelung des Asynchronmotors ist vergleichsweise schwierig. Nach (2) ist

$$n = n_1(1-s) = \frac{f_1}{p}(1-s) \tag{3}$$

und damit eine Regelung der Drehzahl möglich durch Änderung der zugeführten Frequenz, der Polzahl oder der Schlüpfung. Die erste Art verlangt besondere Frequenzformer zur Speisung des Motors, ist also teuer und umständlich. Die zweite erfordert eine besondere Ausführung der Ständerwicklung, deren Polzahl durch Umschaltung geändert werden kann (polumschaltbare Wicklung). Dadurch wird eine stufenweise Änderung der Drehzahl ermöglicht. Der Läufer wird hiebei vorteilhaft als Käfigläufer ausgeführt, da dieser für jede Polzahl geeignet ist. Die dritte Art der Drehzahlregelung kann durch Einschalten von Wirkwiderständen in den Läuferkreis (Regelanlasser) erfolgen oder durch Einführen einer zusätzlichen, regelbaren Spannung in denselben. Der erste Fall ist wegen der entstehenden Verluste und der größeren Neigung der Drehzahlkennlinie wenig befriedigend, der zweite Fall erfordert die Anordnung weiterer Maschinen, die mit dem Läufer in Reihe geschaltet werden (Kaskadenschaltungen).

Die Gleichheit des Ständers der Asynchronmaschine mit dem der Synchronmaschine hat zu einem weiteren, häufig benutzten Anlaßverfahren des Synchronmotors Veranlassung gegeben, zum *asynchronen Selbstanlauf*. Dazu werden in die Pole des Synchronmotors Anlaufkäfige eingebaut und untereinander durch kräftige Kurzschlußringe verbunden. Damit läuft die Maschine als Asynchronmotor an und erreicht nahezu die synchrone Drehzahl. Wird jetzt die Gleichstromerregung eingeschaltet, so wird der Läufer mit einem Ruck in den Synchronismus hineingezogen, den er nach einer mehr oder minder großen Pendelung erreicht. Das gelingt aber nur bei vergleichsweise kleinen Läufermassen und bei kleinen Schlupfen (unter 3 ... 5%).

§ 35123 *Kommutatormaschinen*

Für den Wechselstrom- bzw. Drehstrombetrieb fehlt noch ein Motor mit einer Hauptstromkennlinie. Man erhält einen solchen durch Nachahmung des Gleichstrom-Hauptschlußmotors, der einfach mit Wechselstrom betrieben wird. Da sich Ankerstrom *und* Erregerstrom mit dem Polwechsel umkehren, bleibt die Drehrichtung erhalten und es entsteht ein gleichbleibend gerichtetes Drehmoment.

Es bestehen aber doch grundsätzliche Unterschiede zwischen Wechselstrom- und Gleichstrombetrieb von Kommutatormaschinen. Dreht sich ein Stromwendeanker in einem Wechselfeld, so entstehen in ihm zwei verschiedene Spannungen, nämlich die Rotationsspannung infolge des Schneidens der Feldlinien durch die Ankerleiter und eine transformatorische Spannung, die durch die zeitliche Feldänderung in der durch die Bürsten geschaffenen „Ankerspule" induziert wird. Dreht sich der Stromwendeanker in einem Drehfeld, dann entsteht eine Stromwenderspannung mit der Frequenz des Drehfeldes.

Das Drehmoment ist beim Wechselstrommotor proportional der Rotationsspannung und dem Strom und ergibt sich bei der Drehstrommaschine in verschiedener Form, abhängig von deren Schaltung. Auch für den Wechselstrom-Kommutatormotor sind mehrere Schaltungen möglich.

Von größter Bedeutung wurde vor allem für den Bahnbetrieb der *Einphasen-Reihenschlußmotor*. Seine Schaltung mit Reihenschluß-, Wendepol- und Kompensationswicklung stimmt mit der des Gleichstrom-Reihenschlußmotors überein. In der Ausführung unterscheidet er sich vor allem dadurch, daß jetzt auch die Feldmagnete zur Vermeidung von Wirbelströmen aus Blechen zusammengesetzt werden. Die wichtigste Eigenschaft des Einphasen-Reihenschlußmotors ist seine einfache Drehzahlregelung, die durch Änderung der zugeführten Klemmenspannung erreicht wird. Dazu wird der Motor meist über einen Stufen-

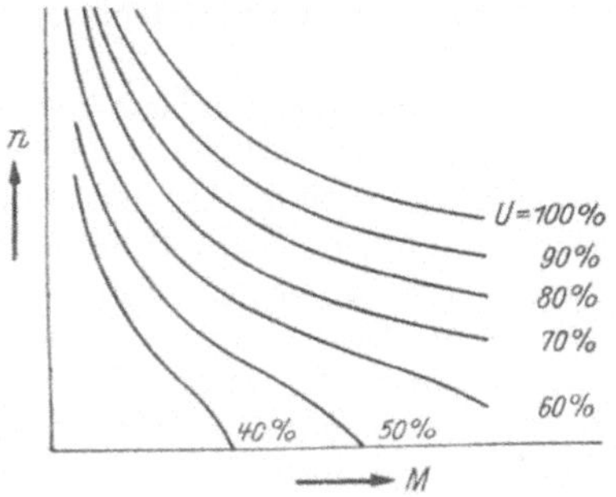

Abb. 1 Kennlinie des Wechselstrom-Reihenschluß-
motors

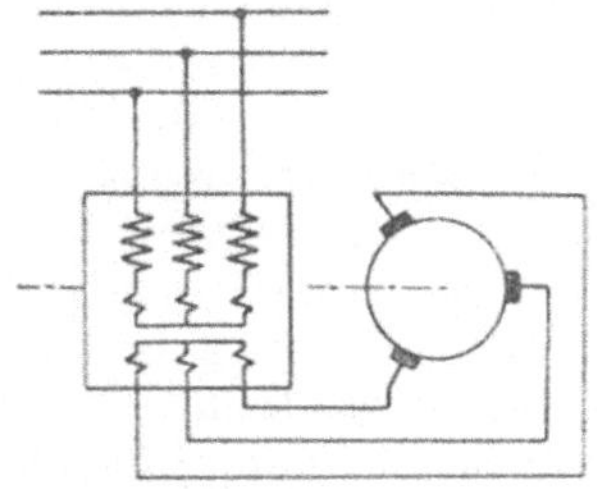

Abb. 2 Schaltung eines Drehstrom-Reihenschlußmotors

transformator an das Netz geschaltet. Das Drehmoment ist dem Quadrat des Stromes verhältnisgleich, der Motor hat also die bekannte Reihenschlußcharakteristik. Die Abb. 1 zeigt eine Schar solcher Kennlinien bei variabler Klemmenspannung.

Die grundsätzliche Gleichheit im Aufbau des Einphasen-Reihenschlußmotors mit dem Gleichstrom-Hauptschlußmotor läßt den Gedanken nahekommen, diese Motoren gleichzeitig für Gleich- und Wechselstrombetrieb zu bauen. Es entsteht dann der so-

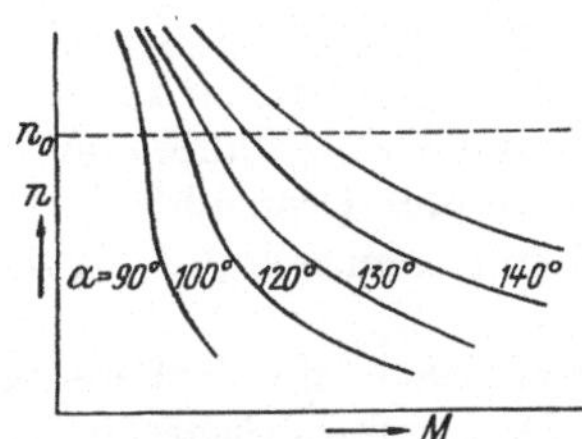

Abb. 3 Drehzahlkennlinien des Drehstrom-
Reihenschlußmotors

Abb. 4 Ansicht eines Drehstrom-Reihenschlußmotors mit
ferngesteuerter Bürstenverstellung

genannte *Universalmotor*, der aber nur für kleine Leistungen bis etwa 400 Watt (Kleinstmotoren) gebaut wird. Dieser kann dann beliebig an Gleich- oder Wechselspannung angeschlossen werden und nimmt bei gleichbleibendem Drehmoment in beiden Fällen den gleichen Strom auf. Dagegen sinkt seine Drehzahl bei Wechselstrombetrieb auf etwa das $\cos\varphi$-fache der Drehzahl bei Gleichstromanschluß

$$n_w = n_g \cos\varphi. \tag{1}$$

Um den Unterschied möglichst klein zu erhalten, trachtet man also, den Leistungsfaktor hoch zu bekommen, was vor allem nur bei hohen Drehzahlen durchführbar ist.

Der *Drehstrom-Reihenschlußmotor* ist die dreiphasige Nachbildung des Gleichstrom-Hauptschlußmotors. Als Ständer wird ein gewöhnlicher Drehstrommotorständer verwendet. Der Läufer enthält eine normale Gleichstromwicklung. Am

Kollektor schleift ein Satz von drei oder sechs Bürsten je Polpaar. Ständer und Läuferwicklung liegen in Reihe, wobei häufig, und vor allem bei höheren Netzspannungen, ein „Zwischentransformator" vorgesehen ist, um eine günstige, nicht zu hohe Stromwenderspannung zu erhalten. Die grundsätzliche Schaltung zeigt die Abb. 2. Der Zwischentransformator ist so klein, daß er meistens im Motorgehäuse untergebracht werden kann.

Die Kennlinien ähneln denen des Gleichstrom-Reihenschlußmotors und sind in der Abb. 3 dargestellt. Die Drehzahlregelung erfolgt durch Bürstenverschiebung. Der Bürstenwinkel α wird von jener Stellung gezählt, bei der Ständer und Läuferwicklung achsengleich sind. In dieser Stellung tritt kein Drehmoment auf. Zu jedem Bürstenwinkel gehört eine Drehzahlkennlinie. Die Betriebsstellung der Bürsten liegt etwa bei $\alpha = 100 \ldots 160°$. n_0 ist die synchrone Drehzahl.

Der Drehstrom-Reihenschlußmotor wird überall dort verwendet, wo leichte und weitgehende Drehzahlregelung, hohes Anzugsmoment, sanftes Anfahren und Anpassung der Drehzahl an die Belastung verlangt wird, das ist beispielsweise beim Antrieb von Pressen, Pumpen, Verdichtern, Förder- und Hubwerken, Lüftern usw. Die Abb. 4 gibt die Ansicht eines solchen Motors.

Eine einfache Drehzahlregelung durch Bürstenverschiebung läßt sich auch bei einer Einphasentype erzielen. Es ist dies der sogenannte *Repulsionsmotor*. Bei diesem stehen Ständer und Läufer nicht leitend in Verbindung, sondern nur transformatorisch, indem der Läufer nach Abb. 5 durch ein Bürstenpaar kurzgeschlossen wird. Denkt man sich die Ständerwicklung in zwei Komponenten senkrecht und parallel zur Bürstenachse zerlegt, so sieht man, daß die eine Wicklung T mit der Läuferwicklung einen Transformator bildet, im Läufer also einen Strom induziert, der nun mit der zweiten Wicklung E das Drehmoment entwickelt. Die Drehzahlregelung erfolgt durch Bürstenverschiebung. Die Kennlinien zeigt die Abb. 6 Die Stromwendung ist wegen der Unmöglichkeit des Einbaues von Wendepolen verhältnismäßig schlecht. Sie ist am besten in der Nähe des synchronen Laufes und verschlechtert sich besonders bei Betrieb über der synchronen Drehzahl.

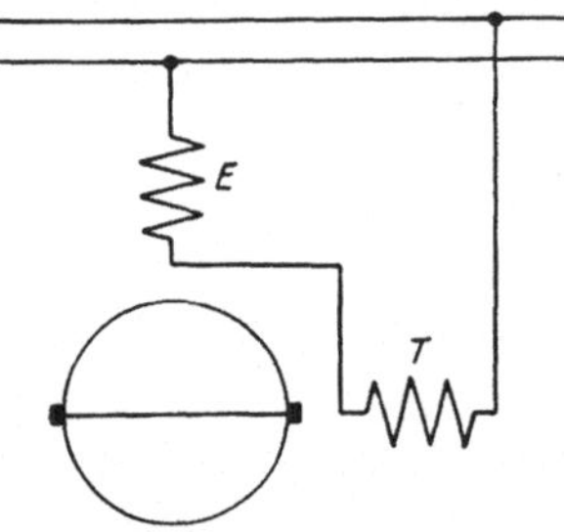
Abb. 5 Schaltung des Repulsionsmotors

Als Anwendungsgebiet kommen vorzugsweise Spinnereimaschinen, Aufzüge und Krane in Frage.

Die Wechselstrom-Kommutatormaschinen können auch mit Nebenschlußcharakteristik gebaut werden. So wird vielfach der *Drehstrom-Nebenschlußmotor* verwendet, dessen Kennlinien dem Gleichstrom-Nebenschlußmotor ähneln und der daher auch dem Asynchronmotor sehr nahe kommt. Gegenüber dem letzteren hat er aber den Vorteil der Drehzahlregelung wie der Gleichstrom-Nebenschlußmotor.

Der Drehstrom-Nebenschlußmotor wird in zwei Hauptbauformen hergestellt, als ständergespeister und als läufergespeister Motor.

Der *ständergespeiste Motor* erhält einen normalen Drehstromständer und einen Stromwenderläufer mit einem Drehstrombürstensatz. Den Bürsten wird eine nach Größe und Phasenlage veränderliche Spannung von Netzfrequenz zugeführt. Diese Spannung kann von Anzapfungen der Ständerwicklung oder von ihr transformatorisch abgenommen werden. Ein zwischen Netz und Bürsten angeordneter Drehregler kann im zweiten Fall die Anzapfungen der Sekundärwicklung ersetzen. Schließlich kann dieser Drehregler auch die Speisung des Läufers allein durchführen.

Beim *läufergespeisten Motor* arbeitet die Ständerwicklung als Sekundärwicklung, die von der Stromwenderwicklung des Läufers gespeist wird. Der Läufer trägt dann noch eine zweite Wicklung, die über Schleifringe an das Netz geschaltet wird. Der Stromwender hat zwei Drehstrombürstensätze, die mit den Wicklungsenden der Ständerwicklung verbunden sind und gegeneinander verdreht werden können. Dadurch wird die für die Ständerwicklung abgenommene Spannung geändert und eine Drehzahlregelung erzielt.

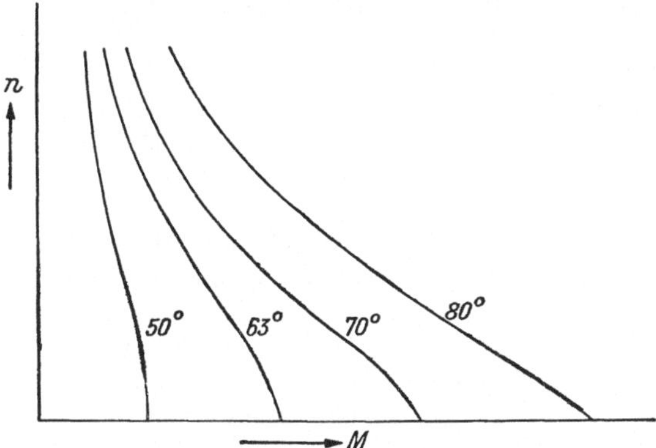

Abb. 6 Drehzahl-Drehmomentenkurven des Repulsionsmotors bei verschiedenen Bürstenstellungen

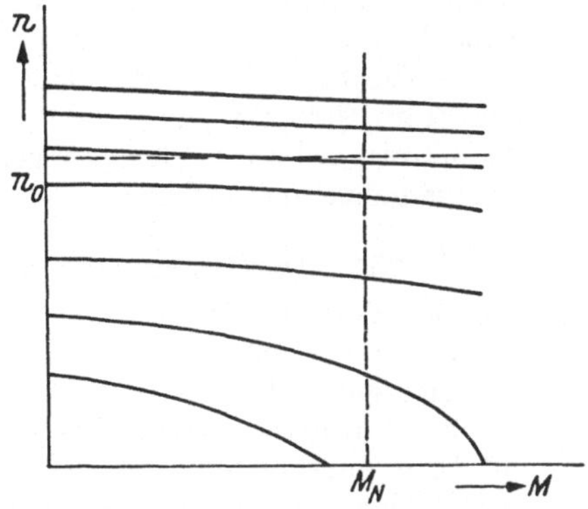

Abb. 7   Kennlinien eines ständergespeisten Nebenschlußmotors

Der Vorteil der läufergespeisten Bauart liegt darin, daß diese für die feinstufige Drehzahlregelung keinen Drehregler benötigt. Dagegen kann der ständergespeiste Motor auch bei Hochspannung direkt ans Netz angeschlossen werden.

Die Kennlinien eines ständergespeisten Nebenschlußmotors zeigt die Abb. 7 an Hand eines Ausführungsbeispieles. Das Anlaufdrehmoment ist vom Windungsübersetzungsverhältnis zwischen Läufer- und Ständerwicklung abhängig und wächst mit diesem. Gleichzeitig sinkt dabei aber auch der Anlaufstrom, wenn der Leerlaufschlupf nur groß genug ist. Bei großen Leistungen werden Anlaßwiderstände erforderlich.

§ 352 Ausnützung der magnetischen Wirkungen des elektrischen Stromes

Jeder elektrische Strom erzeugt in seiner Umgebung ein magnetisches Feld. Da dieses eindeutig durch die Stromstärke bestimmt ist, ist es vorteilhaft, magnetische Felder mittels stromdurchflossener Spulen zu erzeugen. Durch entsprechende Dimensionierung dieser Spulen lassen sich so in Elektromagneten sehr starke Magnetfelder herstellen. Über die Berechnung solcher Felder ist in § 232 bereits das Wesentliche gesagt worden. Den Hauptanteil für die Durchflutung liefert der Luftspalt, den man also trachtet, so klein als möglich zu halten. Zur Erzeugung sehr großer Feldstärken, die zur Untersuchung der magnetischen Eigenschaften der Stoffe notwendig sind, werden die Polschuhe zugespitzt, damit sich dort der magnetische Fluß zusammenschnürt und so eine Steigerung der Feldstärke hervorruft. Die

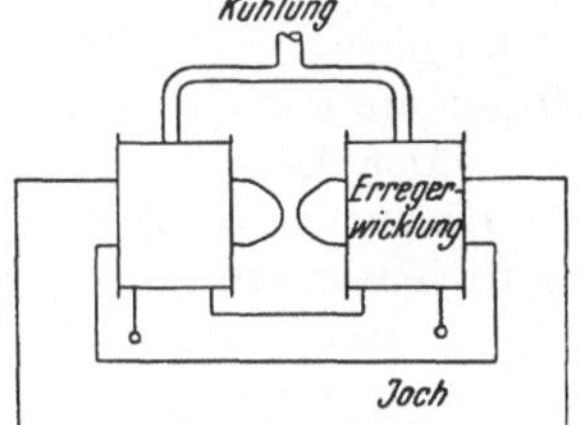

Abb. 1   Elektromagnet (schematisch)

vom Elektromagnet, der mit Gleichstrom betrieben wird, aufgenommene Leistung wird nach dem Einschaltvorgang vollständig in Wärme umgewandelt. Es bestehen dann oft beträchtliche Schwierigkeiten in der Beherrschung der Wärmeentwicklung, die bei großen Magneten eine künstliche Kühlung notwendig macht. Eine grundsätzliche Ansicht eines solchen Elektromagneten zeigt die Abb. 1.

Sehr weit verbreitet ist die Verwendung des Elektromagneten als Kraftquelle zur Betätigung der verschiedensten Antriebsgestänge. In den Luftspalt taucht dann ein Anker, der beim Erregen des Magneten angezogen wird und damit das Gestänge betätigt. Eine Feder oder das Eigengewicht bringt den Anker nach Unterbrechen des Erregerstromes wieder in die Ausgangslage zurück. Je nach Ausbildung und Lagerung des Ankers unterscheidet man Hubmagnete, Drehmagnete, Topfmagnete usw. Oft dient auch der Anker nur zur Betätigung von Schaltkontakten, wie bei den Schützen, Selbstschaltern und Relais. Dabei dienen die Schützen und Selbstschalter zum selbsttätigen Aus- und Einschalten von Hauptstromkreisen, während die präzise arbeitenden Relais meist Hilfsstromkreise schalten, die von bestimmten Werten einzelner Betriebsgrößen abhängig gemacht werden.

§ 353 Ausnützung der Wärmewirkung des elektrischen Stromes

Nach dem Jouleschen Gesetz (§ 2223) wird in jedem Leiter Wärme erzeugt, wenn er von einem elektrischen Strom durchflossen wird. Die entstehende Wärme ist dem Quadrat der Stromstärke und dem Widerstand des Leiters verhältnisgleich. Will man also auf elektrischem Wege Wärme erzeugen, so kann man das mit Hilfe entsprechend ausgelegter Widerstände tun und hat dabei den Vorteil, den Widerständen jede beliebige Gestalt geben zu können. Die elektrische Erzeugung von Wärme in Widerständen wird daher in der Technik sehr weitgehend angewandt.

Ein wichtiges Anwendungsbeispiel sind die *Schmelzsicherungen*, das sind in die Leitungen verlegte, kurze Leiterstücke mit genau bemessenem Querschnitt, die sich bei einer bestimmten Stromstärke so stark erwärmen, daß sie durchschmelzen und damit den anschließenden Stromkreis von der Stromquelle selbsttätig abschalten. Dadurch wird es möglich, Leitungsabschnitte und Geräte vor den gefährlichen Auswirkungen der Kurzschlußströme zu schützen. Die Bemessung der Sicherungen muß so erfolgen, daß sie beim Erreichen einer für die angeschlossene Leitung oder das angeschlossene Gerät gefährlichen Stromstärke in entsprechend kurzer Zeit durchschmelzen. Die Abschmelzstromstärken sind genormt.

Eine weitere Anwendung in der praktischen Technik erhält das Joulesche Gesetz beim elektrischen *Heizen* und *Kochen*. Das hier verwendete Widerstandsmaterial muß folgenden Bedingungen genügen:

1. Der spezifische Widerstand soll möglichst groß sein, damit zur Erzielung des erforderlichen, vergleichsweise großen Gesamtwiderstandes nicht zu viel Raum notwendig wird, was die Anwendbarkeit der Widerstandsheizung in vielen Fällen unmöglich machen würde.

2. Der Temperaturkoeffizient (s. § 2221) soll möglichst klein sein. Da sich die Heizwiderstände stark erwärmen sollen, würde bei größerem Temperaturkoeffizienten ein großer Unterschied zwischen kaltem und warmem Zustand auftreten. Beim Einschalten würde also ein sehr großer, unzulässiger Stromstoß auftreten, der infolge seines kurzschlußartigen Charakters die Sicherungen oder Sicherheitsschalter zum Auslösen brächte.

3. Das verwendete Material muß wegen der hohen auftretenden Temperaturen einen entsprechend hohen Schmelzpunkt haben.

Diesen Bedingungen entsprechen Legierungen aus Nickel, Eisen, Chrom und Mangan, die in verschiedenen Mischungsverhältnissen verarbeitet werden.

Die Elektrowärme wird heute auch in den verschiedensten Industrien wegen ihrer Sauberkeit und leichten Regulierbarkeit mit Vorteil verwendet. Im besonderen werden auch elektrische Schmelzöfen in der Hüttentechnik dort verwendet, wo die Verunreinigungen durch das Brennmaterial den Schmelzprozeß ungünstig beeinflussen. Diese Öfen sind Widerstandsöfen, Lichtbogenöfen oder Induktionsöfen. Bei den Widerstandsöfen wird meist das Schmelzgut selbst als Widerstandsmaterial verwendet, indem es direkt in den Stromkreis eingeschaltet wird. In den Lichtbogenöfen wird die erforderliche Hitze durch einen elektrischen Lichtbogen erzeugt, der zwischen Elektroden und dem Schmelzgut eingeleitet wird (Elektroofen). Die Induktionsöfen sind schließlich nach dem Transformatorprinzip gebaute Geräte, bei denen das in einer geschlossenen Rinne befindliche Schmelzgut die somit aus einer Windung bestehende Sekundärwicklung eines Transformators bildet, dessen Übersetzungsverhältnis so groß ist, daß der im Schmelzgut induzierte Strom ausreicht, um es zum Schmelzen zu bringen.

Ein weiteres, sehr wichtiges Anwendungsgebiet der elektrischen Wärmeerzeugung ist das *elektrische Schweißen*. Man unterscheidet hier im wesentlichen zwei Verfahren, die Lichtbogenschweißung und die Widerstandsschweißung.

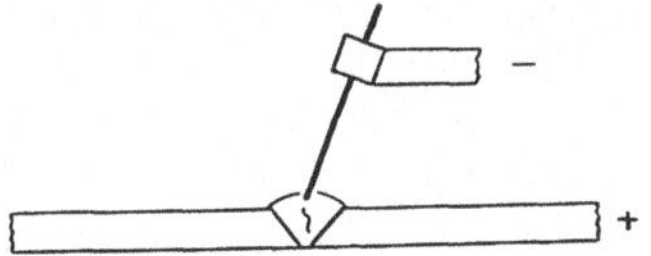

Abb. 1   Lichtbogenschweißung

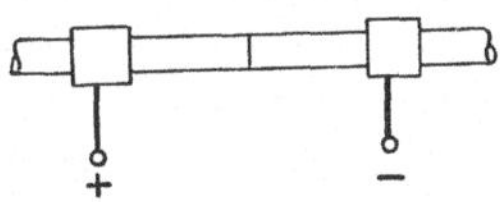

Abb. 2   Stumpfschweißung

Bei der *Lichtbogenschweißung* wird, wie die Abb. 1 zeigt, der Zwischenraum zwischen den Schweißstücken dadurch ausgefüllt, daß ein Schweißdraht aus geeignetem Material durch Ziehen eines Lichtbogens zum Schmelzen gebracht wird.

Bei der *Widerstandsschweißung* unterscheidet man wieder grundsätzlich zwei Verfahren, die Stumpfschweißung und die Punktschweißung.

Zur *Stumpfschweißung* werden die zu verbindenden Werkstücke nach Abb. 2 stumpf aneinandergepreßt und von einem sehr hohen Strom durchflossen. Der Übergangswiderstand an der Berührungsstelle genügt zur Erzeugung einer ausreichenden Schweißtemperatur.

Die *Punktschweißung*, die hauptsächlich für blechförmige Werkstücke in Frage kommt, arbeitet ähnlich wie die Nietung quer zum Werkstück. Nach Abb. 3 werden die übereinandergeschobenen Bleche durch zwei Stempel aneinandergepreßt und durch sie wieder ein kurz andauernder, sehr hoher Strom geleitet. An der Übertrittsstelle des Stromes zwischen den beiden Blechen entsteht infolge des Übergangswiderstandes eine „punktförmige" Schweißung. Durch Aneinanderreihen solcher Schweißpunkte oder durch Ersatz der Stempel durch Rollen und des dann möglichen kontinuierlichen Durchziehens der Bleche ergeben sich geschlossene Schweißnähte.

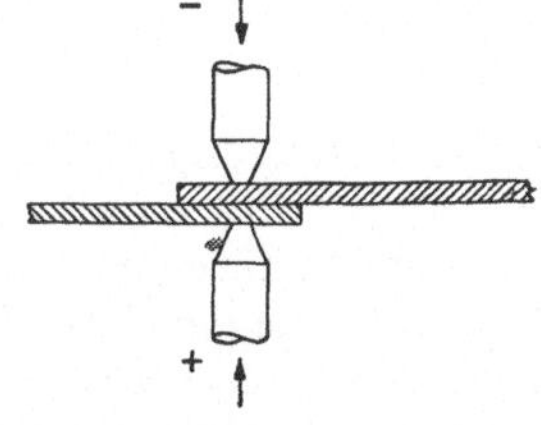

Abb. 3   Punktschweißung

Die beim elektrischen Schweißen verwendeten Stromstärken liegen in der Größenordnung von 10000 bis 100000 Ampere und darüber, die Spannungen bei 0,5 ... 10 Volt.

§ 354   Ausnützung der chemischen Wirkungen des elektrischen Stromes

Die chemischen Wirkungen des elektrischen Stromes werden in mehrfacher Weise industriell ausgenützt. Hier ist vor allem die *Elektrolyse* von Bedeutung. Sie ermöglicht es, Metalle wie Kupfer, Silber, Nickel, Aluminium, Eisen, Natrium, Uran usw. in höchster Reinheit aus ihren Salzen oder Oxyden zu gewinnen. Man kann auch durch Analyse Rohmetalle raffinieren. Wichtig ist ferner die Gewinnung von Gasen, wie Wasserstoff, Sauerstoff, Stickstoff usw. Auch zur Gewinnung von Verbindungen können elektrolytische Verfahren mit Vorteil angewandt werden (Elektrosynthese).

Ein weiteres, größeres Anwendungsgebiet bildet die sogenannte *Galvanotechnik*. Dabei handelt es sich um die elektrolytische Herstellung von metallischen oder nichtmetallischen Überzügen. Diese sind entweder festhaftende, dünne metallische oder nichtmetallische Überzüge auf Metall zur Verschönerung oder Veredelung (z. B. Härtung oder Korrosionsschutz) des Grundmetalles (Galvanostegie), oder dicke Überzüge, die nach dem Verfahren abgehoben werden und selbständige Verwendung finden (Galvanoplastik).

Die erforderlichen Elektrizitätsmengen errechnen sich sehr einfach nach dem Faradayschen Gesetz (§ 2232); die angewandten Stromdichten liegen bei der Galvanostegie etwa bei 0,001 ... 0,01 A/cm².

Die Galvanoplastik hat ihre Hauptbedeutung für die graphische Industrie zur Nachbildung von Autotypien, Holzschnitten, Schriftsätzen, zur Erzeugung von Druckwalzen, Prägeplatten, Druckplatten, Matrizen u. dgl.

Die Elektrochemie ist natürlich in erster Linie eine Domäne des Gleichstromes. Kennzeichnend sind dabei das Auftreten vergleichsweise hoher Ströme und niedriger Spannungen. Meist handelt es sich ferner um gleichmäßige Belastungen mit hoher Benützungsdauer.

§ 4 Die elektrischen Anlagen
§ 41 Zentralen
§ 411 Allgemeines

Die Erzeugung elektrischer Energie im großen erfolgt in den Zentralen. In diesen wird die anfallende Rohenergie in elektrische Energie umgeformt. Je nach der Primärenergie unterscheidet man dann Wasserkraft-, Wärmekraft- und Windkraftanlagen. Der primäre Energieträger treibt eine oder mehrere Antriebsmaschinen (Wasserturbinen, Dampfmaschinen, Dampf- und Gasturbinen, Dieselmotoren, Windräder usw.), die mit elektrischen Generatoren gekuppelt sind. Die in diesen erzeugte elektrische Energie muß nun gesammelt, verteilt, fortgeleitet und gemessen werden. Dazu sind eine Reihe von Einrichtungen notwendig, die den Schaltanlagenteil der Zentrale ausmachen und die von der Höhe der Spannung, der Größe der Leistungen, der Stromart und der Bedeutung der Anlage, sowie ihrer Lage abhängen. Man unterscheidet demgemäß Hoch- und Niederspannungsanlagen, Gleich-, Wechsel- und Drehstromanlagen, Anlagen der öffentlichen Versorgung, Bahnanlagen, Industrieanlagen usw.

Die *Gleichstromanlagen* sind im allgemeinen Anlagen kleineren Umfanges, da der Gleichstrom heute wegen der Schwierigkeiten des Leistungstransportes (niedrige Spannungen wegen der Unmöglichkeit einer direkten Spannungstransformation) nur für Sonderaufgaben in Frage kommt, wo dann vorteilhafter seine Umformung aus dem allgemeinen Wechselstrom- oder Drehstromnetz vorgenommen wird. Typische Anwendungsgebiete sind chemische Betriebe, Straßen- und Vorortebahnen, in manchen Fällen Vollbahnen, Betriebe, wo eine elektrische Energiespeicherung (in Akkumulatoren) notwendig ist usw. In neuerer Zeit wird dagegen vielfach auch das Problem der Leistungsübertragung über sehr große Entfernungen untersucht, das offenbar mittels hochgespannten Gleichstromes sehr wirtschaftlich gelöst werden kann. Aber auch hier wird der Gleichstrom nicht direkt, sondern über Gleichrichter erzeugt.

Einphasen-Wechselstromanlagen sind in den meisten Fällen Bahnanlagen mit einer Periodenzahl von $16^2/_3$ Hz. Die Vollbahnen werden zum überwiegenden Teil mit dieser Stromart betrieben, die sowohl die Überbrückung größerer Entfernungen gewährleistet als auch die Verwendung gut regelbarer und sicher kommutierender Kollektormaschinen gestattet.

Wird ausnahmsweise Einphasenstrom mit Industriefrequenz von 50 Hz (Beleuchtung, Haushaltwärmegeräte) verwendet, so wird er fast ausschließlich durch Aufspalten von Drehstrom in drei Einphasenkreise gewonnen. Die Einphasen-

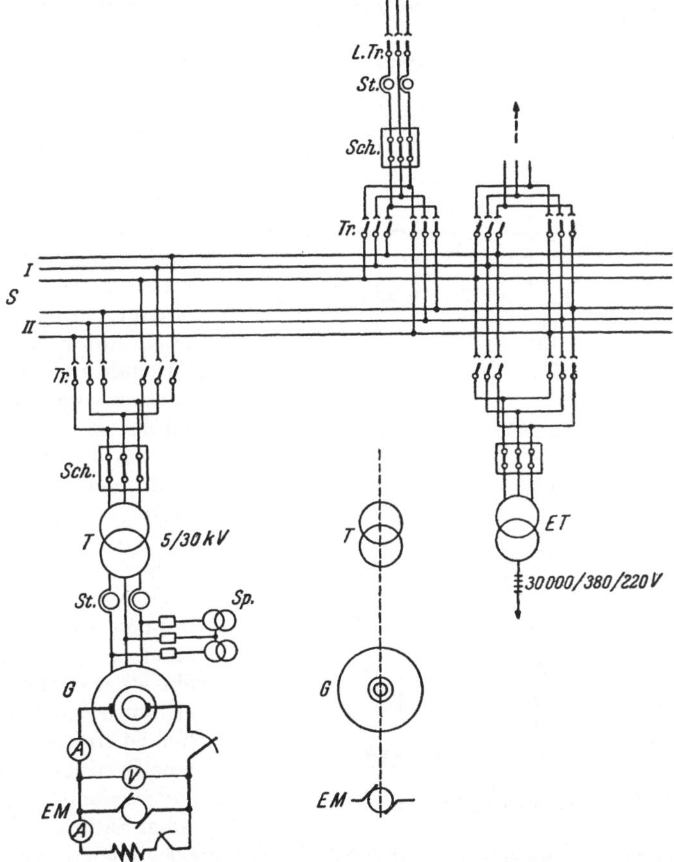

Abb. 1 Generelles Schaltbild einer Drehstromzentrale

anlagen werden im übrigen nach den sinngemäß angewandten, für Drehstromanlagen geltenden Gesichtspunkten ausgelegt.

Die *Drehstromanlagen* sind die am häufigsten anzutreffenden, da das Drehstromsystem sowohl bei der Erzeugung als auch der Fortleitung und Verwertung elektrischer Energie am rationellsten ist. Mit Ausnahme der bahneigenen Einphasenzentralen sind daher die meisten Elektrizitätswerke Drehstromwerke mit der genormten Frequenz von 50 Hz (in Amerika 60 Hz).

Grundsätzlich umfassen die elektrischen Zentralen drei Hauptteile, die Maschinen, die Transformatoren und die Schaltanlage. Dazu treten dann noch je nach der Art der Zentrale mehr oder minder umfangreiche Nebenanlagen. In der Abb. 1 ist ein generelles Schaltbild einer solchen Anlage gezeichnet. Es enthält zunächst nur die grundsätzlich notwendigen Teile. Das Bild zeigt eine Anlage mit zwei Drehstromgeneratoren G und ihren Erregermaschinen EM. Ein Haupt- und ein Nebenschlußregler erlaubt die feinstufige Spannungsregelung. Die Generatoren sind mit einer Spannung von 5000 Volt ausgelegt. Sie speisen je einen Transformator T, der die Spannung auf 30 kV erhöht. In die Verbindungsleitung sind zwei Stromwandler St geschaltet, die den Strom auf einen für die Meßgeräte vorteilhaften Wert transformieren und die Hochspannung vom Meßkreis fernhalten. Dem gleichen Zweck dienen die über Sicherungen angeschlossenen Spannungswandler Sp zur Speisung der Spannungsmesser und der Spannungsspulen von Leistungsmessern, Zählern usw.

Hinter dem Transformator liegt ein Leistungsschalter Sch, der es gestattet, den ganzen Abzweig auch unter Belastung abzuschalten. Die Leistungen jedes zu speisenden Generators werden nun nicht einzeln an die abgehenden Leitungen abgegeben, sondern vorerst gesammelt, wozu die Sammelschienen S dienen. Diese werden bei wichtigeren Anlagen immer doppelt angeordnet, damit einerseits eine Umschaltung einzelner Abnehmer auf bestimmte Generatoren möglich ist und anderseits auch eine Betriebsunterbrechung vermieden wird, wenn an einer Sammelschiene Arbei-

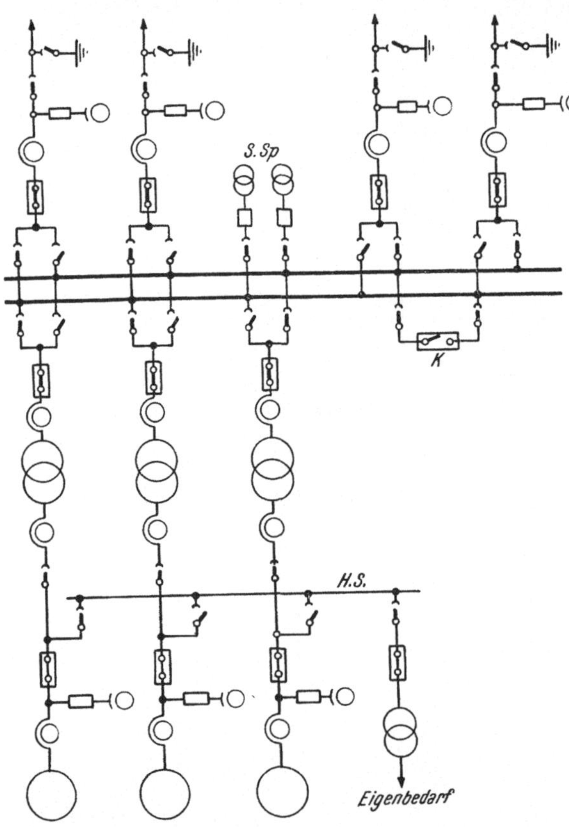

Abb. 2 Einpoliges Schaltbild

ten ausgeführt werden müssen. Zur Auswahl der Sammelschienen dienen die Trennschalter Tr, die nur im stromlosen Zustand geschaltet werden dürfen. Sie sind weiters notwendig, um den ganzen Abzweig spannungslos zu machen, wenn etwa eine Überholung des Leistungsschalters erforderlich ist, ohne daß dabei die Sammelschienen außer Betrieb genommen werden müßten.

Für die abgehenden Leitungen sind wieder Wahltrennschalen Tr, ein Leistungsschalter, Meßwandler und ein zusätzlicher Leitungstrennschalter LTr erforderlich. Letzterer verhindert, daß bei Arbeiten am Leitungsabzweig Spannungen durch Rückspeisung oder atmosphärische Einwirkung in die Anlage gelangen.

Ein wichtiger Anlageteil ist ferner die Eigenbedarfsversorgung. Sie wird meist durch einen Eigenbedarfstransformator ET gebildet, der wie vor über Wahltrennschalter und einen Leistungsschalter an die Sammelschienen angeschlossen wird. Er transformiert auf Niederspannung 380/220 Volt und dient zur Versorgung der Stromkreise für die Hilfseinrichtungen, Beleuchtung der Zentrale usw.

Das in der Abb. 1 gezeigte Schaltbild enthält alle Phasen der Anlage; ein solches Schaltbild ist für die endgültige Ausführung an Ort und Stelle, für die Beurteilung späterer Änderungen und für Prüfungen und Messungen jeder Art unerläßlich. Zur Erzielung größerer Übersichtlichkeit und für den ersten Entwurf verwickelter Schaltungen wird das Schaltbild auch gern nur einpolig gezeichnet. Ein solches einpoliges Schaltbild zeigt beispielsweise die Abb. 2. Hier sind die Generatorabzweige noch über eine Hilfsschiene HS verbunden, so daß die Generatoren ausnahmsweise auch auf die anderen Transformatoren arbeiten können, wenn etwa der eigene Transformator überholt wird oder defekt ist. Die Doppelsammelschienen können hier ferner durch einen Kuppelschalter K verbunden werden, so daß auch während des Betriebes, ohne Unterbrechung desselben, ein Sammelschienenwechsel möglich ist. Die abgehenden Leitungen erhalten zusätzliche Erdungstrennschalter, die bei abgeschalteter Leitung das Leitungsende an Erde zu legen gestatten, wodurch bei Arbeiten am Abzweig eine zusätzliche Sicherheit gegen gefährliche Berührungsspannungen erzielt wird. An den Sammelschienen sind Sammelschienenspannungswandler S.Sp zur gemeinsamen Spannungsmessung angeordnet.

Für den Betrieb der Zentrale sind noch folgende Einrichtungen von wesentlicher Bedeutung: Spannungs- und Leistungsregel-, Parallelschalt- und Überwachungs- bzw. Steuereinrichtungen.

Die *Spannungsregelung* erfolgt durch Steuerung der Erregung der Generatoren. Die erste Einstellung geschieht dabei durch Verstellung der Nebenschluß- und Hauptstromregler der Erregermaschinen bzw. bei Gleichstromgeneratoren in der Erregerwicklung desselben von Hand aus. Die während des Betriebes durch Belastungsänderungen entstehenden Spannungsschwankungen werden aber bei halbwegs bedeutenden Anlagen automatisch ausgeregelt. Zu diesem Zwecke werden passende, in den Erregerstromkreis geschaltete Widerstände durch selbsttätig wirkende Apparate mit möglichst großer Geschwindigkeit so lange verstellt, bis die Spannung wieder ihren Sollwert erreicht hat. Diese Schnellregler besitzen zu diesem Zweck eine Spannungsspule, die den Istwert der Spannung feststellt und beim Vergleich mit dem einstellbaren Sollwert bei einer Abweichung ein mechanisches oder hydraulisches Getriebe zur Widerstandsverstellung betätigt oder dessen Betätigung einleitet. Zusätzliche Einrichtungen (Rückführung, elastische Zwischenglieder od. dgl.) verhindern eine Überregulierung oder ein Pendeln. Der Sollwert kann von Hand aus eingestellt werden; er wird häufig auch insofern veränderlich gemacht, als er noch von anderen Größen abhängig gehalten wird, wie z. B. vom Belastungsstrom oder deren Komponenten, womit eine Spannungsabhängigkeit von der Belastung erzielt wird (höhere Spannung bei stärkerer Belastung zur Kompensation des höheren Spannungsabfalles).

In sinngemäßer Form kann auch eine Leistungsregelung durchgeführt werden, wobei vor allem eine Blindleistungsregelung wieder durch Einwirken auf den Spannungsregler erzielt wird, während die Belastungsregelung dem Drehzahlregler der Antriebsmaschine zugewiesen wird. Während ja die Blindleistung der Synchrongeneratoren durch deren Erregung bestimmt wird, kann die Wirkbelastung nur über die Betriebsmittelzufuhr zur Antriebsmaschine eingestellt werden. Zu jeder Öffnung des das Betriebsmittel zuführenden Ventiles gehört eine bestimmte Wirkleistung als elektrisches Äquivalent zur von der Antriebsmaschine abgegebenen mechanischen Leistung. Es ist in diesem Zusammenhang interessant, den Vorgang beim Parallelschalten, Be- und Entlasten von Generatoren zu betrachten.

Es soll dazu angenommen werden, daß bereits einzelne Generatoren auf die Zentralensammelschiene arbeiten oder diese in Parallelarbeit mit anderen Zentralen bereits unter Spannung steht. Um in einer Gleichstromzentrale einen Generator zuzuschalten, ist zunächst die Antriebsmaschine anzulassen und auf die Nenndrehzahl zu bringen. Darauf ist der Generator zu erregen, bis die Sammelschienenspannung erreicht ist. Unter der Annahme, daß die Polarität stimmt, was ja bei der ersten Inbetriebnahme der Zentrale überprüft wurde, kann jetzt der Generatorschalter geschlossen werden, worauf der Generator am Netz hängt, zunächst aber noch keine Leistung abgibt. Der Vorgang, der nun zu einer Belastung führt, ist verschieden, je nachdem die Antriebsmaschine mit einem selbsttätigen Drehzahlregler ausgerüstet ist oder nicht. Ist ein Drehzahlregler nicht vorhanden, dann muß das Einlaßventil von Hand aus weiter geöffnet werden. Damit steigt die Drehzahl und die Maschine gibt mehr Leistung ab. Gleichzeitig erhöht sich auch die im Anker des Generators induzierte EMK und der Belastungsstrom. Drehzahlerhöhung und Stromstärke spielen sich so ein, daß der Spannungsverlust im Generator wieder zur gleichen Klemmen- bzw. Sammelschienenspannung führt wie vorhin, da angenommen sei, daß das übrige Netz oder die übrigen Generatoren so leistungsfähig sind, daß die Sammelschienenspannung starr gehalten wird. Ist dies nicht der Fall, dann ändert sich auch die Sammelschienenspannung mehr oder weniger. Erhöht man jetzt die Erregung, dann geht die Drehzahl wieder zurück, da die abgebbare Leistung jetzt schon bei kleinerer Drehzahl zustande kommt.

Verlangt das Netz während der Betriebszeit eine größere oder kleinere Leistung, so kann bei der nicht drehzahlgeregelten Maschine einer solchen Änderung nur durch manuellen Eingriff am Einlaßventil entsprochen werden. Bleibt dieses in seiner bisherigen Stellung, so ändert sich die Drehzahl oder die Spannung unter Verbleib der Leistungsgröße.

Besitzt die Antriebsmaschine einen automatischen Drehzahlregler, was die Regel darstellt, dann ist der Vorgang ein grundsätzlich anderer. Wird jetzt die Erregung verstärkt, so ist die unmittelbare Folge eine Erhöhung der induzierten EMK und damit der Stromlieferung. Die gelieferte Leistung steigt also an und in gleichem Maße würde die Drehzahl sinken. Sofort greift jetzt der Drehzahlregler ein und öffnet das Einlaßventil solange, bis die Solldrehzahl wieder erreicht ist. Jede Belastungsänderung kann also willkürlich durch die Erregung eingestellt werden. Dasselbe spielt sich auch ab, wenn das Netz während des Betriebes einmal eine größere Leistung verlangt. Der dadurch hervorgerufene Drehzahlabfall wird sofort vom Drehzahlregler wettgemacht. Das sinngemäß Umgekehrte gilt natürlich im Falle einer Entlastung. Die ruhige, stoßlose Außerbetriebnahme eines Generators erfolgt dementsprechend durch vorhergehende Entlastung entweder durch Verkleinern der Erregung oder Schließen des Einlaßventiles.

Bei Synchrongeneratoren ist der Vorgang ein wesentlich anderer. Nach dem Anlauf und der Erregung auf Netzspannung ist hier ein Zuschalten noch keineswegs gestattet. Es muß vielmehr noch die Drehzahl der Umdrehungsgeschwindigkeit des Drehfeldes entsprechen und die Phasenspannungen des Generators mit jenen des Netzes phasengleich sein. Ist ein zu großer Drehzahlunterschied vorhanden, dann laufen die Generator- und Netzphasen auseinander und die Maschine fällt wieder außer Tritt. Bei Phasenunterschieden würden — natürlich auch bei synchronem Lauf — beim Zuschalten Stoßbeanspruchungen entstehen, die bei Phasenopposition schwerste, kurzschlußartige Folgeerscheinungen mit sich brächten. Zur Überprüfung der Gleichphasigkeit bedient man sich der Synchronisierungsschaltungen. Im wesentlichen handelt es sich dabei nach der Abb. 3 darum, festzustellen, ob in gleichen Phasen zwischen Netz und Generatoren eine Potentialdifferenz besteht. Dazu dienen die „Phasenlampen" L, die bei Gleichphasigkeit dunkel brennen. Während des Synchronisierungs-vorganges brennen (bei gleichen Spannungen) die Lampen abwechselnd hell und dunkel, nämlich zwischen der Spannung Null und der doppelten Phasenspannung. Die Folge hell-dunkel wechselt um so rascher, je größer die Differenz zwischen Maschinendrehzahl und Drehgeschwindigkeit des Netzsystems ist. Durch Ein-flußnahme auf die Maschinendrehzahl kann diese Differenz beliebig verkleinert werden, so daß die Perioden hell und dunkel schließlich sehr lange werden. Beim Dunkelwerden der Lampen kann dann zugeschaltet werden. An Stelle der Lampen verwendet man auch mit Vorzug ein „Nullvoltmeter", das für doppelte Spannung ausgelegt ist und in der Nähe des Nullpunktes eine weit auseinandergezogene Skalenteilung aufweist. Damit kann jetzt eine sehr genaue Phasengleichheit festgestellt werden.

An Stelle der beschriebenen „Dunkelschaltung" kann auch durch Kreuzen der Lampenanschlüsse eine „Hellschaltung" verwendet werden, bei der die Lampen bei Phasengleichheit am hellsten brennen. Die Hell-schaltung wird aber heute nicht mehr angewandt, da der Zeitpunkt größter Helligkeit nicht sicher fest-stellbar ist.

In der praktischen Ausführung werden die Phasen-lampen natürlich nicht direkt, sondern über Spannungs-wandler angeschlossen. Man hat auch Geräte gebaut, die angeben, ob das Generatordrehfeld zu langsam oder zu rasch läuft (Synchronoskop). Auch selbst-tätige, rasch arbeitende Synchronisiereinrichtungen wurden entwickelt.

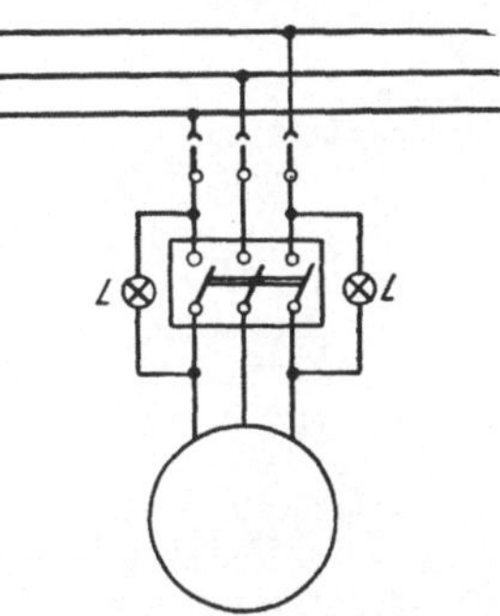

Abb. 3 Synchronisierungsschal-tung für Drehstromgeneratoren

Ist die Synchronmaschine an das Netz angeschlossen, dann läuft sie zunächst wieder leer. Eine Belastung kann auch hier nur durch weiteres Öffnen des Einlaß-ventiles zur Antriebsmaschine erfolgen. Eine Vergrößerung der Erregung ergibt zwar eine höhere innere EMK und macht einen entsprechenden Spannungsabfall bis zur gleichbleibenden Netzspannung notwendig, doch kann der diesen ver-ursachende Strom nur ein Blindstrom sein. Jede Änderung der Erregung ergibt also eine Änderung in der Blindbelastung der Maschine, ändert also deren Leistungsfaktor. Das gilt nicht nur für den Leerlauf, sondern auch für jeden Wirkbelastungszustand. Dabei ergibt eine Erhöhung der Erregung eine Abgabe von induktivem oder nacheilendem Blindstrom (oder eine Aufnahme von kapazitivem Blindstrom), eine Verminderung der Erregung eine Abgabe von kapazitivem oder voreilendem Blindstrom (oder eine Aufnahme von induktivem Blindstrom). Jede übererregte Synchronmaschine (ob Generator oder Motor) wirkt also für das Netz wie ein Kondensator, jede untererregte wie eine Spule.

Eine Änderung in der Wirkbelastung des Synchrongenerators verlangt also einen willkürlichen Eingriff in die Treibmittelzufuhr. Ein vorhandener Dreh-zahlregler macht dies automatisch, wenn das Netz größere oder kleinere Leistung verlangt und sich damit im ersten Augenblick die Frequenz und damit die Maschinendrehzahl etwas ändert.

Die Betätigung der Schalter und Regeleinrichtungen erfolgt in kleinen An-lagen direkt von Hand aus oder mit Hilfe von elektrisch oder pneumatisch be-tätigten Steuerungen. Um dabei möglichst Fehlschaltungen zu vermeiden, die vor allem leicht dadurch zustande kämen, daß dem Bedienenden die Stellung der einzelnen Schalter nicht unmittelbar sichtbar ist, wird im Falle der Fern-bedienung diese zentral in einen eigenen Kommandoraum, die Schaltwarte, ver-legt, wo auch alle für den Betrieb wichtigen Meßgeräte untergebracht sind.

Den Schaltern werden dann Stellungszeiger zugeordnet, die den Gesamtschaltzustand der Anlage übersichtlich erkennen lassen. Dazu wird in der Schaltwarte eine Hauptschalttafel errichtet, auf der vorteilhaft ein Schaltbild der Anlage mit eingebauten Stellungszeigern untergebracht ist und das auch gleich örtlich richtig angeordnet die erforderlichen Meßgeräte erhält. Bei großen Anlagen wird manchmal das Schaltbild leuchtend ausgeführt, derart, daß die unter Spannung stehenden Anlagenteile im Schaltbild leuchtend erscheinen, während die anderen Teile dunkel bleiben. Dieses „Leuchtschaltbild" erfordert aber recht

Abb. 4 Hauptschalttafe mit Blindschaltbild und Steuerquittungsschaltern (Voitsberg)

komplizierte Hilfsschaltungen, weshalb das vorhin beschriebene „Blindschaltbild" von vielen Betriebsleuten — wenigstens für nicht zu verwickelte Schaltanlagen — bevorzugt wird. Die Verwendung solcher Schaltbilder bietet noch den Vorteil, beabsichtigte Schaltungen vorzubereiten und vor deren Ausführungen studieren zu können. Man läßt dazu die durch die vorbereitete Schaltung sich ändernden und mit dem derzeitigen Zustand nicht übereinstimmenden Anlageteile in Blinklicht erscheinen, das erst nach Rückkehr in den Ausgangszustand oder Ausführung der vorbereiteten Schaltung wieder in ruhiges Licht übergeht. Da das Blinklicht immer erscheint, wenn der tatsächliche Zustand eines Anlagenteiles mit der Stellungsanzeige im Schaltbild nicht übereinstimmt, werden selbständige Zustandsänderungen, wie beispielsweise das Fallen eines Leistungsschalters, unübersehbar gemeldet und müssen vom Schalttafelwärter zur Kenntnis genommen und quittiert werden, indem er den Stellungsanzeiger in die richtige Lage umstellt (Quittungsschalter). Häufig verwendet man auch Blindschaltbilder mit beleuchteten Stellungsanzeigern. Die Hilfsschaltungen werden dadurch einfacher, ohne daß aber die Notwendigkeit der Quittierung entfällt.

Bezüglich der Unterbringung der Schaltanlage unterscheidet man grundsätzlich zwei Hauptbauarten, die Innenanlage und die Freiluftanlage.

Bei den *Innenanlagen* sind alle Anlagenteile innerhalb gemauerter Gebäude untergebracht. Die Ausführung kann einstöckig oder mehrstöckig sein. Jeder Abzweig erhält eine eigene, von den benachbarten Abzweigen durch Wände getrennte Zelle (Zellenbauart), oder es sind alle Geräte in einer großen Halle untergebracht (Hallenbauweise). Bei der Zellenbauweise wird das Übertreten von Lichtbögen in die Nachbarzellen und damit größere Feuerentwicklung vermieden, wenn in einem Abzweig ein Kurzschluß auftritt. Am gefährlichsten wirken hier

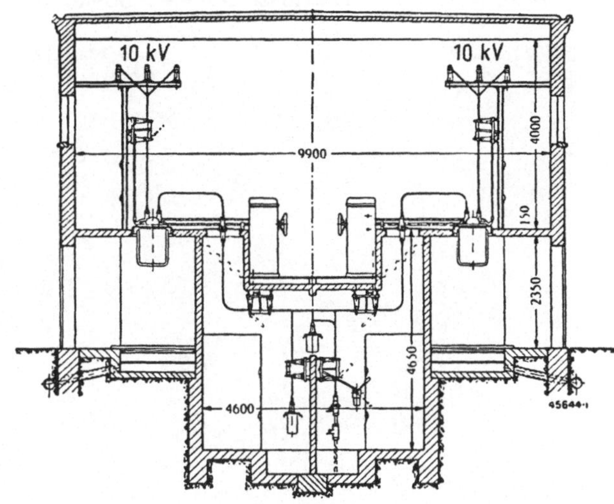

Abb. 5   Schaltanlage mit versenkten Ölschaltern

die mit Öl gefüllten Geräte, da sich das Öl leicht entzündet und dann ausgedehnte Brände und Zerstörungen hervorrufen kann. Bei Schaltanlagen mit Ölschaltern hat man daher diese auch vielfach versenkt eingebaut, so daß die

Ölkessel in eigene, tiefer liegende Räume ragen, wo ein Ölaustritt und Ölbrand ohne wesentliche Gefahr bleibt. Der sich auf Bodenhöhe befindende Ölkesseldeckel bildet den oberen Abschluß dieses Raumes. Die darüber liegende Anlage, die keine mit Öl gefüllten Apparate enthält, kann dann gefahrlos als Hallenanlage ausgeführt werden (Abb. 5). Werden auch öllose Leistungsschalter verwendet, so kann die ganze Anlage in Hallenbauform errichtet werden (Abb. 6). Die Hallenbauweise besitzt gegenüber der Zellenbauweise den Vorzug wesentlich größerer Übersichtlichkeit und des Entfalles der vielen Durchführungen der Zellenwände. Sie ist außerdem wegen des wesentlich geringeren Platzbedarfes und der geringeren baulichen Kosten billiger als die letztere.

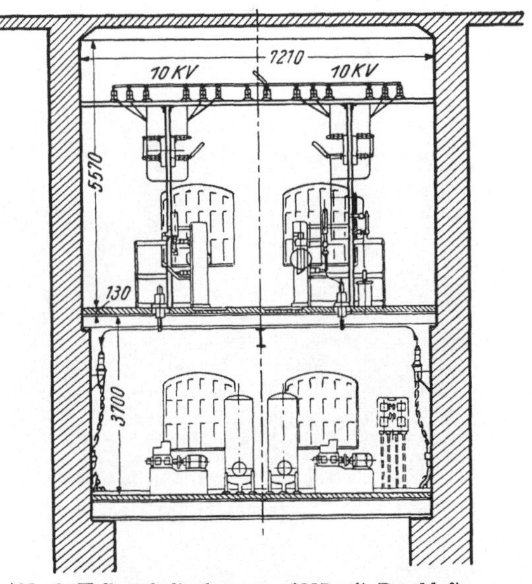

Abb. 6   Hallenschaltanlage von 1937 mit Druckluftschaltern (BBC)

Erreichen die Spannungen eine gewisse Höhe, so werden die Abmessungen der Schaltgeräte und die Isolationsabstände so groß, daß die Gebäudekosten sehr stark ansteigen und die Anlagen überaus verteuern. Von 60 bis 100 kV an wird es dann wirtschaftlicher, die Geräte für Aufstellung im Freien auszuführen und nur mehr die Generatoren in einem Gebäude unterzubringen. Zwar werden die Apparate in Freiluftausführung teurer, doch liegt diese Verteuerung wesentlich unterhalb der Ersparnisse an Gebäudekosten.

Abb. 7 Älteres 60/15 kV-Freiluftunterwerk in Hochbauart mit Gitterträgern (BBC)

Abb. 8 Freiluftunterwerk 60/15 kV in Flachbauart (BBC)

Die Freiluftanlagen wurden anfänglich in Hochbauart errichtet, indem die zu einem Abzweig gehörigen Anlagenteile auf Gitterträgern übereinander an-

geordnet wurden (Abb. 7). In neuerer Zeit geht man immer mehr zur Flach-
bauweise über, bei der die Apparate nebeneinander am Erdboden oder auf
niedrigen Sockeln angeordnet sind (Abb. 8). Die Sammelschienen sind darüber in
Form von Freileitungen ausgespannt oder werden als selbsttragende Rohrleitungen
ausgeführt. Für die Wahl der Bauart und Anordnung der Apparate sind die
örtlichen Verhältnisse, Bodenpreise, Platzbedarf, Anzahl und Richtung der abgehenden Freileitungen und nicht zuletzt Geschmacksströmungen maßgebend.

§ 412 Wasserkraftanlagen

Bei den Wasserkraftanlagen unterscheidet man je nach der Fallhöhe des
ausgenützten Wassers zwischen Nieder-, Mittel- und Hochdruckanlagen. Die

Abb. 1 Flußkraftwerk (Schwabeck)

Fallhöhe bestimmt zusammen mit der sekundlich zur Verfügung stehenden
Wassermenge die Bauart der Wasserturbine. Im allgemeinen gehören zu den
oben genannten Anlagentypen der Reihe nach die Turbinenbauarten Kaplan-
turbine, Franzisturbine und Peltonrad, doch sind keine starren Grenzen angeb-
bar. Die Niederdruckanlagen sind ferner entweder Flußkraftwerke, wenn das
Maschinenhaus dicht hinter der Stauanlage im Flußbett angeordnet ist, oder
Kanalkraftwerke, wenn hinter der Stauanlage ein längerer Kanal angeschlossen
wird, an dessem Ende das Kraftwerk liegt (Abb. 1 und 2). In neuerer Zeit baut
man auch Flußkraftwerke, bei denen die Turbinen und Generatoren in die
Pfeiler der Stauanlagen eingebaut sind (Abb. 3).

Beim Hochdruckwerk (Abb. 4) wird das Wasser meist in einem hochgelegenen,
natürlichen oder künstlichen See aufgestaut, über einen geschlossenen Stollen
an einen geeigneten Platz mit entsprechendem Gefälle geleitet und von dort
durch eine Druckrohrleitung den Turbinen zugeführt. Vor der Druckrohrleitung
befindet sich noch das sogenannte Wasserschloß, das zur Aufnahme der Druck-
stöße dient, die beim schnellen Schließen der Einlaßorgane der Turbinen auftreten.

Bei der Ausführung der Maschinenaggregate unterscheidet man noch zwischen Anordnungen mit horizontaler Welle und solchen mit vertikaler Welle (Schirmgeneratoren).

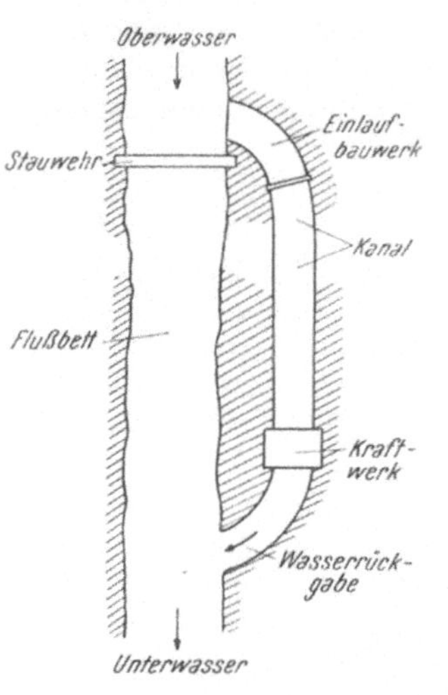

Abb. 2 Kanalkraftwerk

Abb. 3 Pfeilerkraftwerk (Lavamünd)

Die Wasserkraftanlagen werden sowohl mit getrenntem Maschinenhaus und Schalthaus oder Schaltanlage, oder mit angebauter oder aufgebauter Schalt-

Abb. 4 Hochdruckanlage

anlage ausgeführt. Die Nebenbetriebe haben vergleichsweise geringen Umfang und beschränken sich auf die Ölkühlanlage für die Transformatoren, die Fernbetätigung der Trenn- und Leistungsschalter, wozu bei Druckluftschaltern und Druckluftantrieben eine Druckluftanlage gehört, die Reinigung der Kühlluft der

Generatoren, die Luftklappen für die Steuerung der Kühlluftwege, die Niederspannungsanlage für die Beleuchtung und Betätigung der elektrischen Steuerkreise und Hebezeuge und die Hausbatterie samt dem zugehörigen Ladeaggregat
und Zellenschalter.

§ 413 Wärmekraftanlagen

Unter den Wärmekraftanlagen spielen die Dampfkraftanlagen die wichtigste
Rolle. Dabei wird Wasser in Kesseln verdampft und Dampfturbinen zugeführt.
Die Heizung erfolgt mit Kohle, Kohlenstaub oder Öl. Für den Wärmeteil der
Anlage, der eine Reihe von Gliedern aufweist, entwirft man gerne Wärmeschalt-

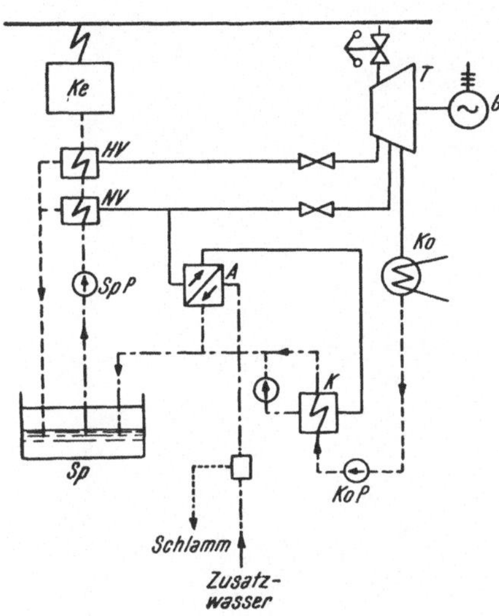

Abb. 1 Hochdruck-Dampfkraftwerk

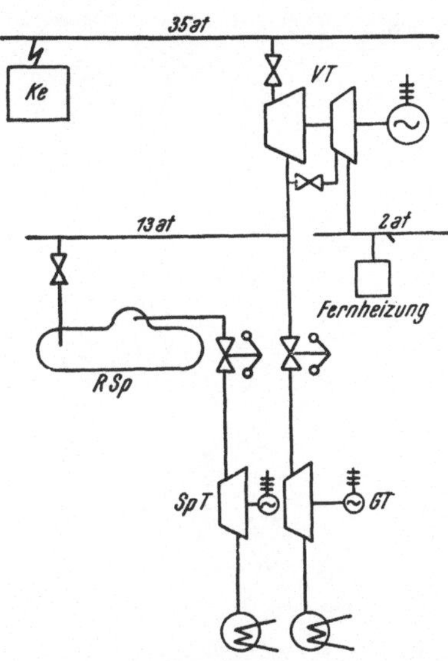

Abb. 2 Dampfkraftanlage mit Vorschaltturbine und
Wärmespeicher

bilder, die eine gute Übersicht der Wirkungsweise der Anlage ergeben. Die
Abb. 1 und 2 zeigen beispielsweise zwei solche grundsätzliche Schaltbilder.

Das Hochdruckwerk Abb. 1 (etwa ein Grundlastwerk) besteht aus dem
Hochdruckkessel Ke, von dem der Dampf einer Sammelleitung zufließt und über
ein Regelventil der Dampfturbine T zugeleitet wird, die ihrerseits den Generator
G antreibt. Der Abdampf wird im Kondensator Ko niedergeschlagen und das
Kondensat von einer Pumpe KoP über einen Hilfskondensator K dem Speisewasserbehälter Sp zugeführt. Die Speisewasserpumpe SpP entnimmt diesem
das erforderliche Speisewasser und drückt es durch zwei Speisewasservorwärmer
in den Kessel. Der Niederdruckvorwärmer NV wird von einer unteren Stufe,
der Hochdruckvorwärmer HV von einer höheren Stufe der Turbine gespeist,
zu welchem Zwecke diese entsprechend angezapft ist (Entnahmeturbine). Die
Speisewasservorwärmung kann auch in nur einer oder bei großen Anlagen gegebenenfalls dreistufig erfolgen.

Im Wasser-Dampf-Kreislauf treten stets auch Verluste auf, die durch Frischwasserzufuhr wieder gedeckt werden müssen. Da Hochdruckkessel hinsichtlich
der Reinheit des Speisewassers sehr empfindlich sind, muß das Zusatzwasser
durch eine Aufbereitungsanlage A geführt werden, die im wesentlichen aus einem
Verdampfer besteht, der vorteilhaft vom Entnahmedampf der Turbine gespeist
wird. Vorher wird das Wasser noch entschlammt.

Die Abb. 2 zeigt als weiteres Beispiel das Wärmeschaltbild einer Zentrale mit Vorschaltturbine und Ruthspeicher. In vielen Betrieben wird für den Fabrikationsgang und für Beheizung Dampf geringeren Druckes benötigt. Es ist dann viel wirtschaftlicher, den Dampf mit höherem Druck zu erzeugen und ihn durch Vorschalten einer Turbine auf Gebrauchsdruck zu entspannen. Im gezeichneten Schaltbild ist eine zweistufige Entnahme bei 13 at und bei 2 at vorgesehen. Die 2-at-Anlage dient zur Versorgung der Fernheizung, während der mittelgespannte Dampf wahlweise einer mit Kondensation arbeitenden Grundturbine oder einem Ruthspeicher RSp zugeführt wird, der es gestattet, zuzeiten

Abb. 3 Wärmewarte eines Dampfkraftwerkes (Voitsberg)

schwachen Energiebedarfes Wärme zu speichern, um sie bei großem Energiebedarf über eine weitere Turbine nutzbar zu verwerten. Vorschaltturbinen VT, Grundturbine GT und Speicherturbine SpT treiben je einen elektrischen Generator.

Wie schon diese beiden, vergleichsweise einfachen Schaltbilder zeigen, erfordern Wärmekraftanlagen eine Reihe von Hilfsbetrieben, zu denen noch die Kohlenmahl- und Aufbereitungsanlagen, die Windgebläse für die Feuerung, die Rostantriebe, Entaschungsanlage usw. treten. Die Eigenbedarfsanlage wird hier also wesentlich umfangreicher als bei den Wasserkraftanlagen und muß eingehend studiert werden.

Für die große Reihe von wärmetechnischen Betriebsmeßgeräten und handbedienten oder selbsttätigen Steuereinrichtungen wird dann bei größeren Anlagen eine Zentralstelle erforderlich, ähnlich der Schaltwarte in der elektrischen Anlage. Diese Wärmewarte wird meist im Kesselhaus untergebracht (Abb. 3).

Die Einrichtung der elektrischen Anlage, einschließlich der Schaltwarte folgt den gleichen Richtlinien wie bei der Wasserkraftanlage.

Kesselhaus, Maschinenhaus und elektrische Schaltanlage sind meist selbständige Gebäude, die allerdings häufig aneinander anschließen (vor allem Kesselhaus und Maschinenhaus).

Neben den Dampfkraftanlagen spielen die Verbrennungskraftanlagen nur eine geringere Rolle. Sie sind meist Dieselanlagen und dienen gewöhnlich als Reserve oder Aushilfe zur Spitzendeckung. In neuerer Zeit hat sich hier auch die Gasturbine Geltung verschafft, die auch bis zu ganz großen Leistungen wirtschaftlich gebaut werden kann. Die Hilfsbetriebe haben ungefähr gleichen Umfang wie bei den Dampfkraftwerken.

§ 42 Transformatoren- und Schaltstationen

Bei der Verteilung elektrischer Energie treten im Verteilnetz vielfach Knotenpunkte auf (vermaschtes Netz). Diese werden fast immer als Schaltstationen

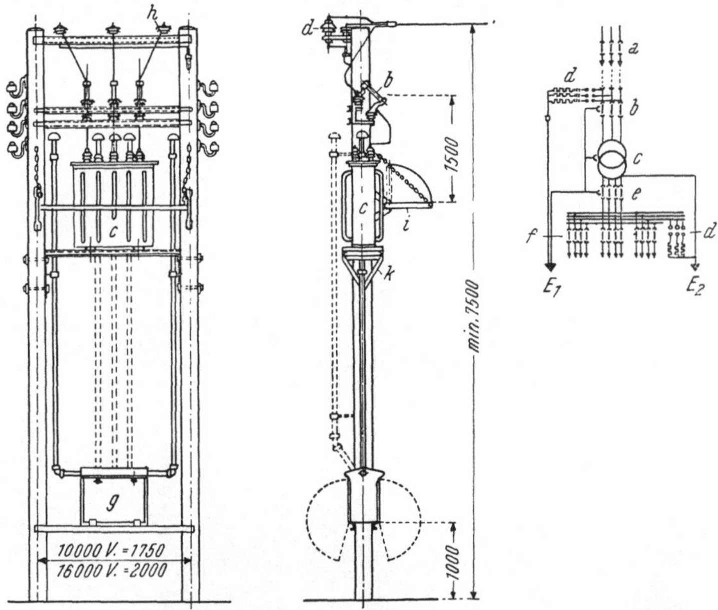

Abb. 1 Masttransformatorstation 50 kVA (K. & St.)

E_1 = Elektrode für die Schutzerdung der Hoch- und Niederspannungsseite und Betriebserdung der Hochspannungsseite; E_2 = Elektrode für die Sonder- und Betriebserdung der Niederspannungsseite; a = Masthornschalter; b = Hochspannungssicherungen; c = Transformator; d = Resorbit-Ableiter; e = Niederspannungs-Hauptsicherungen; f = Niederspannungs-Verteilsicherungen; g = Apparatekabine; h = Abspannisolatoren; i = Trittrost zur Bedienung der Hochspannungssicherungen; k = Traggerüst für den Transformator

ausgeführt, derart, daß die einzelnen ankommenden oder abgehenden Leitungen von Leistungsschaltern abgeschaltet werden können. Das ist vor allem schon deshalb nötig, um im Störungsfall kranke Netzabschnitte abtrennen zu können, so daß nicht das ganze Netz von der Störung (Kurzschluß) betroffen wird. Bei bedeutenderen Netzen erfolgt die Abtrennung des gestörten Netzteiles selbsttätig. Zur Unterbringung der Leistungsschalter und des Zubehörs werden dann eigene Stationen errichtet, die man Schaltstationen nennt. Bei mehreren abgehenden Leitungen erhalten diese Stationen Einfach- oder Doppelsammelschienen, Leitungs- und Sammelschienentrennschalter, Erdungstrennschalter und gegebenenfalls noch entsprechende Meßwandler, wenn Spannungen, Belastungen, Leistungen usw. gemessen werden sollen.

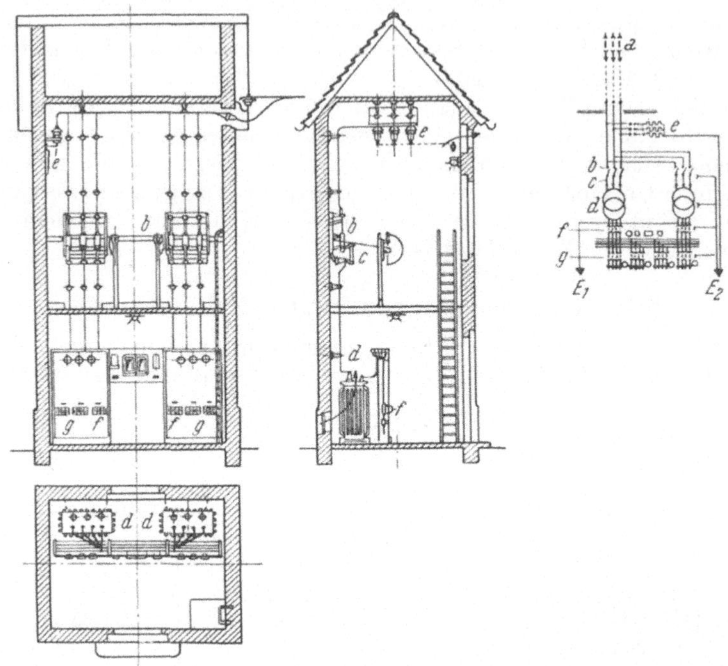

Abb. 2 Turmstation für 2 × 250 kVA (K. & St.)

E_1 = Elektrode für die Schutzerdung der Niederspannungsseite; E_2 = Elektrode für die Schutzerdung der Hoch- und Niederspannungsseite und Betriebserdung der Hochspannungsseite; a = Masthornschalter; b = Leistungstrennschalter; c = Hochleistungssicherungen; d = Transformator; e = Resorbit-Ableiter; f = Niederspannungs-Hauptsicherungen; g = Niederspannungs-Verteilsicherungen

Abb. 3 Einfache 50-kV-Freiluft-Transformatorenanlage (BBC)

Häufig werden in diesen Stationen auch die Transformatoren zur Belieferung von in der Nähe befindlichen Ortschaften mit Gebrauchsspannung untergebracht. Transformatorenstationen sind auch zu errichten, wenn die Hochspannungsleitung ohne Schalter durchgeführt wird oder am zu beliefernden Ort endet. Je nach Größe und Wichtigkeit des Transformators wird dieser über Leistungsschalter oder Sicherungen angeschlossen.

Die Ausführung und Ausrüstung der Transformatoren- und Schaltstationen erfolgt nach den gleichen Gesichtspunkten wie die Schalthäuser der Kraftwerke. Oft handelt es sich aber um kleinere oder weniger wichtige Anlagen, die dann unbedient ausgeführt werden. Es können dann auch Schalttafeln entfallen und gegebenenfalls erforderliche Meßgeräte gleich an den Zellenwänden angeordnet werden. Die Stationen können selbstverständlich als Innenraum- oder Freiluftstationen ausgeführt werden. Kleine Transformatorenstationen werden oft in einfachster Form als Masttransformatorenstationen ausgebildet, indem der Transformator auf einer, auf einem Leitungsmast angebrachten Tribüne zusammen mit den Sicherungen montiert wird. Gegebenenfalls ergänzt man die Einrichtung noch durch einen Satz Überspannungsableiter.

Ausführungsbeispiele einfacher Transformatorenstationen zeigen die Abb. 1 bis 3.

§ 43 Schalt- und Meßgeräte

§ 431 Trennschalter

Die Trennschalter bilden die sichtbaren Trennstellen zur Spannungslosmachung einzelner Geräte. Sie sind nicht zur Leistungsabschaltung geeignet und dürfen daher nur in stromlosem Zustand, wenn auch unter Spannung, betätigt werden. Aus diesem Grunde dürfen sie auch immer nur willkürlich und niemals selbsttätig geschaltet werden. Ein übliches Ausführungsbeispiel zeigt die Abb. 1.

Abb. 1 Trennschalter

Abb. 2 Drehtrennschalter

Bei sehr hohen Spannungen sind auch andere Konstruktionen entwickelt worden, die im geöffneten Zustand weniger Platz einnehmen. Diese Konstruktionen verwenden meist auf drehbaren Isolatoren befestigte Trennmesser (z. B. Abb. 2).

§ 432 Leistungsschalter

Die weitaus wichtigsten Hochspannungsschaltgeräte sind die Leistungsschalter. Sie müssen imstande sein, die in einer Anlage auftretenden größten

Belastungen und Kurzschlußströme zu- und abzuschalten. Insbesondere wird die Beanspruchung beim Abschalten schwerer Kurzschlußströme zum Hauptmerkmal bei der Konstruktion und Auswahl der Leistungsschalter, da bei den heute geforderten, sehr kurzen Abschaltzeiten noch die sogenannten Stoßkurzschlußströme abgeschaltet werden müssen. Der Kurzschlußstrom setzt

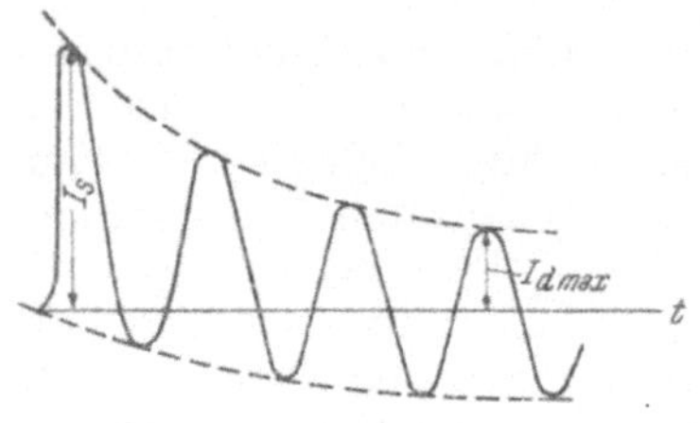

nämlich im allgemeinen mit einem erhöhten Wert ein, um erst nach einer gewissen Zeit auf den kleineren Dauerkurzschlußstrom abzuklingen, wie die Abb. 1 grundsätzlich zeigt. Der Stoßkurzschlußstrom I_S ist der höchste Augenblickswert des Stromes nach dem Eintreten des Kurzschlusses, während der Dauerkurzschlußstrom als nach dem Kurzschluß verbleibender Strom definiert wird, wenn die nach dem Kurzschluß sich einstellenden Ausgleichsvorgänge abgeklungen sind. Demgemäß wird der

Abb. 1 Grundsätzlicher Verlauf eines Kurzschlußstromes

Stoßkurzschlußstrom immer als Scheitelwert, der Dauerkurzschlußstrom als Effektivwert angegeben. Als wiederkehrende Spannung bezeichnet man ferner

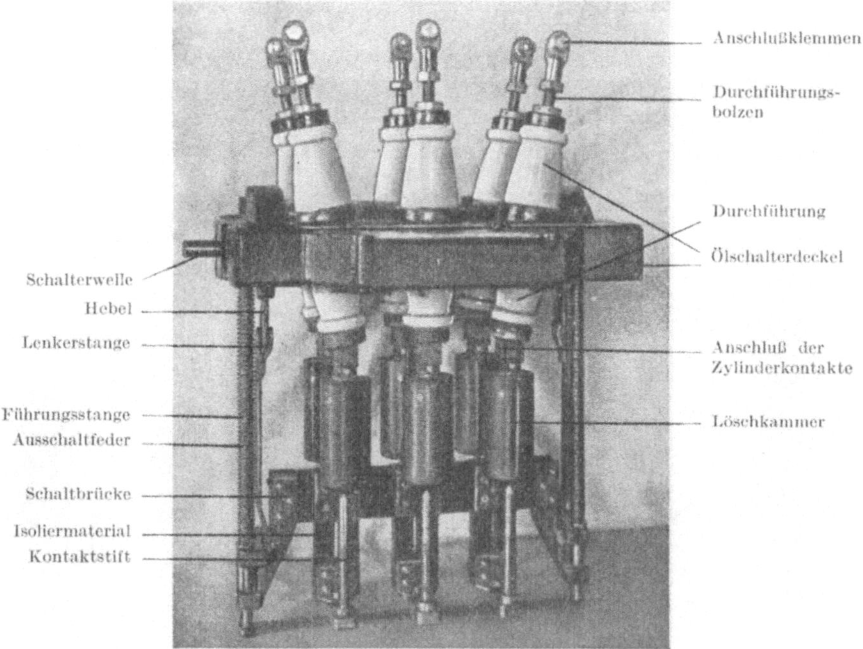

Abb. 2 Hochleistungs-Ölschalter, 15 kV, 600 A, mit abgenommenem Ölkessel (AEG)

die nach dem Ausschalten zwischen den Leitern auftretende Spannung. Das Produkt aus dem Effektivwert des Stromes im Augenblick der Trennung der Schaltstücke mit der wiederkehrenden Spannung definiert die Ausschaltleistung des Schalters. Die Leistungsschalter werden für die genormten Nennausschaltleistungen von 100, 200, 400, 600 usw. MVA ausgeführt.

Zur Beherrschung der Ausschaltleistung ist es notwendig, den beim Abschalten sich bildenden Lichtbogen zum Löschen zu bringen und eine Neuzündung zu verhindern. Das wichtigste Mittel hiezu ist eine entsprechende Kühlung des Lichtbogens und die Fortschaffung leitender Teilchen (Ionen, Elektronen) aus der Lichtbogenbahn (Entionisierung). Man bedient sich hiezu der verschiedensten Mittel.

Die klassische Bauart ist der *Ölschalter*, bei dem sich die Schaltkontakte unter Öl befinden. Zwischen den Schaltstücken entsteht bei der Stromunterbrechung durch den Lichtbogen eine Ölgasblase, die einerseits durch den auftretenden Druck und anderseits durch die entstehende Temperaturdifferenz eine rasche Ölströmung verursacht. Frisches Öl strömt nach und kühlt den Lichtbogen so stark, daß er verlöscht. Um ein Wiederzünden zu vermeiden, müssen die Kontakte weit genug voneinander entfernt und der Schaltweg in möglichst kurzer Zeit zurückgelegt werden (große Kontaktgeschwindigkeiten). Bei schweren Abschaltungen können die auftretenden, stoßweisen Druckbeanspruchungen so große Werte annehmen, daß der Schalter Schaden leidet und Öldampf auswirft oder daß er gar explodiert. Es entstehen dann die gefürchteten Ölbrände, die schon ganze Anlagen vernichteten. Diese Gefahr erfordert die Zellenbauweise der Schaltanlagen oder den versenkten Einbau der Schalter, bei dem die Kessel in getrennte spannungslose Kammern hängen, in die sie bei Überbeanspruchungen abgeschleudert werden und wo das brennende Öl abgefangen werden kann.

Die großen Gefahren der Ölbrände, bei hohen Spannungen aber auch die überaus anwachsenden Abmessungen und erforderlichen Ölmengen (bei 200 kV etwa 20 t je Phase!) führten zu einer Reihe weiterer Konstruktionen, die vor allem in der europäischen Praxis entwickelt wurden. Die dabei zu bewegenden Teile sind jetzt wesentlich kleiner geworden, so daß mit diesen Schaltern auch erheblich höhere Schaltgeschwindigkeiten erzielt werden können.

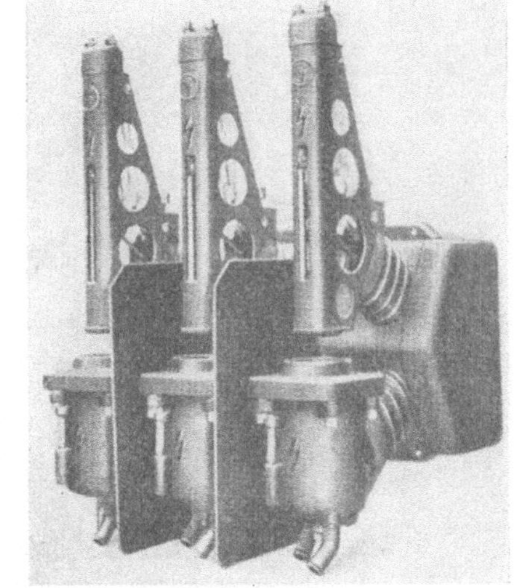

Abb. 3 Expansionsschalter

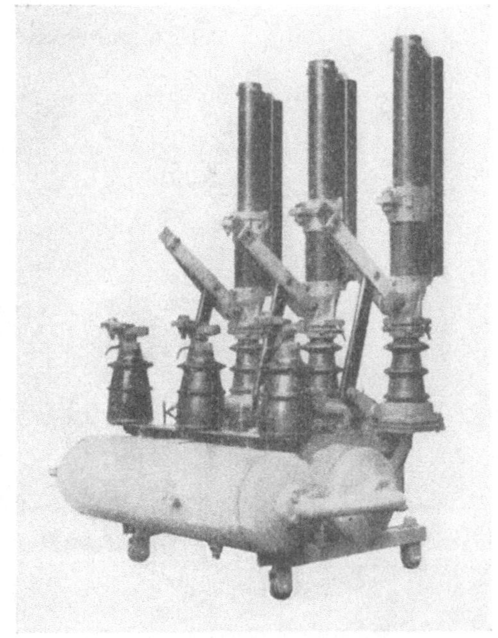

Abb. 4 Druckluftschalter für Mittelspannung mit aufgebauten Trennschaltern

Als Schaltmittel wurden zunächst Wasser und Druckluft verwendet. Bei den sogenannten *Expansionsschaltern*, die im wesentlichen aus vergleichsweise kleinen Schaltkammern bestehen, wird durch den Lichtbogen Wasser verdampft, das durch Druckentlastung eine starke Kühlung des Lichtbogens bewirkt. Man erzielt so Abschaltzeiten von 10^{-3} bis 10^{-4} Sekunden.

Abb. 5 Druckluftschalter für 220 kV (BBC)

Abb. 6 Ölarme Schalter in Freiluft- und Innenausführung

Ein vielfach verwendeter Schalter ist ferner der *Druckluftschalter*, bei dem Druckluft von etwa 10 Atmosphären als Löschmittel dient. Beim Zurückziehen des Schaltstiftes wird Druckluft in den Lichtbogen geblasen und bringt durch Abkühlung und die mechanische Wirkung den Bogen in ein bis zwei Halbwellen zum Erlöschen. Besonders vorteilhaft erweist sich diese Schalterbauart dort, wo in größeren Anlagen Druckluft zur Fernbetätigung der Schaltapparate ohnehin gebraucht und dann in einer zentralen Verdichteranlage erzeugt wird.

Eine Reihe weiterer Schalterkonstruktionen verwendet weiterhin Öl, aber nur als Löschmittel und nicht als Isolationsmittel. Die Ölmenge wird dadurch sehr gering und man vermeidet damit auch jede Ölbrandgefahr. Diese *ölarmen Schalter* arbeiten mit Löschkammern, in die durch Kolbenwirkung beim Zurückziehen des Schaltstiftes Öl entlang des Lichtbogens gespritzt wird, wodurch man rasche Abkühlung und Entionisierung und damit wieder ein sehr rasches und sicheres Abschalten erzielt.

Die folgenden Abb. 2 bis 6 zeigen Ausführungsbeispiele üblicher Leistungsschalter.

Ergänzend seien noch ein paar Worte über den Antrieb der Schalter gesagt. In kleineren Anlagen und bei weniger wichtigen Abzweigen werden die Schalter von Hand aus betätigt. Bei größeren Anlagen, wo die Entsendung eines Wärters zur Durchführung der Schalthandlungen viel zu viel Zeit beanspruchen würde, und überdies die Ausführung der richtigen Schaltung nicht unbedingt sichergestellt wäre, entschließt man sich zur Fernbetätigung. Jeder Schalter erhält dazu ein eigenes Antriebsgerät, das entweder elektromagnetisch, durch Elektromotor oder mittels Druckluft betätigt werden kann. Die Auslösung des Antriebsgerätes erfolgt von der Schaltwarte über Hilfsstromkreise, die durch Druckknöpfe oder Steuerschalter geschaltet werden. In neuerer Zeit hat sich vor allem der Druckluftantrieb stark eingebürgert, der sehr einfache Antriebsmechanismen zuläßt.

Bei ausgedehnten Anlagen können selbstverständlich auch die Trennschalter mit Fernantrieben ausgerüstet und zentral von der Schaltwarte aus gesteuert werden. Ist das nicht der Fall, dann bedient man sich zu deren Betätigung isolierender und entsprechend langer Schaltstangen.

Sind nur kleine Leistungen zu schalten, wie beispielsweise bei kleineren Transformatoren, so kann man auch mit Vorteil sogenannte *Leistungstrennschalter* verwenden, das sind nach Art der Trennschalter ausgebildete Trennstellen, die aber mit kleinen Löschkammern nach dem Expansions- oder Druckluftprinzip ausgestattet werden. Diese Schalter sind dann befähigt, Betriebsströme auszuschalten, dürfen aber Kurzschlüsse nicht schalten. Man setzt ihnen daher entsprechend leistungsfähige Sicherungen vor und erhält so besonders preiswerte Abschaltstellen.

§ 433 Sicherungen

Beim Abschalten kleinerer Leistungen kann man die Leistungsschalter durch Sicherungen ersetzen, das sind aus leicht schmelzbarem Material hergestellte Trennstellen, die ein Abschalten eines Leitungsabzweiges dadurch bewirken, daß sie beim Überschreiten einer bestimmten Stromstärke soviel Wärme entwickeln, daß der die Trennstelle überbrückende Leiter durchschmilzt. Gleichzeitig können die Sicherungen noch die Funktionen der Trennschalter übernehmen. Da das Durchschmelzen der Sicherung eine gewisse Zeit braucht, hat jede Sicherung eine bestimmte Ausschaltzeit, die im allgemeinen von der Stromstärke abhängig ist. Die Auswahl der Sicherungen erfolgt nach dem höchsten auszuschaltenden Kurzschlußstrom unter Beachtung der wiederkehrenden Spannung. Unter Umständen wird auch noch eine Auswahl nach der Abschaltzeit vorgenommen.

Die Hochspannungssicherungen bestehen im wesentlichen aus einem Porzellanrohr, das durch Metallkappen abgeschlossen ist und im Inneren den Schmelz-

Abb. 1 Sicherung mit Handgriff

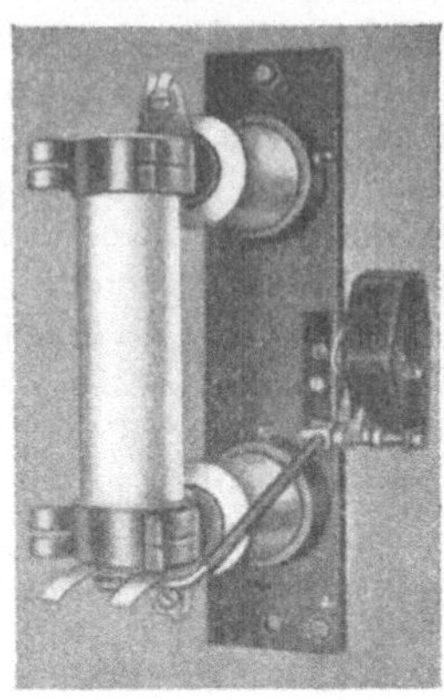

Abb. 2 Hochspannungssicherung mit angebauter Meldeeinrichtung

draht enthält. Zur Unterdrückung des sich bildenden Lichtbogens ist der Schmelzdraht in Quarzsand oder einem geeigneten anderen Löschpulver eingebettet.

Da die Abschmelzzeiten sehr gering sind, werden die Kurzschlußströme schon vor dem Erreichen ihrer Höchstwerte abgeschaltet.

Ausführungsformen zeigen die Abb. 1 und 2.

§ 434 Meßwandler

Über 250 Volt ist eine unmittelbare Strom- und Spannungsmessung aus Sicherheitsgründen unstatthaft. Das Meßgerät muß dann über einen Hilfstransformator an die Hochspannungsleitung angeschlossen werden, den man allgemein Wandler oder auch Übertrager nennt. Die zum Anschluß von Spannungsmessern bestimmten Hilfstransformatoren heißen Spannungswandler, die zum Anschluß von Strommessern bestimmten Stromwandler.

Der *Spannungswandler* ist ein kleiner Leistungstransformator, der auf eine genormte Sekundärspannung von 100 oder 110 Volt übersetzt. Die Belastung des Transformators bilden die angeschlossenen Meßgeräte.

Die konstruktive Ausführung der Spannungswandler entspricht zunächst jener der Leistungstransformatoren. Als Isolation wurde ursprünglich Luft (Trockenwandler) und später Öl (Ölwandler) verwendet. Als man daran ging, öllose oder ölarme Schalter zu bauen, mußten natürlich auch die Ölwandler fallen. Man legte dann den Eisenkern und die Wicklung in entsprechend

Abb. 1 Ölspannungswandler (Topfwandler) (S. u. H.)

geformte Porzellankörper, die sowohl in Topfform oder als Stützer oder Durchführungen in den Schaltanlagen Verwendung finden (Topfwandler, Stützer-

wandler, Durchführungswandler). Die Abb. 1 bis 3 zeigen einige typische Ausführungsformen.

Der Anschluß der Wandler und ihre Ausführung erfolgt meist einphasig,
wobei gerne zwei Wandler zur sogenannten V-Schaltung verbunden werden
(s. Abb. 4), die die Messung aller drei verketteten

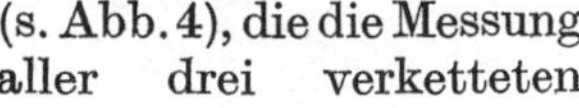
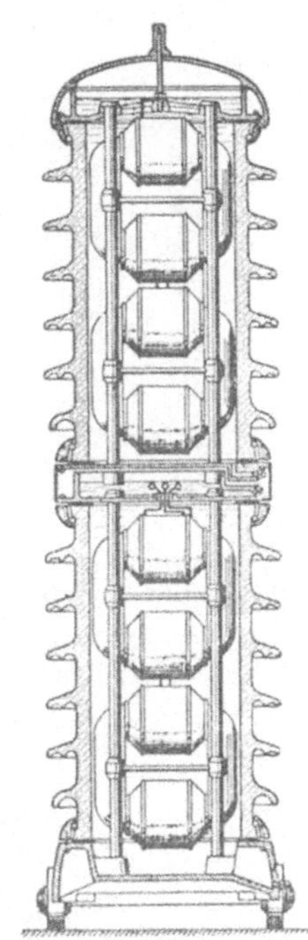

Abb. 2 Stützer-Spannungswandler, geschlossen und mit entferntem
Isolierkörper (BBC)

Abb. 3 Kaskaden-Spannungs-
wandler

Spannungen zuläßt. Die Wandler werden sekundärseitig unmittelbar an den
Klemmen gesichert und ein Pol aus Sicherheitsgründen geerdet. Hin und wieder
und für Spezialzwecke werden auch dreiphasige Wandler ausgeführt.

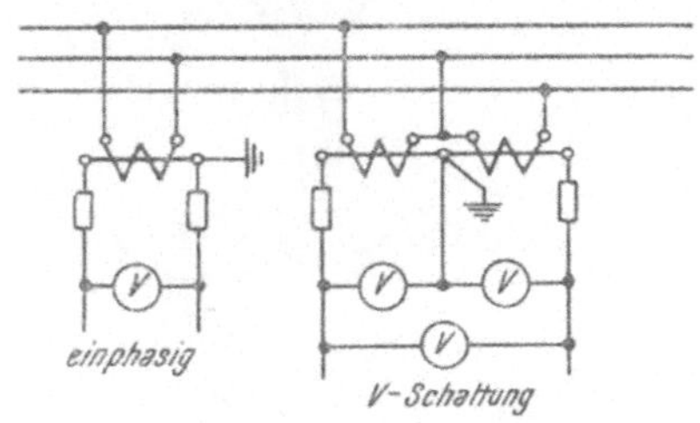

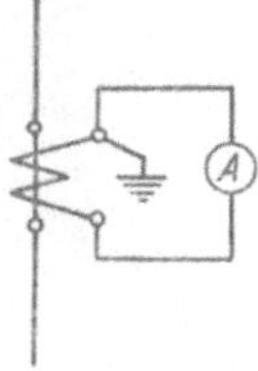

Abb. 4 Spannungswandler-Schaltungen   Abb. 5 Stromwandlerschaltung]

Zur Sicherung der Hochspannungsanlagen gegen Betriebsstörungen werden
die Spannungswandler auch primärseitig über Sicherungen angeschlossen.
Sicherungen entfallen aber beim Anschluß selbsttätiger Spannungsregler und
aus Ersparungsrücksichten bei Höchstspannungen.

Grundsätzlich verschieden vom Spannungswandler arbeiten die *Strom-*

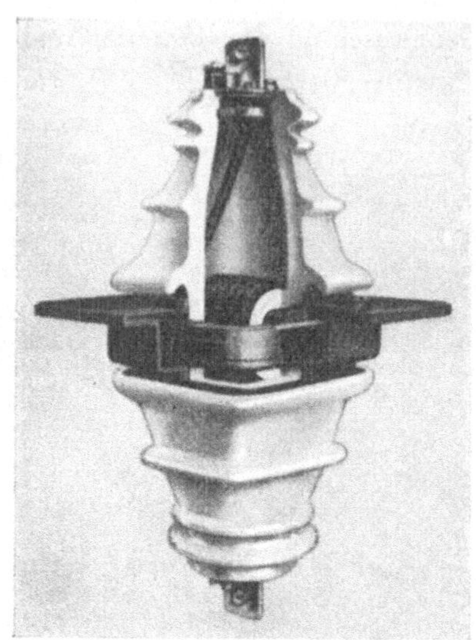

Abb. 6 Topfstromwandler ohne Gehäuse   Abb. 7 Querloch-Durchführungswandler (K. u. St.)

Abb. 8 Stützer-Stromwandler für 220 kV (S. u. H.)

wandler. Hier wird die primäre Stromaufnahme nicht von der sekundären Belastung — der „Bürde" — des Wandlers bestimmt, sondern es bestimmt umgekehrt der Primärstrom, der ja der zu messende Betriebsstrom ist, über die primären Amperewindungen den Sekundärstrom, wie aus der Abb. 5 unmittelbar verständlich wird. Der Strom wird dann gemäß dem Übersetzungsverhältnis bei primärem Nennstrom auf einen genormten Sekundärstrom von 5 oder 1 Ampere transformiert.

Für ein und denselben Wandler ist die Genauigkeit der Übersetzung von der Größe der Bürde abhängig; diese muß also bei der Auswahl der Wandlertype

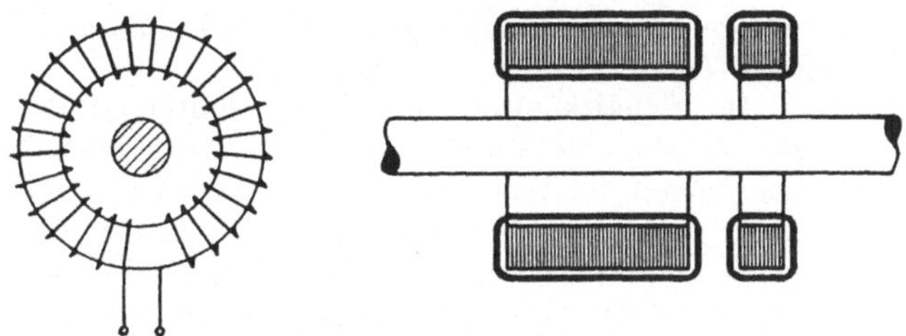

Abb. 9 Prinzip des Stabwandlers

bekannt sein. Die Abweichungen liegen sowohl im zahlenmäßigen Übersetzungsverhältnis (Stromfehler) als auch in der Winkellage zwischen Primär- und Sekundärstrom (Winkelfehler).

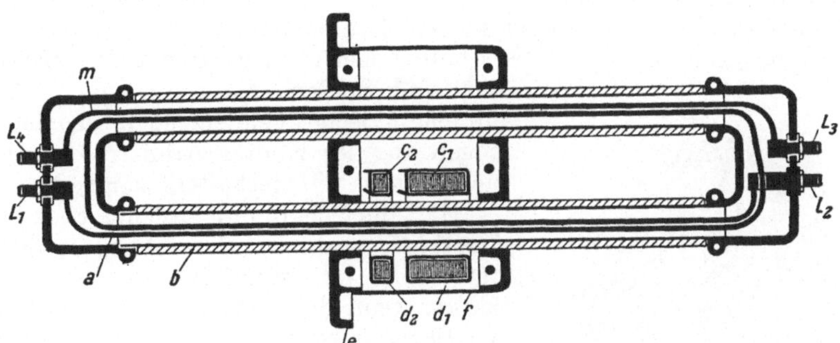

Abb. 10 Schleifen-Stromwandler für 30 bis 500 A

Da die Stromwandler im Zuge der Leitungen geschaltet sind, müssen sie auch die Kurzschlußströme der Anlage aushalten, und zwar sowohl hinsichtlich der Wärmeentwicklung als auch der mechanischen Beanspruchungen (thermische und dynamische Festigkeit).

Bezüglich der Genauigkeit der Übersetzung werden die Stromwandler in Klassen eingeteilt, deren Ziffernbezeichnung den Stromfehler in Prozenten bei Nennstrom angibt. Für Betriebsmessungen wird meist die Klasse 1, für genauere Messungen die Klasse 0,5 verwendet.

An Ausführungsformen unterscheidet man Topfstromwandler mit Öl oder Massefüllung und öllose Wandler, die wieder als Stützer- und Durchführungswandler gebaut werden (Abb. 6 bis 8). Bei großen Primärströmen läßt sich eine besonders günstige Bauart ausführen, indem um den gestreckten Primärleiter ein geblätteter Eisenkern mit der Sekundärwicklung geschoben wird (Stabwandler, Abb. 9). Dieser Wandler ist absolut kurzschlußfest. Sind die Stromstärken kleiner, dann reichen die primären Amperewindungen nicht mehr aus, um bei normaler Bürde eine befriedigende Genauigkeit zu erzielen. Man kann dann an Stelle des einzelnen Primärleiters mehrere Schleifen anbringen (Schleifenwandler, Abb. 10).

§ 435 Niederspannungsgeräte

Als Niederspannungsgeräte sollen die Geräte unter 1000 Volt verstanden werden. Auch hier ist zunächst das Schaltproblem das vordringlichste. Der am häufigsten verwendete Schalter ist der *Hebelschalter*. Er kann sowohl als Trennschalter als auch als Leistungsschalter verwendet werden und besteht im wesentlichen aus einem Schaltmesser, das an seinem einen Ende drehbar gelagert ist und mit dem anderen in entsprechend geformte, gabelförmige Kontaktstücke hineingedreht werden kann (Abb. 1).

Die Schaltleistung der Hebelschalter ist vor allem durch die Lichtbogenbildung beschränkt. Zur Abschaltung größerer Leistungen bedient man sich besser der *Selbstschalter*, die nicht mehr von Hand aus geschaltet, sondern fernbetätigt werden. Man rüstet sie auch mit einer Eigenauslösung aus, die beim Auftreten gefährlicher Überströme oder Kurzschlußströme den Schalter auslöst. Die Trennung der Schaltkontakte erfolgt über eine Feder, die beim Schließen gespannt und für das Öffnen über eine Sperrung freigegeben wird. Die Freigabe bewirkt ein kleiner Auslöser, der von ferne betätigt werden kann oder vom Betriebsstrom durchflossen wird. Das Einschalten erfolgt von Hand aus oder fernbetätigt über einen Magneten, einen Motor oder mittels Druckluft. Zur sicheren Lichtbogenunterbrechung erhalten die Selbstschalter meist noch sogenannte Blasspulen, das sind Spulen, die quer zum Lichtbogen ein magnetisches Feld erzeugen, das den Lichtbogen aus der Kontaktbahn treibt. Die Ansicht eines Selbstschalters zeigt die Abb. 2.

Abb. 1 Hebelschalter

Hält der Schalter im geschlossenen Zustand nur dann, wenn die Einschaltspule der Fernbetätigung stromdurchflossen, und öffnet er sofort, wenn diese Spule stromlos ist, so wird der Schalter *Schütz* genannt. Schütze werden hauptsächlich in Steuerungsschaltungen verwendet (z. B. Schützensteuerungen auf elektrischen Triebfahrzeugen).

Für kleinere Ströme und besonders in Hausinstallationen werden die Schalter in Dosenform als Drehschalter oder Druckknopfschalter (Installationsschalter) ausgeführt. Sie erhalten dann häufig auch mehrere Kontakte, um besondere Schaltungen ausführen zu können, wie z. B. das Aus- und Umschalten von zwei Stromkreisen (Gruppenschalter), das stufenweise Ein- und Ausschalten zweier Stromkreise (Serienschalter), das Ein- und Ausschalten eines Stromkreises von zwei Stellen (Wechselschalter), oder das Ein- und Ausschalten eines Stromkreises von beliebig vielen Stellen (Kreuzschalter).

Abb. 2 Selbstschalter

Auch die *Sicherung* wird in den Niederspannungsanlagen vielfach verwendet, sowohl als die bekannte Diazed-Sicherung mit den auswechselbaren Schmelzpatronen in den Niederspannungsinstallationen als auch als Hochleistungssicherung für große Leistungen in den Niederspannungsverteilanlagen. Die Sicherung stellt den billigen und zuverlässigen Überlastungs- und Kurzschlußschutz der Niederspannungsanlagen dar, wenn man nicht Selbstschalter verwendet. Durch Staffelung von Sicherungen mit verschiedenen und vom Strom abhängigen Abschmelzzeiten läßt sich auch eine in vielen Fällen ausreichende Abschaltselektivität bei Kurzschlüssen (s. § 441) in ausgedehnten oder vermaschten Netzen erzielen.

§ 44 Die Schutzeinrichtungen
§ 441 Selektivschutz

Die Sicherheit der elektrischen Energiebereitstellung macht es erforderlich, daß defekte Teile einer Anlage so rasch als möglich abgeschaltet werden. Vor allem sind es Übertragungsleitungen, die häufigen Fehlern ausgesetzt sind und die dann die Betriebssicherheit gefährden. Unter diesen Fehlern nehmen die Kurzschlüsse eine besondere Stellung ein, einerseits weil sie mit ihren großen Strömen die Anlagenteile thermisch und dynamisch gefährden, und anderseits weil sie wegen der in ihrem Gefolge sich einstellenden Spannungszusammenbrüche das Zusammenarbeiten parallel arbeitender Zentralen stören und sie außer Tritt bringen können, so daß dann das ganze Netz zusammenbricht.

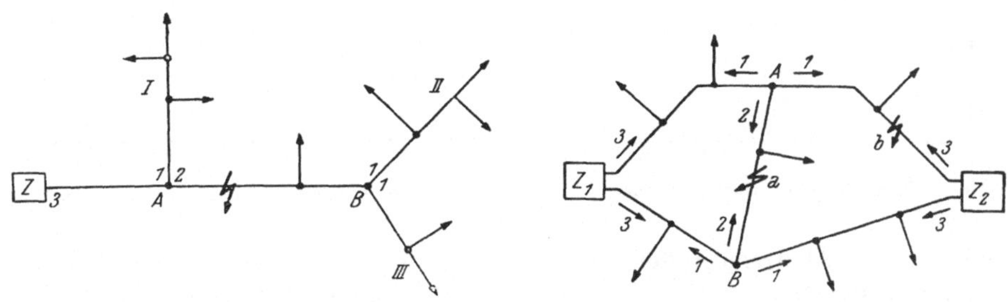

Abb. 1 Strahlennetz   Abb. 2 Vermaschtes Netz

Liegt nach Abb. 1 eine Leitung vor, die an dem einen Ende gespeist wird und ohne Schleifenbildungen direkt die Verbraucher versorgt (Stichleitung), so würde ein Kurzschluß in einem Leitungsstück (in der Abbildung durch einen Pfeil angedeutet) das ganze Netz spannungslos machen, wenn der Kurzschluß in der Zentrale abgeschaltet werden würde. Wird hingegen in der Station A für den Abzweig nach B ein Schalter angeordnet, der schon früher ausschaltet, so könnte der Netzteil I ungestört in Betrieb bleiben. Aufgabe des Selektivschutzes ist es nun, bei Kurzschlüssen jene Schalter zum Abschalten zu bringen, die die geringste Betriebsstörung hervorrufen. Im Falle des Strahlennetzes gelingt dies dadurch, daß in den Schaltstationen für die abgehenden Leitungen Leistungsschalter aufgestellt werden, deren Ausschaltzeiten so gestaffelt werden, daß sie vom entferntesten Verbraucher zur Zentrale hin zunehmen. In der Abbildung sind die gewählten Ausschaltzeiten in Sekunden eingetragen. Bei einem Kurzschluß im Leitungsstück zwischen A und B schaltet demgemäß der Schalter in A in zwei Sekunden aus und der Abschnitt I bleibt in Betrieb. Liegt der Kurzschluß im Abschnitt I, dann wird dieser schon nach einer Sekunde in A abgeschaltet und es bleiben die Abschnitte II und III in Betrieb. Dasselbe gilt für Fehler in den Abschnitten II und III, die „selektiv" in B nach einer Sekunde abgeschaltet werden.

Die Auslösung der Leistungsschalter kann durch auf die Schalter aufgebaute Auslöser erfolgen, die vom Betriebsstrom durchflossen werden und im wesentlichen aus einem Magneten bestehen, der nach Überwindung der einstellbaren Spannung einer Feder, die Auslöseklinke am Schaltergetriebe freigibt. In die

Freigabe ist noch ein Hemmwerk eingeschaltet, das eine einstellbare Zeitverzögerung ergibt. So können also Auslösestromstärke und Auslösezeit willkürlich eingestellt und damit eine entsprechende Staffelung erzielt werden.

Zur Steigerung der Genauigkeit, die zu einer Senkung der erzielbaren Auslösezeiten führt, verlangt man die Messung der Ströme und die Einstellung der Zeitverzögerung in getrennt angeordneten, nach den Prinzipien der Meßinstrumente gebauten Geräten, die *Relais* genannt und in Hochspannungsanlagen an Stromwandler angeschlossen werden.

Handelt es sich um bedeutendere und wichtige Verbraucher, so wird immer eine doppelte Speisung angestrebt, so daß bei Ausfall der einen Zuleitung, die Stromversorgung von der zweiten Seite erhalten bleibt. Auf diese Weise entstehen die Ring- und Maschennetze. Bei diesen ist — besonders, wenn es noch von mehreren Zentralen gespeist wird — der Staffelschutz allein nicht mehr imstande, eine selektive Abschaltung der Kurzschlußstelle durchzuführen, da die

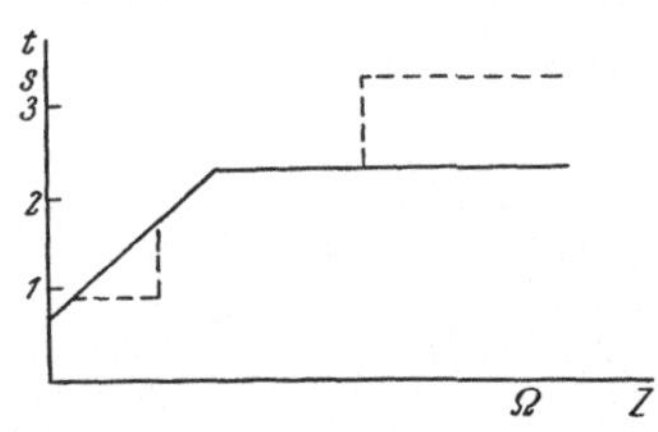

Abb. 3 Kennlinie eines Impedanzrelais

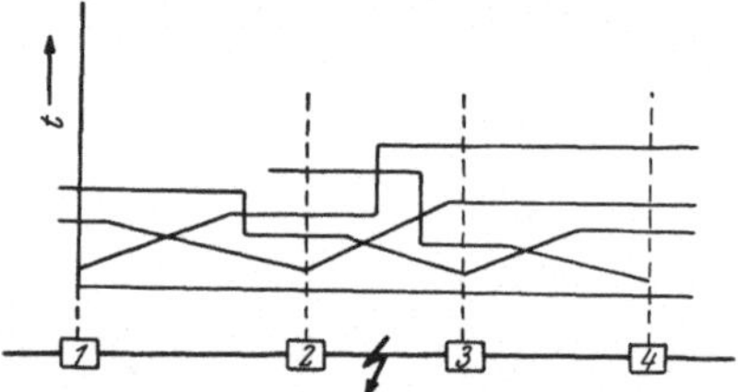

Abb. 4 Staffelplan für einen Impedanzschutz

Energie an den Abzweigestellen je nach Lage des Kurzschlusses verschiedene Richtung hat und dann verschiedene Abschaltezeiten erforderlich machen würde. Es muß also noch zusätzlich die Energierichtung erfaßt werden und die Abschaltung nur freigegeben werden, wenn die Energie von der Sammelschiene abfließt; sie muß dagegen gesperrt sein, wenn die Energie auf die Sammelschiene zu gerichtet ist. Wie die Abb. 2 zeigt, läßt sich dann eine ausreichende Selektivität erzielen. Bei einem Kurzschluß in a wird beispielsweise das kranke Leitungsstück in A und B nach zwei Sekunden abgetrennt, während die Ringleitung im Betrieb bleibt. Bei einem Kurzschluß in b wird in A nach einer und in der Zentrale Z_2 nach drei Sekunden abgeschaltet.

Die Richtungsempfindlichkeit erhält der Schutz durch zusätzliche *Richtungsrelais*, das sind nach dem wattmetrischen Prinzip arbeitende Relais, die bei Ausschlag nach der einen Richtung einen Kontakt im Betätigungskreis der Überstrom- und Zeitrelais schließen. Dieser Kontakt bleibt offen und damit der Betätigungskreis zum Schalterauslöser unterbrochen, wenn das Richtungsrelais nach der anderen Seite ausschlägt.

Bei stärkerer Vermaschung kommt man aber auch damit nicht mehr durch. Dazu kommt noch, daß man bei der Staffelung bald unerträglich hohe Abschaltzeiten erreicht. In diesen Fällen hat sich der *Impedanzschutz* bewährt. Bei diesem wird am Einbauort der Relais der Scheinwiderstand der abgehenden Leitung gemessen. Im Falle eines Kurzschlusses sinkt dieser auf einen um so niedrigeren Wert, je näher der Kurzschluß liegt. Macht man nach der in der Abb. 3 gezeigten grundsätzlichen Kennlinie die Abschaltzeit proportional zur gemessenen Impedanz, so lassen sich unabhängig von der Anzahl und Lage der Teilstrecken sehr kurzzeitige Staffelungen erzielen, wie etwa die Abb. 4 für eine Strecke mit drei Teilabschnitten zeigt. Dabei können die Kennlinien so übereinandergelegt werden, daß beim Ausfall eines Relais kurze Zeit später das Relais der nächsten Station einspringt.

Bei dem in der Abb. 4 angedeuteten Kurzschluß sollten die zugehörigen Schalter der Stationen 2 und 3 auslösen. Hat das Relais in 2 versagt, so löst kurz darauf der Schalter in der Station 1 nach 2 aus.

Um die Staffelungen zu erleichtern und weitere Sonderaufgaben lösen zu können, kann die Relaiskennlinie meist noch weitgehend verändert werden, wie z. B. in der Abb. 3 strichliert angedeutet ist. Natürlich können Größe und Lage dieser Veränderungen, sowie selbstverständlich die Neigung der Hauptkennlinie willkürlich am Relais eingestellt werden.

Neben den geschilderten grundsätzlichen Selektivschutzarten wurden noch eine große Zahl von Sonderschaltungen entwickelt, auf die aber im Rahmen dieses Buches nicht eingegangen werden kann.

Neben dem ausgesprochen der Betriebssicherheit dienenden selektiven Leitungsschutz sieht eine verantwortungsbewußte Betriebsführung noch einen Schutz der Generatoren vor, wobei es aber jetzt darauf ankommt, Generatoren, die einen Defekt erhalten, in der kürzest möglichen Zeit abzuschalten und stillzusetzen, damit der Fehler keine größeren Zerstörungen im Generator hervorrufen kann, was immer mit großen Kosten, Notwendigkeit des Ausbaues und Einsendens in das Erzeugerwerk und empfindlich langen Betriebsunterbrechungen verbunden wäre.

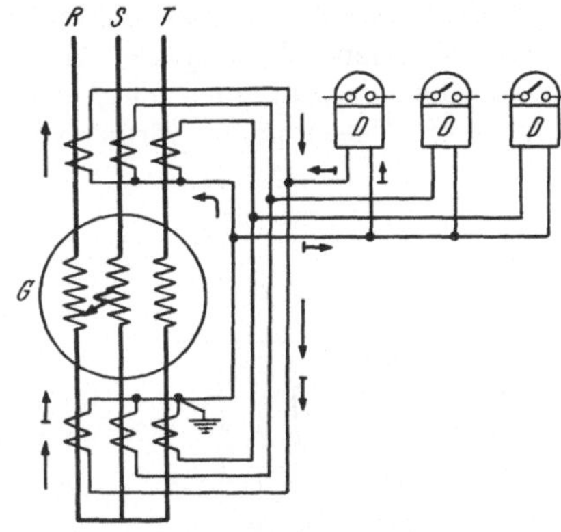

Abb. 5   Differentialschutz

Eine leistungsfähige *Generatorschutzeinrichtung* soll alle, dem Generator gefährlich werdende Fehler erfassen und von Fehlern außerhalb nicht berührt werden. Die wichtigsten Fehler im Generator sind der *Wicklungsschluß*, ein Überschlag zwischen den Wicklungen zweier verschiedener Phasen, der *Windungsschluß*, ein Überschlag zwischen zwei Windungen derselben Phase, der *Gestellschluß*, das ist eine leitende Verbindung zwischen einem Punkt der Wicklung und Erde (Gestell) und eine unzulässige *Spannungserhöhung*. Die Erfassung dieser Fehler erfolgt wieder mit den gleichen Elementen wie beim Leitungsschutz, also Stromrelais, Spannungsrelais, Richtungsrelais, Impedanzrelais, Zeitrelais usw. in entsprechenden Spezialschaltungen. Von diesen sei lediglich die wichtige Schaltung des *Differentialschutzes* an Hand der Abb. 5 kurz erläutert. Dabei werden vor und hinter dem zu schützenden Anlagenteil — hier dem Generator G — Stromwandler eingebaut und sekundär kurz verbunden. Im Nebenschluß liegen die empfindlichen Stromrelais D, die hier Differentialrelais genannt werden. So lange alles in Ordnung ist, sind die Ströme vor und hinter dem Generator gleich. Die Sekundärströme der Stromwandler fließen daher ungehemmt in den kurzen Verbindungsleitungen; die Differentialrelais bleiben unerregt. Tritt nun, etwa infolge eines Wicklungsschlusses, eine Stromdifferenz auf, so muß der Differenzstrom (in der Abbildung durch einen kleinen Pfeil gekennzeichnet) durch das Relais abfließen, das jetzt anspricht und die erforderlichen Schaltungen durchführt.

Der Differentialschutz wird auch gern als Transformatorenschutz, Sammelschienenschutz und in besonderen Fällen als Selektivschutz für parallele Leitungen verwendet.

Die Generatorschutzeinrichtung wirkt auf eine Abschaltung des Generators vom Netz, auf seine möglichst rasche Entregung und bei Großgeneratoren auf die Stillsetzung und bei mit Feuererscheinungen verbundenen Fehlern gegebenenfalls auch auf eine Feuerlöscheinrichtung (Brandschutz).

§ 442 Erdschlußschutz

Die Freileitungen werden besonders häufig von einer weiteren Fehlerart befallen, dem Erdschluß. Dabei tritt eine leitende Verbindung einer Phase mit Erde ein. Hervorgerufen werden die Erdschlüsse durch in die Leitung fallende Bäume und Äste, durch Vögel, Isolatorschäden, Reißen von Leitungsdrähten bei mechanischer Überbelastung (Schnee, Eis, Sturm) usw. Ist die Verbindung eine widerstandslose, so nennt man den Erdschluß einen satten.

Der Erdschluß wirkt sich zunächst in einer Senkung der Spannung der erdgeschlossenen Phase gegen Erde und einer entsprechenden Erhöhung in den gesunden Phasen aus. Ist der Erdschluß ein satter, so wird die Spannung der kranken Phase gegen Erde Null, während die der gesunden Phasen auf das

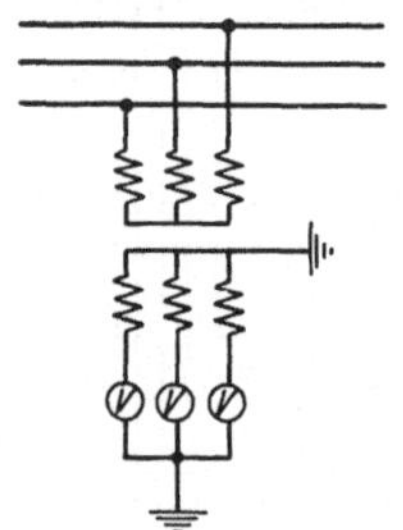

Abb. 1 Erdschlußüberwachung

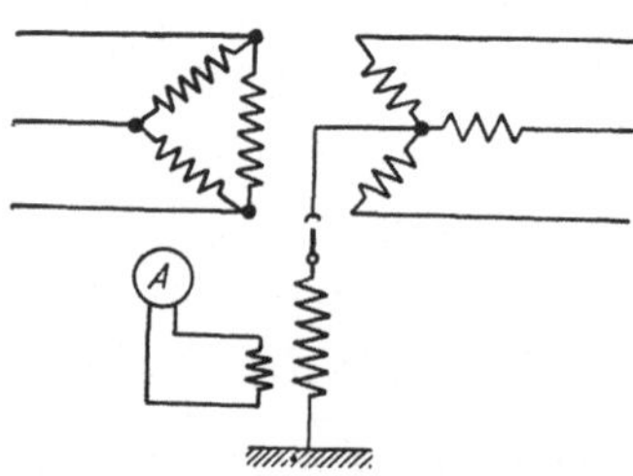

Abb. 2 Petersenspule

$\sqrt{3}$-fache ansteigen. Der Sternpunkt des Systems wird ebenfalls um die Phasenspannung verlagert. Die verketteten Spannungen bleiben jedoch unverändert. Um also einen Erdschluß zu erkennen, vor allem aber, um einen sich langsam entwickelnden Erdschluß, der sich zunächst durch eine nur schwache Spannungsverlagerung bemerkbar macht, nicht zu übersehen, also Zeit zu gewinnen, entsprechende Schaltdispositionen zu treffen, mißt man vorteilhaft die Phasenspannungen gegen Erde. Dies geschieht am einfachsten über drei, über Wandler an die Sammelschienen angeschlossene Spannungsmesser (Abb. 1).

Da beim Erdschluß die verketteten Spannungen unverändert bleiben, müßte grundsätzlich auch ein Betrieb unter Erdschluß möglich sein. Die Gefahr liegt aber einesteils an der Lichtbogenentwicklung und den Zerstörungen an der Fehlerstelle und anderseits vor allem in der überaus starken Stoßbeanspruchung der angeschlossenen Anlagenteile. Es war also ein, vom betrieblichen Standpunkt gesehen, großer Erfolg, als es gelang, auftretende Erdschlüsse zu löschen, das heißt einen sich bildenden Lichtbogen und einen elektrischen Strom durch die Fehlerstelle zum Erlöschen zu bringen. In vielen Fällen wird damit der Erdschluß überhaupt beseitigt; wo dies nicht möglich ist, kann der Betrieb ohne Schwierigkeit weitergeführt werden, obwohl dann natürlich die Spannungsverlagerung bestehen bleibt. Selbstverständlich wird man trachten, die fehlerhafte Leitung sobald als möglich abzuschalten und wiederherzustellen, ist aber nicht gezwungen, dies unmittelbar nach dem Eintreten des Fehlers tun zu müssen.

Das Prinzip der Erdschlußlöschung besteht darin, daß man dem Erdschlußstrom an der Fehlerstelle, der nahezu ein rein kapazitiver Strom ist, einen gleich großen induktiven Strom überlagert. Beide zusammen ergänzen sich dann zu Null bzw. einem durch die Verluste bedingten kleinen und ungefährlichen

Reststrom. Die Überlagerung gelingt durch Anordnung einer entsprechend bemessenen Spule zwischen dem Sternpunkt des Netzes und Erde. Diese Spule (Petersenspule) wird nach Abb. 2 am besten an den Sternpunkt eines der Haupttransformatoren angeschlossen.

Für den Betrieb wichtig ist die ungefähre Kenntnis des Ortes des Erdschlusses, weil sonst sehr zeitraubende Suchungen vorgenommen werden müssen. Man erreicht dies durch Erfassung der Strömungsrichtungen der Erdschlußströme im Netz, wozu wattmetrische Relais in Spezialschaltung dienen. In jenem Leitungsstück, in das nach Angabe dieser Erdschlußrelais der Strom im Erdschlußfall von beiden Enden eintritt, muß der Fehler liegen.

Der Erdschlußstrom ist der Netzspannung und der Netzlänge proportional. Er beträgt angenähert 3 Ampere je 10 kV und 100 km. Ist U die verkettete Netzspannung in kV und l die Netzlänge in km, dann ist also der Erdschlußstrom

$$I_E = 3\, U\, l\, 10^{-3}\ \text{Ampere} \tag{1}$$

und die Leistung der Löschspule

$$N_E = \frac{I_E\, U}{\sqrt{3}} = \sqrt{3}\ U^2\, l\, 10^{-3}\ \text{kVA.} \tag{2}$$

§ 443 Überspannungsschutz

Eine weitere ernste Gefährdung der elektrischen Anlagen bilden die gelegentlich auftretenden Überspannungen, wie sie vor allem durch atmosphärische Einwirkungen auftreten. Da man aus wirtschaftlichen Gründen die Geräte nicht gegen diese Spannungen isolieren kann, muß ein Schutz gegen Gefährdungen durch Überspannungen geschaffen werden. Das geschieht durch Schaffung einer leitenden Verbindung zwischen Leiter und Erde im Gefahrfalle, so daß ein Ausgleich der mit den Überspannungen verbundenen Ladungen erfolgen kann. Während man hiefür früher Funkenstrecken in Hörnerform (Hörnerableiter) verwendete, ist man heute fast ausschließlich auf die sogenannten *Ventilableiter* übergegangen, da erstere unzuverlässig waren und nur einen sehr zweifelhaften Schutz boten.

Die Ventilableiter bestehen aus einer Reihe hintereinander geschalteter Glimmentladungs- und Widerstandsstrecken, die erst bei einer bestimmten Spannung ansprechen. Die Widerstände sind ferner spannungsabhängig und haben bei hohen Spannungen kleine, bei kleineren Spannungen große Werte. Die Ableiter werden so ausgelegt, daß sie bei einem bestimmten Wert über der Betriebsspannung ansprechen und dann wegen der hohen Spannung eine fast widerstandslose Verbindung zur Erde schaffen. Sobald die Spannung durch den Ladungsausgleich auf die Betriebsspannung absinkt, reißt die Entladung ab, nachdem schon vorher der Ableiterwiderstand stark angestiegen war, und unterbricht die Verbindung nach Erde wieder.

Die Überspannungen treten in Form von Wanderwellen auf, die vom Entstehungsort (Blitzschlag) mit Lichtgeschwindigkeit die Leitungen entlang laufen und an allen Stellen, an denen sich die Charakteristik der Leitung ändert, reflektiert werden. An den offenen Leitungsenden werden sie im besonderen dabei auf den doppelten Wert erhöht. Es wird also vor allem vorteilhaft sein, Ventilableiter an allen Leitungsenden (Kopfstationen) anzuordnen. In ausgedehnten Anlagen versieht man auch gern die Sammelschienen mit Überspannungsschutzgeräten. An erfahrungsgemäß besonders gefährdeten Stellen der Leitung wird sich stets die Anordnung von Ableitern empfehlen, auch wenn es keine Leitungsenden sind.

Im übrigen trachtet man eine entsprechende Abstimmung (Koordination) der Isolation in den Anlagen zu erreichen, so zwar, daß schwerer zugängliche und heikle Anlagenteile, wie Maschinenwicklungen, feste und flüssige Isolationen, Luftstrecken im Inneren von Apparaten, Abstände zwischen Leitern usw. höhere Isolationen aufweisen als leichter zugängliche und weniger gefährdete Anlagenteile, wie beispielsweise Sicherheitsfunkenstrecken, Abstände zwischen Leitern und Erde usw. Durch Anordnung von Schutzfunkenstrecken können ferner schwache Stellen geschaffen werden, wo beim Nichtfunktionieren der Ableiter eventuelle Überschläge auftreten sollen, weil sie dort vergleichsweise wenig Schaden anrichten. Die Spannung, die die Ableiter halten, soll dann unter der Ansprechspannung dieser Sicherheitsfunkenstrecken liegen.

§ 444 Erdung und Nullung

Wenn auch der Berührung ausgesetzte Anlagenteile, wie Maschinengehäuse, Schalttafeln, Transformatorenkessel, Gehäuse von Meßgeräten usw. normalerweise keine Spannung gegen Erde aufweisen, so können sie im Defektsfalle mit spannungsführenden Anlagenteilen in leitende Verbindung kommen. Sie nehmen dann unter Umständen lebensgefährliche Spannungen an, gegen die ein Schutz um so notwendiger erscheint, als man es dem Anlagenteil nicht ansieht, ob er unter Spannung steht oder nicht. Der einfachste Schutz ist die leitende Verbindung mit Erde. Der so geschützte („geerdete“) Anlagenteil kann dann stets nur das Erdpotential aufweisen, also niemals gefährliche Berührungsspannungen annehmen. Allerdings ist dabei zunächst angenommen, daß die Erdleitung widerstandslos ist und auch zwischen dieser Leitung und Erde kein Übergangswiderstand (Erdungswiderstand) auftritt. In Wirklichkeit ist beides nicht der Fall und der geschützte Anlagenteil nimmt im Defektsfall eine Spannung gegen Erde an, die durch das Produkt aus dem zur Erde fließenden Strom und dem Widerstand der Erdung und der Erdleitung bestimmt ist.

Die leitende Verbindung mit Erde wird durch besonders zu diesem Zweck in die Erde gebettete metallische Leiter, wie Platten, Bänder, Rohre u. dgl., besorgt. Gegebenenfalls können auch bereits in der Erde liegende Leiter großer Oberfläche, wie Wasserleitungsnetze od. dgl., als Erder herangezogen werden. Zwischen diesen Erdern und den zu schützenden Anlagenteilen wird eine entsprechend leistungsfähige Erdleitung verlegt. Sie besteht meist aus Leitern aus feuerverzinktem Stahl von mindestens 50 mm² Querschnitt. Die Erder sind möglichst in gut leitende Erdschichten zu versenken oder bei trockenen Erdschichten einzuschlämmen.

In Niederspannungsanlagen mit geerdetem Nulleiter kann ein Schutz der Anlagenteile gegen zu hohe Berührungsspannung auch durch Anschluß an den Nulleiter erfolgen *(Nullung)*.

Es muß dann aber der Nulleiter mindestens an den Netzenden und in der Station geerdet und ebenso sorgfältig verlegt werden wie die Außenleiter. Weitere Vorschriften bestehen in der Auslegung der Sicherungen in den Außenleitern.

Die Erdungswiderstände sind periodisch zu überprüfen, da sie sich mit der Zeit stark verändern können.

§ 5 Grundzüge der Meßtechnik

§ 51 Die Meßgeräte

§ 511 Die wichtigsten Meßgerätetypen

Die elektrische Meßtechnik ist außerordentlich umfangreich und umfaßt eine große Anzahl von Instrumententypen. Einzelne Bauformen kehren immer wieder und können gewissermaßen als Grundtypen angesehen werden. Nur auf diese sollen sich die folgenden, wiederum nur grundsätzlichen Beschreibungen beziehen. Wesentlich ist dabei die gewünschte Meßgenauigkeit und die Beanspruchung bei der Verwendung im Betrieb. Man unterscheidet so vor allem die *Präzisionsgeräte* mit besonders hoher Meßgenauigkeit und Empfindlichkeit ,aber geringer Widerstandsfähigkeit gegen rauhere Behandlung, von den robusteren *Betriebsgeräten* mit geringerer Empfindlichkeit. Dienen erstere vorwiegend zu Messungen im Laboratorium, so sind die letzteren die üblichen Schalttafelinstrumente, die auch rauherer Behandlung und elektrischen Überlastungen gewachsen sind.

Zur Messung elektrischer Größen, die meist auf eine Strommessung hinausläuft, können grundsätzlich alle Auswirkungen

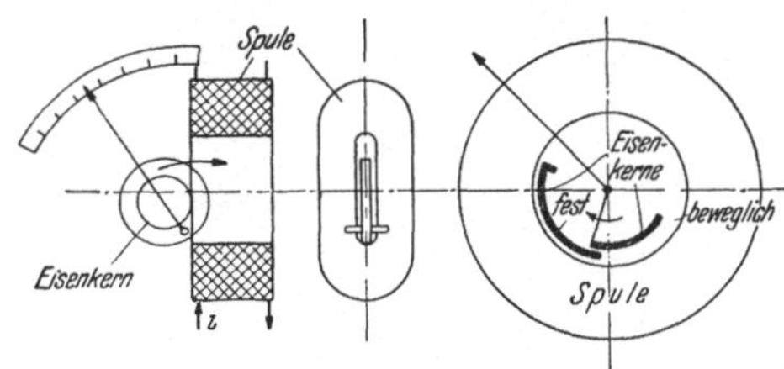

Abb. 1 Dreheiseninstrument

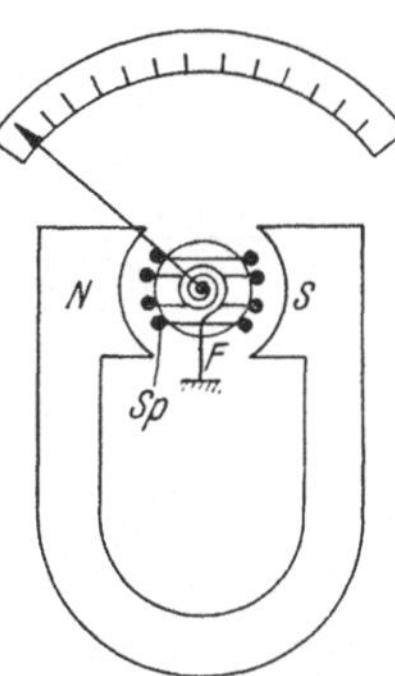

Abb. 2 Drehspulinstrument

des elektrischen Stromes verwendet werden, wenn auch die Ausnützung der magnetischen Wirkungen entschieden eine Vorzugsstellung einnimmt.

Die einfachsten Instrumentenformen dieser Gattung bilden die *Weicheiseninstrumente*. Sie bestehen aus einer Spule, die vom zu messenden Strom durchflossen wird, und einem Anker aus Weicheisen, der durch das Magnetfeld der Spule in diese hineingezogen wird und dabei eine Gegenkraft in Form einer Feder überwinden muß. Meist wird dabei, wie es etwa die Abb. 1 zeigt, das Weicheisenstück drehbar angeordnet (Dreheiseninstrument). Die Kraft auf den Weicheisenanker kommt durch das von der Spule erzeugte Magnetfeld im Zusammenwirken mit der Magnetisierung des Eisens zustande, die beide dem Strom proportional sind. Das Drehmoment steigt also quadratisch mit dem Strom, so daß die Skala ebenfalls quadratisch würde, wenn man dem Dreheisen nicht eine entsprechende, korrigierende Form gibt.

Bei Wechselstromspeisung zeigt das Instrument den quadratischen Mittelwert, also den Effektivwert an. Es kann somit in gleicher Weise für Gleichstrom- oder Wechselstrommessungen verwendet werden.

Eine zweite Grundtype stellt das *Drehspulinstrument* dar. Bei diesem wird nach Abb. 2 eine sehr leichte Spule im Feld eines Dauermagneten drehbar gelagert und deren Achse durch eine Spiralfeder ein Drehmoment erteilt. Dieses wird durch die auf die Spule ausgeübte Kraft überwunden, die entsteht, wenn die Spule vom zu messenden Strom durchflossen wird. Da nach dem Kraftgesetz (2311/2) das vom Magnetfeld ausgeübte Drehmoment dem Strom proportional ist, wird der Ausschlagwinkel ebenfalls proportional dem Strom. Das Instrument hat also eine linear geteilte Skala und ist nur für Gleichstrom verwendbar. Bei Wechselstromanschluß würde sich ja das Drehmoment in jeder Halbperiode umkehren und der Anker somit in der Ruhelage verbleiben.

Da das magnetische Feld nicht erst erzeugt werden muß, ist der Eigenverbrauch besonders gering und das Drehspulinstrument bei sonst gleicher Ausführung das genaueste unter den angeführten Grundtypen. Um diese Eigenschaften auch bei Wechselstrommessungen ausnützen zu können, kann man auch den Wechselstrom gleichrichten und erhält dann als Meßergebnis den algebraischen Mittelwert des Stromes. Meist wird aber die Skala in Effektivwerten geeicht; sie stimmt dann nur genau für sinusförmigen Strom.

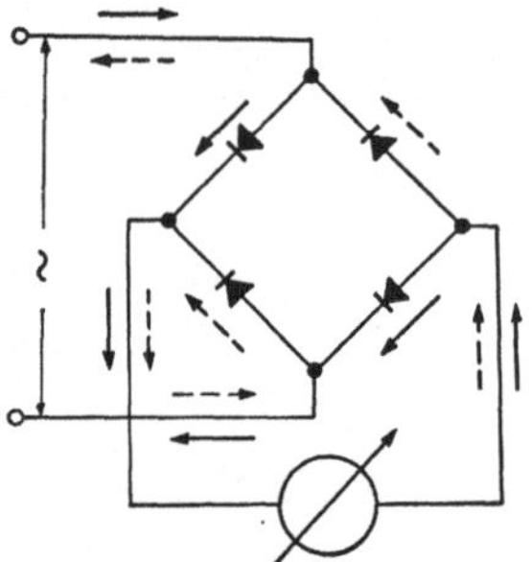

Abb. 3 Schaltung eines Gleichrichtermeßinstrumentes

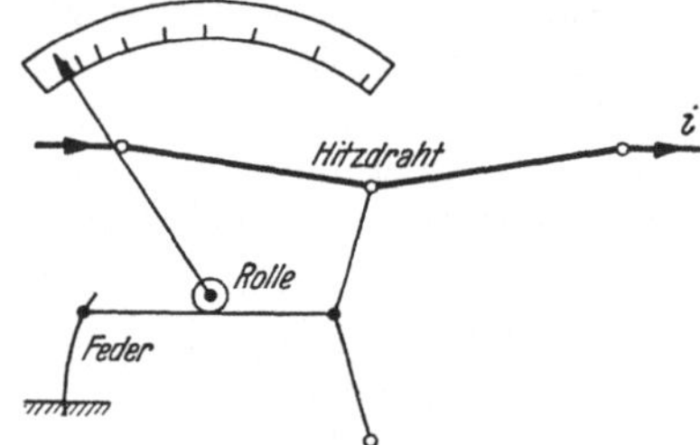

Abb. 4 Hitzdrahtinstrument

Als Gleichrichter werden meist Trockengleichrichter in der Graetz-Schaltung im Instrument eingebaut. Der Stromverlauf in den beiden Halbperioden ist in der Abb. 3, die das grundsätzliche Schaltbild eines solchen Gleichrichtergerätes zeigt, durch volle und strichlierte Pfeile gekennzeichnet.

Man kann die Empfindlichkeit der Drehspulinstrumente noch steigern, wenn man die bewegten Massen verkleinert und an Stelle der Lagerung der Drehspule in Spitzen eine Aufhängung auf dünne Metallbändchen vornimmt. Man nennt diese Geräte dann *Galvanometer*. Schließlich kann der materielle Zeiger auch noch durch einen Lichtzeiger ersetzt werden, indem die Drehspule einen kleinen Spiegel erhält, der einen von einer eingebauten oder getrennt aufgestellten Lichtquelle kommenden Lichtstrahl reflektiert. Dabei wird im ersten Fall eine in der Lichtquelle eingebaute Marke auf die Skala des Instrumentes projiziert (Lichtmarkengalvanometer), oder im zweiten Fall der Lichtstrahl auf eine außen befindliche, in größerer Entfernung angeordnete Skala geworfen (Spiegelgalvanometer).

Wird beim Drehspulinstrument der permanente Magnet durch eine feststehende Spule ersetzt, die in Reihe zur Drehspule geschaltet ist, so erhält man das *dynamometrische* oder *elektrodynamische Meßgerät*. Der Ausschlag ist jetzt wieder dem Quadrat des Stromes proportional; das Instrument kann also für Gleich- und Wechselstrom verwendet werden, ist bei gleicher Ausführung aber wegen seines größeren Eigenverbrauches nicht so empfindlich wie das Drehspulinstrument.

Das Hauptanwendungsgebiet des elektrodynamischen Meßgerätes ist die Wirkleistungsmessung. Dabei wird die feste Spule als Stromspule in den Stromkreis und die bewegliche, aus dünnem Draht ausgeführte Spule an die Spannung geschaltet. Das jeweilige Drehmoment ist dann dem Produkt aus den Augenblickswerten von Strom und Spannung gleich. Der angezeigte Mittelwert ist also, wenn R den Widerstand der Spannungsspule bedeutet,

$$M = c \frac{1}{T} \int_0^T \frac{U_m}{R} \sin \omega t \, I_m \sin (\omega t - \varphi)\, dt = c\, U I \cos \varphi.$$

Er ist somit der Wirkleistung proportional.

Auf völlig anderem Prinzip beruhen die *Hitzdrahtinstrumente*. Bei diesen wird nach Abb. 4 die Längenänderung eines vom zu messenden Strom erhitzten Drahtes in eine Zeigerdrehung umgewandelt, wozu auf den Hitzdraht über einen Faden und eine Feder ein seitlicher Zug ausgeübt wird. Je stärker der Strom ist, desto weiter wird die Abweichung und desto größer der Ausschlag des mit einer Rolle verbundenen Zeigers, über die der Zugfaden geführt ist. Da die Wärmeentwicklung dem Quadrat des Stromes proportional ist, gibt das Hitzdrahtinstrument quadratische Mittelwerte an, ist also für Gleich- und Wechselstrom geeignet.

Die Hitzdrahtinstrumente sind von der Außentemperatur abhängig und sehr empfindlich gegen Überlastungen. Sie werden daher verhältnismäßig wenig verwendet. Da sie keine Spulen besitzen, sind sie weitgehend frequenzunabhängig und können daher auch bei hohen Frequenzen gebraucht werden.

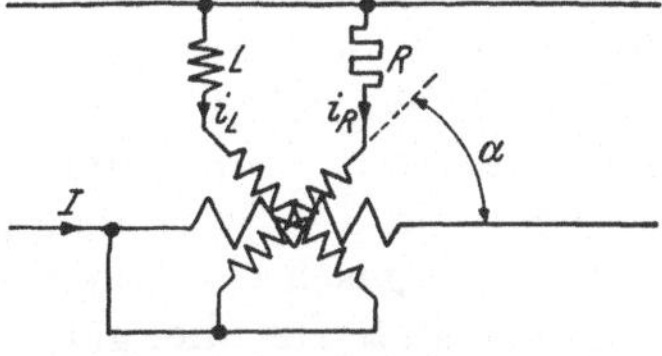

Abb. 5 Kreuzspulinstrument

Die bisher genannten Instrumente können sowohl zur Strom- als auch zur Spannungsmessung verwendet werden. Im zweiten Fall erhalten sie lediglich eine Wicklung aus dünnerem Draht, die dann einen entsprechend kleinen, der Spannung proportionalen Strom aufnimmt. Die Eichung erfolgt gleich in Spannungswerten.

Nur zur Spannungsmessung dienen die elektrostatischen Meßinstrumente, deren Zeigerdrehmoment durch die Kräfte zustande kommt, die im elektrostatischen Feld zwischen zwei Elektroden auftreten. Die Ausführung ist meist so getroffen, daß ein um eine feste Achse drehbarer Metallflügel zwischen zwei festen Platten so angeordnet ist, daß er durch die elektrostatischen Feldkräfte in das Feld heineingezogen wird. Durch entsprechende Formgebung der Elektroden kann die Skala angenähert linear gemacht werden. Bei kleinen Spannungen wird das Drehmoment durch Parallelschalten mehrerer solcher Systeme auf der Instrumentenachse vergrößert (Multizellularinstrument). Die elektrostatischen Spannungsmesser nehmen keinen Strom auf, arbeiten also ohne Leistungsverbrauch.

Für speziellere Messungen wurde weiters das *Kreuzspulinstrument* entwickelt. Seine Wirkungsweise sei an Hand der in der Abb. 5 gezeigten Schaltung eines Leistungsfaktormessers beschrieben. Im Inneren einer vom Strom durchflossenen, festen Spule sind zwei gegeneinander um 90° verschobene Spulen drehbar gelagert. Die beiden Spulen liegen unter Vorschaltung eines Ohmschen Widerstandes R, bzw. einer Induktivität L an der Spannung des Netzes. Es wird dann der Strom i_R in der einen Spule mit der Spannung U phasengleich sein, während i_L in der zweiten Spule bei genügend großem L der Spannung praktisch um 90° nacheilt. Ist der Phasenwinkel zwischen I und U φ und bedeutet α den Winkel zwischen der ersten Drehspulachse und der Achse der feststehenden Feldspule, so ist das von der ersten Drehspule herrührende Drehmoment

$$M_R = c_R \, U I \cos \varphi \sin \alpha,$$

wohingegen

$$M_L = c_L \, U I \sin \varphi \cos \alpha$$

das von der zweiten Drehspule stammende Drehmoment beschreibt. Da beide Spulen auf die gleiche Achse arbeiten, muß $M_R = M_L$ sein und es wird

$$\operatorname{tg} \varphi = c \operatorname{tg} \alpha$$

oder der Instrumentenausschlag dem Phasenverschiebungswinkel verhältnisgleich.

Zur Verrechnung der gelieferten elektrischen Energie oder zur Beurteilung von Arbeitsanteilen dienen die *Zähler*. Sie sind integrierende Apparate und nach den Prinzipien der Motoren gebaut. Der Gleichstromzähler hat dann einen kleinen Kommutator, während für Wechselstrom das Induktionsprinzip nach Art des Asynchronmotors verwendet wird. Als Läufer dient dabei eine unmagnetische Metallscheibe, auf die zwei senkrecht aufeinanderstehende Felder wirken, die vom Strom und der Spannung des Wechselstromsystems erregt werden. Die Felder erzeugen in der Scheibe Wirbelströme, die mit den Feldern wechselseitig Drehmomente bilden. Das resultierende Drehmoment ist der Wirkleistung proportional. Die Scheibe läuft weiters durch das Feld eines permanenten Magneten, der ein Bremsmoment erzeugt, das der Umdrehungsgeschwindigkeit proportional ist. Durch das Zusammenwirken der Triebfelder mit dem Feld des Bremsmagneten entsteht dann eine der Leistung proportionale Umdrehungsgeschwindigkeit. Werden also die Umdrehungen gezählt, so sind diese ein Maß für die gelieferte elektrische Energie. Die Zähler erhalten zu diesem Zwecke noch ein von der Achse über ein Schneckenrad angetriebenes Zählwerk.

Eine betriebsmäßig wichtige Messung gilt der Frequenz. Die gebräuchlichen *Frequenzmesser* sind meistens auf Resonanzerscheinungen aufgebaute Geräte. Am bekanntesten ist der Zungenfrequenzmesser, bei dem ein Kamm mit Zungen verschiedener Eigenfrequenz durch einen Elektromagneten zum Schwingen angeregt wird, wobei dann die mit der zu messenden Frequenz in Resonanz stehende Zunge besonders weit ausschlägt und damit die Frequenz anzeigt.

Alle bisher genannten Meßgeräte messen und zeigen die Meßgröße direkt an. Ihre Empfindlichkeit ist durch die mechanische Feinheit ihrer Ausführung begrenzt. Man kommt zu einer wesentlichen Empfindlichkeitssteigerung durch Verwendung von Röhren und Anwendung des Verstärkerprinzips. So besteht das *Röhrengalvanometer* nach Abb. 6 im wesentlichen aus einer Dreipolröhre, deren Gitterspannung dadurch verändert wird, daß der zu messende Strom über einen hochohmigen Widerstand R im Gitterkreis fließt. Die Röhre wirkt als Verstärker und gestattet durch Messung des Anodenstromes mit Hilfe eines Galvanometers die Messung sehr kleiner Ströme. Durch Anordnung einer weiteren Röhre und Rückkopplung auf den Gitterkreis der ersten Röhre läßt sich die Verstärkung noch vervielfachen.

Zur Messung kleiner Wechselspannungen eignet sich besonders das *Röhrenvoltmeter*, das im wesentlichen wieder aus einer Dreipolröhre besteht, die so geschaltet ist, daß die Anoden-Gleichstromänderung in eindeutiger Abhängigkeit von der dem Gitter zugeführten und zu messenden Wechselspannung steht. Das Röhrenvoltmeter zeichnet sich durch extrem kleinen Eigenverbrauch und weitgehende Frequenzunabhängigkeit aus.

Die Aufzählung der wichtigsten Meßgerätetypen sei schließlich noch ergänzt durch die aufzeichnenden Geräte, die sogenannten *Oszillographen*. Beim *Schleifenoszillographen* besteht das Meßwerk aus einer zwischen den Polen eines permanenten Magneten nach Art eines Spiegelgalvanometers ausgespannten Drahtschleife, die so klein ist, daß ihre Trägheit auch bei Messungen von sehr rasch veränderlichen Zeitgrößen vernachlässigbar klein ist. Der Ausschlag folgt dann den Augenblickswerten und kann mittels eines Lichtstrahles und eines kleinen, an der Schleife befestigten Spiegels auf eine sich mit gleichmäßiger Winkelgeschwindigkeit drehende Walze gelenkt werden, auf der ein lichtempfindliches

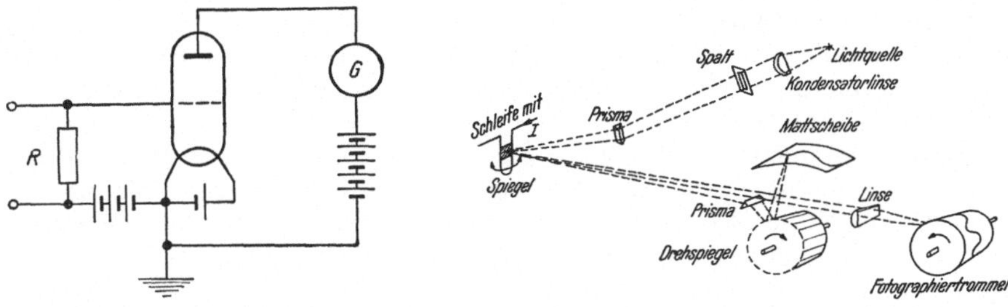

Abb. 6 Röhrengalvanometer   Abb. 7 Schleifenoszillograph

Papier angebracht ist (s. Abb. 7). Damit wird der hin und her schwingende Lichtstrahl auseinandergezogen und schreibt auf der Walze die zeitliche Abhängigkeit der Meßgröße.

Man kann die Zeitfunktion auch sichtbar machen, indem man den Lichtstrahl durch ein Prisma spaltet und den Teilstrahl zu einem gleichmäßig rotieren-

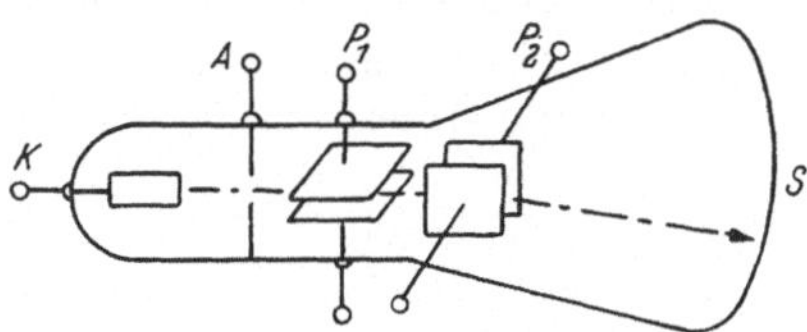

Abb. 8 Prinzip des Kathodenstrahl-Oszillographen

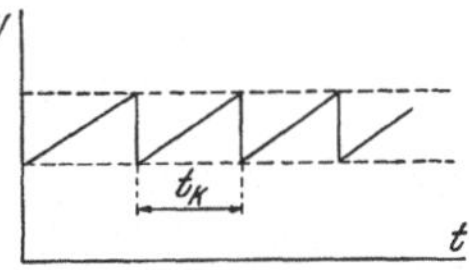

Abb. 9 Kippspannung

den Polygonspiegel führt. Jede Polygonfläche zieht den Strahl wieder seitlich auseinander und zeichnet die Zeitfunktion auf eine darüberliegende Mattscheibe. Erfolgt der Spiegelwechsel synchron mit dem zu messenden Vorgang, so entsteht ein stehendes, leicht beobachtbares Bild. Durch Anordnung mehrerer Schleifen lassen sich mehrere Vorgänge gleichzeitig darstellen und ihre gegenseitige zeitliche Verschiebung sichtbar machen.

Sollen sehr rasch veränderliche Vorgänge untersucht werden, dann macht sich die Trägheit der beweglichen Teile zunächst fälschend bemerkbar und läßt schließlich mit zunehmender Ablaufgeschwindigkeit eine Aufzeichnung nicht mehr zu. Man braucht dann Meßorgane mit noch kleinerer Trägheit. Als solche eignen sich vorzüglich Strahlen aus schnell bewegten Elektronen. Das führt zu dem in der Abb. 8 dargestellten *Kathodenstrahl-Oszillographen*. Die aus der Glühkathode K austretenden Elektronen werden zur Anode A hin beschleunigt, die eine blendenartige Öffnung trägt. Durch diese treten die auf hohe Geschwindigkeit gebrachten Elektronen als feiner Strahl in den Ablenkungsraum, in dem sich die beiden Ablenkplattenpaare P_1 und P_2 befinden, die gegeneinander um 90° verdreht sind. Legt man die Platten an Spannung, so treten zwischen ihnen elektrische Felder auf, durch die der Elektronenstrahl durchtreten muß. Dabei erfährt er eine Ablenkung senkrecht zu den Feldern, die den Spannungen an den Ablenkplatten verhältnisgleich sind. Der Elektronenstrahl trifft schließlich auf die mit geeigneter Masse bestrichene Vorderwand S der evakuierten Röhre auf, die als Leuchtschirm die Ablenkfunktionen bequem beobachten läßt.

Legt man die zu messende Spannung, die selbst wieder irgendeiner anderen zu messenden Größe proportional sein kann, an das eine Plattenpaar, an das andere jedoch eine Spannung, die proportional mit der Zeit wächst, dabei jedoch beim Erreichen eines bestimmten höchsten Wertes immer wieder auf einen Mindestwert zurückspringt (Kippspannung nach Abb. 9), so zeichnet das Gerät die zeitliche Abhängigkeit der zu messenden Größe auf. Damit das Bild am Leuchtschirm stillsteht, muß die Frequenz $1/t_k$ der Kippschwingung ein ganzes Vielfaches der Meßfrequenz sein.

Legt man an beide Plattenpaare Spannungen, die zu zwei Meßgrößen proportional sind, deren gegenseitige Abhängigkeit ermittelt werden soll, dann kann man also auch ohne Schwierigkeiten solche funktionale Zusammenhänge darstellen, z. B. Magnetisierungskurven, Strom-Spannungs-Abhängigkeiten, Regelkurven usw.

§ 512 Ausführungsformen

Die Ausführungsformen der Meßgeräte sind sehr zahlreich. Abgesehen von Größenunterschieden, ist die Art ihrer Verwendung maßgebend. Man unterscheidet in dieser Hinsicht tragbare Geräte und Geräte für Auf- und Einbau in Schalttafeln und Apparaten. Dabei trachtet man heute, alle unnötigen Verzierungen zu unterlassen, um möglichst ruhig wirkende Anordnungen zu erhalten, die jede ungewollte Ablenkung beim Ablesen der Geräte vermeidet. In diesem Sinne werden auch die Meßwerke meist verdeckt angeordnet und nur die Ableseskalen sichtbar belassen. Es ist dann nicht ohneweiters zu ersehen, um welche Instrumenttype es sich handelt. Unter der Skala wird daher ein Kennzeichen angebracht, das die Instrumententype erkennen läßt. Eine Zusammenstellung der wichtigsten Kennzeichen zeigt die Abb. 1.

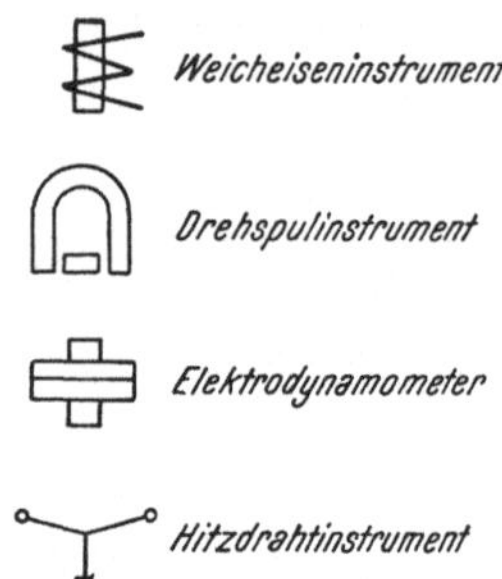

Abb. 1 Typenkennzeichen für Meßgeräte

Im allgemeinen wird getrachtet, die Ablesestellen als lineare Skalen zu erhalten. In Sonderfällen, wo einem bestimmten Meßbereich besondere Bedeutung zukommt, die weniger wichtigen Nachbarbereiche aber doch noch miterfaßt werden müssen, wird der bevorzugte Bereich durch geeignete Maßnahmen auseinandergezogen. So werden häufig Nullinstrumente mit stark auseinandergezogenem Bereich in der Nähe des Nullpunktes gebaut, wenn es bei der Messung darauf ankommt, das Nullwerden einer Meßgröße möglichst genau festzustellen. Ein Beispiel hiefür bildet das Nullvoltmeter bei den Synchronisierungsschaltungen (§ 411).

Ob die Meßgeräte eine runde, quadratische oder rechteckige Form erhalten, ist mehr oder weniger eine Geschmacksache. Dagegen ist es für die Ausführung nicht immer gleichgültig, ob sie in horizontaler, vertikaler oder schräger Lage eingebaut werden sollen.

§ 52 Meßverfahren

§ 521 Strom- und Spannungsmessung

Die Messung elektrischer Ströme erfolgt einfach durch Einschalten eines der im vorigen Abschnitt angeführten Gerätes in den zu messenden Stromkreis. Die Amperemeter erhalten zu diesem Zwecke Spulen (bzw. einen Hitzdraht) mit entsprechend bemessenen Querschnitten und Windungszahlen, so daß das erforderliche Drehmoment entsteht und keine unzulässige Erwärmung — die ja auch die Meßgenauigkeit ungünstig beeinflussen würde — auftritt. Überschreiten die Ströme eine gewisse Höhe, so lassen sich die Stromspulen in den Geräten nicht mehr stark genug ausführen und man muß trachten, den durch das Instrument fließenden Strom zu erniedrigen. Die hiefür vorzugsweise bei Gleichstrom angewandte Hilfsmaßnahme ist die Anordnung eines Parallelwiderstandes (auch Nebenwiderstand oder Shunt genannt) zum Meßgerät. Nach Abb. 1 ist dann

$$I = I_A + I_R \quad \text{und} \quad I_A\, R_A = I_R\, R,$$

woraus der durch das Amperemeter fließende Strom

$$I_A = I \frac{R}{R_A + R},$$

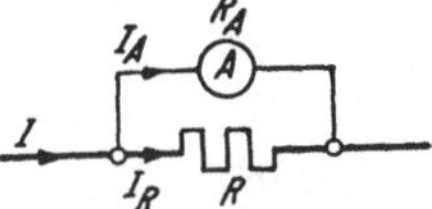

Abb. 1 Nebenwiderstand (Shunt)

wenn R_A den Instrumenten- und R den Nebenwiderstand bedeuten. Will man also mit dem Gerät den n-fachen Strom messen, den es selbst noch verträgt ($I = n\, I_A$), so benötigt man einen Nebenwiderstand von der Größe

$$R = R_A \frac{I_A}{I - I_A} = \frac{R_A}{n - 1}. \tag{1}$$

Zur Messung des 1000fachen Stromes muß also beispielsweise der Nebenwiderstand $^1/_{999}$ des Instrumentenwiderstandes betragen. Da die Amperemeterwiderstände an und für sich schon sehr niedrig sind, kommt man so auf überaus kleine Widerstände. Um also genaue Messungen zu erhalten, ist dafür Sorge zu tragen, daß die Leitungsanschlüsse am Nebenwiderstand sehr sorgfältig ausgeführt werden, da sonst dort auftretende Übergangswiderstände die Messung stark fälschen, wenn nicht unbrauchbar machen könnten.

    Eine Schwierigkeit, die bei der Messung sehr großer Ströme auftritt, ist die Beherrschung der im Nebenwiderstand entstehenden Verluste, die in Wärme umgewandelt werden. Man findet für diese leicht den Wert

$$N_v = I_A{}^2 R (n - 1)^2 = I_A{}^2 R_A (n - 1).$$

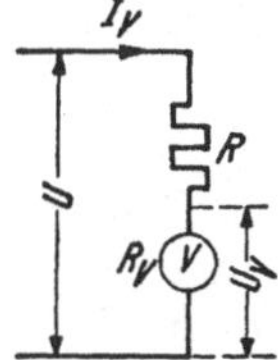

Abb. 2 Vorwiderstand

Man erkennt, daß sie bei großem n beträchtliche Werte annehmen können.

    Bei Wechselstrom liegt die Aufgabe wesentlich günstiger, da man mit Hilfe eines Stromwandlers jeden beliebigen Primärstrom in einen bequem beherrschbaren Sekundärstrom (meist 5 Ampere) ohne wesentliche Verluste umwandeln kann. Die Amperemeteranzeigen sind jetzt mit dem Übersetzungsverhältnis des verwendeten Stromwandlers zu multiplizieren. In stationären Anlagen können die Amperemeter natürlich bereits eine das Wandlerübersetzungsverhältnis berücksichtigende Skala erhalten.

    Die Spannungsmessung ist bis auf den Fall der Messung mit dem elektrostatischen Voltmeter in Wirklichkeit eine Strommessung. Hat nämlich das Meßgerät den inneren Widerstand R_u und wird es an die Spannung U gelegt, so nimmt es den Strom $I_u = U/R_u$ auf, der dann vom Instrument gemessen wird. Die Spule des Gerätes erhält jetzt viele Windungen aus dünnem Draht. Die Eichung und Wertangabe erfolgt gleich in Volt.

    Hat das Meßwerk einen zulässigen Strombereich bis I_u Ampere, dem also ein Spannungsbereich von $U_u = I_u R_u$ entspricht, so können auch höhere Spannungen gemessen werden, wenn man nach Abb. 2 einen Widerstand R vorschaltet. Es ist jetzt

$$U = I_v (R + R_v) \quad \text{und} \quad U_v = I_v R_v$$

und damit die Spannung am Voltmeter

$$U_v = U \frac{R_v}{R + R_v}.$$

Soll also die n-fache Spannung gemessen werden ($U = n\,U_v$), so ist ein Vorwiderstand von der Größe

$$R = R_v \frac{U - U_v}{U_v} = \frac{U}{I_v} - R_v = R_v\,(n - 1) \tag{2}$$

erforderlich. Man kann dann unter Umständen auch ein Amperemeter für kleine Ströme zur Spannungsmessung heranziehen. Hat man beispielsweise ein Amperemeter mit einem Meßbereich bis 10 mA und einem Innenwiderstand von 10 Ω zur Verfügung, so kann man es als Voltmeter für 100 Volt benützen, wenn man ihm einen Widerstand von

$$R_1 = \frac{100}{0,01} - 10 = 9990\,\Omega$$

vorschaltet.

Bei sehr hohen Spannungen treten Isolationsschwierigkeiten auf. Man verwendet dann vorteilhafter elektrostatische Voltmeter oder Kugelfunkenstrecken, bei denen die Überschlagsentfernung zwischen zwei Kugelelektroden eine eindeutige Funktion der angelegten Spannung ist.

Bei Wechselspannung vereinfacht sich die Spannungsmessung durch Verwendung von Spannungswandlern, die es gestatten, jede Spannung auf die genormte Meßspannung von 110 oder 100 Volt herabzutransformieren. In stationären Anlagen kann dann das Meßgerät wieder nach der Primärspannung geeicht werden.

§ 522 Leistungsmessung

Bei Gleichstrom erfolgt die Leistungsmessung einfach durch Anschluß des Leistungsmessers. Dabei können wieder zur Erweiterung des Meßbereiches Neben- und Vorwiderstände angeordnet werden. Sind deren Erweiterungsfaktoren n und m, so ist er für die Leistung $n\,m$. Für den Anschluß des

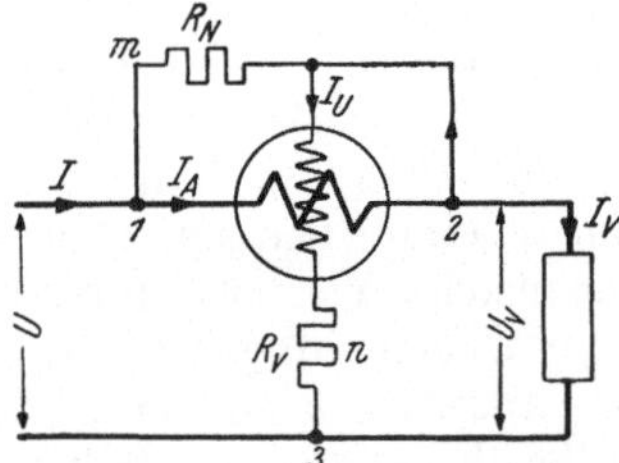

Abb. 1 Wattmeterschaltung

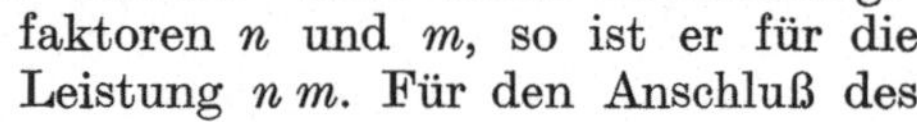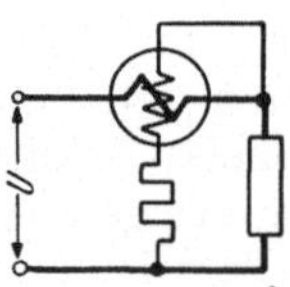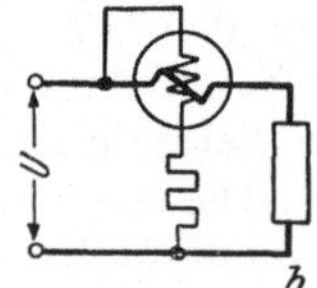

Abb. 2 Anschluß der Spannungsspule beim Wattmeter

Vorwiderstandes R_v ist aber eine wichtige Vorsichtsmaßregel zu beachten. Da der Luftspalt zwischen den beiden Spulen im Meßgerät sehr klein ist, darf zwischen ihnen keine zu hohe Spannung auftreten. Der Vorwiderstand muß also so angeschlossen werden, daß die Spannungsspule das Potential der Stromspule bekommt. Diese Schaltung ist in der Abb. 1 gezeigt; der Vorwiderstand dürfte nicht zwischen der Spannungsspule und dem Punkt 2 angeschlossen werden!

In der Schaltung nach Abb. 1 erhält zwar die Spannungsspule die richtige Verbraucherspannung, die Stromspule aber einen um den Strom der Spannungsspule zu hohen Strom $I_A = I_v + I_u$ (bei $R_N = \infty$). Die Verhältnisse sind nochmals, und der Übersichtlichkeit halber ohne Nebenwiderstand in der Abb. 2a gezeichnet. Die Messung ist also nur zulässig, solange der Belastungsstrom I groß gegenüber dem Instrumentenstrom I_u ist. Bei kleinen Belastungsströmen vertauscht man den Anschlußpunkt der Spannungsspule von 2 nach 1 (Schaltung b). Die Stromspule erhält jetzt den richtigen Belastungsstrom $I_A = I$. Allerdings liegt dafür jedoch die Spannungsspule auf einer um den Spannungsabfall $I\,R_A$ zu hohen Spannung, was aber bei der getroffenen Voraussetzung kleiner Belastungsströme praktisch ohne wesentlichen Einfluß bleibt. Die unrichtige Spannungsabnahme führt dagegen zu beträchtlichen Meßfehlern, wenn die Belastungsströme groß sind oder genauer, wenn $I_A\,R_A$ gegenüber der Netzspannung ins Gewicht fällt. Je nach der relativen Belastungshöhe ist also die Schaltung a oder die Schaltung b zu wählen. In beiden Fällen wird eine etwas zu hohe Leistung gemessen.

Bei einphasigem Wechselstrom erfolgt die Leistungsmessung in gleicher Art wie bei Gleichstrom. Da das Drehmoment im Instrument jeweils dem Produkt der Augenblickswerte von Strom und Spannung proportional ist, zeigt das Instrument die Wirklast an.

Bei Drehstrom kann zunächst in jeder Phase in bekannter Weise ein Wattmeter geschaltet werden. Die gesamte Wirklast ist dann die Summe der drei Instrumentenangaben. Man kann diese Summierung dadurch schon im Instrumente vornehmen, daß man die drei Meßwerke auf eine gemeinsame Achse setzt und nur eine Zeigerablesung (für das Summendrehmoment) vorsieht. Die drei Spannungsspulen werden dann im Dreileitersystem in Stern geschaltet (künstlicher Sternpunkt) oder im Vierleitersystem gemeinsam an den Mittelpunktleiter des Systems angeschlossen.

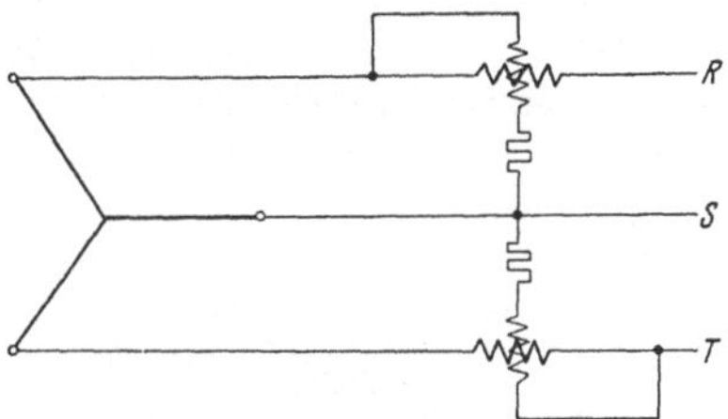

Abb. 3 Zweiwattmeterschaltung

Bei Dreileiteranlagen ohne Mittelpunktleiter läßt sich die Messung wesentlich vereinfachen und durch zwei Systeme durchführen, wozu dann auch nur je zwei Strom- und Spannungswandler erforderlich sind.

Aus den Gleichungen

$$u_R + u_S + u_T = 0,$$
$$i_R + i_S + i_T = 0,$$
$$n = u_R\,i_R + u_S\,i_S + u_T\,i_T$$

wird mit

$$u_R - u_S = u_{SR} \quad \text{und} \quad u_T - u_S = u_{ST},$$
$$n = u_{SR}\,i_R + u_{ST}\,i_T, \tag{1}$$

das heißt also als Summe zweier fiktiver Leistungen dargestellt, die sich als Produkt je eines Leitungsstromes mit der verketteten Spannung zur dritten Phase ergeben. Die zugehörige, in der Abb. 3 dargestellte Schaltung heißt Zweiwattmeter- oder Aronschaltung. Die beiden Meßwerke können wieder vorteilhaft auf dieselbe Achse gesetzt werden. Bei getrennter Messung ist zu beachten, daß das eine Wattmeter bei bestimmten Phasenwinkeln auch negative Werte anzeigen kann.

Sind alle drei Phasen gleich belastet, so genügt die Leistungsmessung in einer Phase. Die Gesamtleistung hat dann den dreifachen Wert.

Andere Schaltungen zur Leistungsmessung mit drei Spannungsmessern oder mit drei Strommessern haben keine praktische Bedeutung erlangt.

§ 523 Widerstandsmessung

Nach dem Ohmschen Gesetz erhält man den Widerstand eines Leiters aus dem Quotienten aus der angelegten Spannung und dem den Leiter durchfließenden Strom. Zu seiner Messung genügt also eine Strom- und eine Spannungsmessung. Dabei können nach der Abb. 1 grundsätzlich wieder zwei Schaltungen angewandt werden.

Im Schaltbild a mißt das Amperemeter einen etwas zu großen Strom, nämlich den um den Voltmeterstrom vergrößerten Verbraucherstrom. Mit anderen Worten wird die Parallelschaltung des zu messenden Widerstandes R_x mit dem Widerstand des Spannungsmessers gemessen. R_x wird also um so genauer erhalten, je größer der Voltmeterwiderstand gegenüber R_x ist.

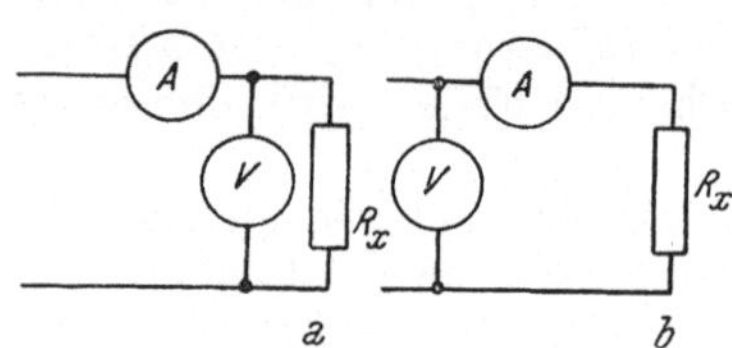

Abb. 1 Widerstandsmessung durch Strom- und Spannungsmessung

Nach der Schaltung b wird dagegen eine um den Spannungsabfall im Amperemeter zu hohe Spannung gemessen und man erhält den Widerstand aus der Reihenschaltung von R_x und dem Amperemeterwiderstand.

Die Messung ist daher um so genauer, je kleiner der Amperemeterwiderstand im Vergleich zum zu messenden Widerstand R_x ist.

Im allgemeinen wird also die Schaltung a bei vergleichsweise niedrigen, die Schaltung b bei vergleichsweise hohen Widerstandswerten anzuwenden sein.

Eine direkte Widerstandsmessung ermöglichen die Brückenschaltungen, unter denen die *Wheatstonesche Brücke* die einfachste ist. Sie besteht nach Abb. 2 außer dem zu messenden Widerstand R_x aus weiteren drei, in einem Viereck geschalteten Widerständen. In der einen Diagonale liegt ein empfindliches Galvanometer, an die andere wird eine Gleichspannung gelegt. Sind die Widerstände so abgestimmt, daß das

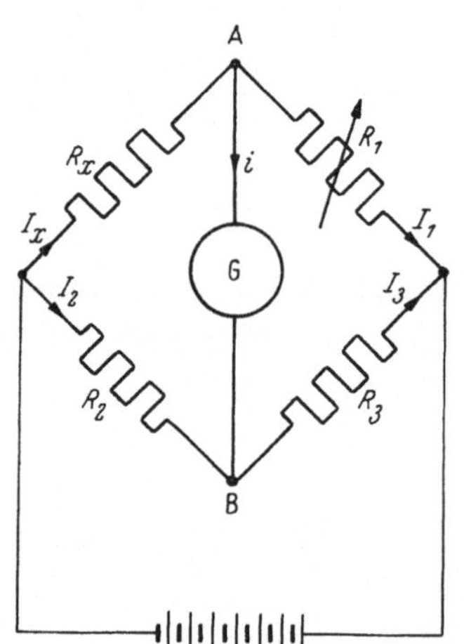

Abb. 2 Wheatstonesche Brücke

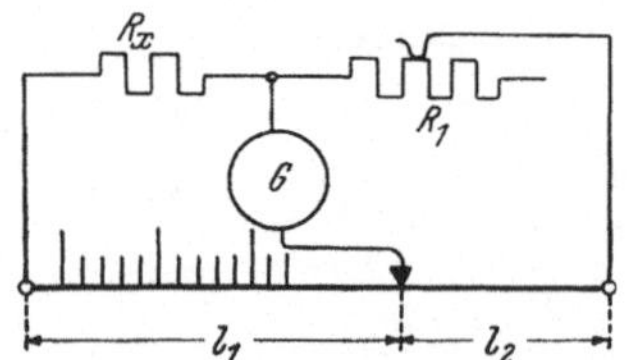

Abb. 3 Widerstandsmeßbrücke

Galvanometer keinen Ausschlag zeigt, daß also $i = 0$ ist, so wird

$$I_x = I_1 \quad \text{und} \quad I_2 = I_3.$$

Die Punkte A und B müssen ferner gleiches Potential haben, so daß

$$I_x R_x = I_2 R_2$$

und

$$I_1 R_1 = I_x R_1 = I_3 R_3 = I_2 R_3$$

sein muß. Durch Division erhält man daraus

$$\frac{R_x}{R_1} = \frac{R_2}{R_3},$$

woraus der Widerstand

$$R_x = R_1 \frac{R_2}{R_3} \tag{1}$$

ermittelt werden kann, wenn ein Widerstand der Brücke und das Verhältnis der beiden weiteren zueinander bekannt sind. Dieser Widerstand bzw. das Verhältnis der beiden anderen muß dann veränderlich sein. Die beiden Werte werden bei der Messung eben so lange verstellt, bis die Brücke abgeglichen, das heißt $i = 0$ ist.

In der praktischen Ausführung wird R_2 und R_3 zu einem kalibrierten Meßdraht zusammengefaßt, während R_1 auf dekadische Werte gestöpselt werden kann (Abb. 3). An Stelle von R_2/R_3 tritt dann das Verhältnis der Längen l_1/l_2, das auf einer Skala längs des Meßdrahtes aufgetragen werden kann und somit eine unmittelbare Ablesung des Wertes von R_x ergibt. Es ist dann

$$R_x = R_1 \frac{l_1}{l_2}. \tag{2}$$

Für extreme Fälle sind die Brückenschaltungen vielfach erweitert worden, wenn beispielsweise bei kleinen Widerständen die Übergangswiderstände an den Klemmen und in den Zuleitungen eine Rolle spielen, oder wenn es sich um die Messung von Widerstandsänderungen durch Temperatureinflüsse u. a. m. handelt, oder andere Größen über äquivalente Widerstände gemessen werden sollen usw.

§ 524 Induktivitäts- und Kapazitätsmessung

Zur Messung von Induktivitäten und Kapazitäten werden vorzugsweise Brückenschaltungen verwendet, deren Zweige jetzt aber auch Induktivitäten oder Kapazitäten enthalten. Ein Beispiel einer solchen Meßbrücke zeigt die Abb. 1. Es gilt jetzt nach dem Abgleichen der Brücke

$$L_x = R_1 R_4 C. \tag{1}$$

Hat das induktive Meßobjekt — etwa eine Spule — noch einen Ohmschen Widerstand, so erhält man aus derselben Messung für diesen

$$R_x = \frac{R_1 R_4}{R_2} - R_3. \tag{2}$$

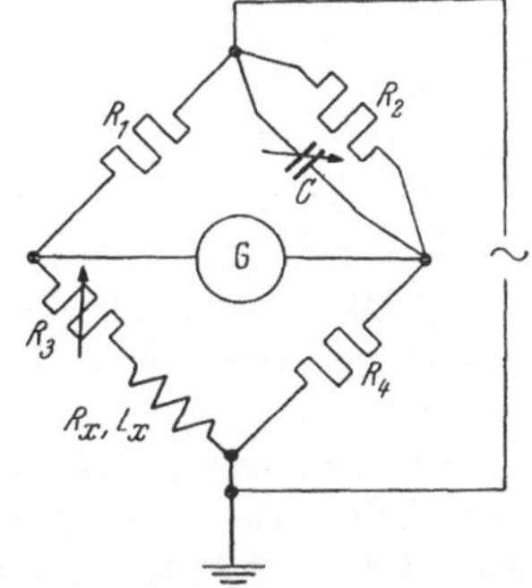

Abb. 1   Induktivitätsmeßbrücke

Ersetzt man die unbestimmte Induktivität durch eine Meßinduktivität, so kann analog an Stelle von C eine unbekannte Kapazität C_x gemessen werden.

In anderen Schaltungen werden die Entladeströme eines Kondensators bekannter Kapazität und des zu messenden Kondensators miteinander verglichen. Ändert man die an die beiden Kondensatoren angelegten Spannungen — etwa durch Anlegen an stromdurchflossene veränderliche Widerstände — solange, bis die Entladeströme gleich groß werden, dann ergibt das erhaltene Widerstandsverhältnis ein Maß für das Kapazitätsverhältnis.

In der Hochfrequenztechnik ist ein Verfahren üblich, bei dem die Frequenz eines Hochfrequenzgenerators, der den zu messenden Kondensator über eine lose Kopplung speist, solange geändert wird, bis eine am Kondensator angeschlossene Anzeigevorrichtung (etwa ein Telephon) maximalen Ausschlag (Lautstärke) gibt. Der Ersatz des zu messenden Kondensators durch einen regelbaren, genauen Vergleichskondensator liefert den gesuchten Kapazitätswert, wenn wieder auf maximalen Ausschlag (Lautstärke) eingestellt wird (Resonanzschaltung nach HUND).

§ 6. Elektrizitätswirtschaft

Die Elektrizitätswirtschaft bildet einen Teil des übergeordneten, umfassenden Gebietes der allgemeinen Energiewirtschaft. Diese befaßt sich mit der Ausnutzung und Verwertung der vorhandenen Rohenergiequellen, der Umwandlung der Rohenergie in technisch ausnutzbare Formen, sowie deren Fortleitung und wirtschaftliche Verwendung. Als besonders vielseitig verwendbar hat sich dabei die elektrische Energie erwiesen, mit deren wirtschaftlicher Erzeugung, Bereitstellung, Fortleitung und Verwertung sowie der Ausnutzung der diesem Zwecke dienenden Anlagen und Kapitalien sich der engere Zweig der Energiewirtschaft, die Elektrizitätswirtschaft befaßt. Der Bedarf an elektrischer Energie ist in stetem Steigen begriffen und liegt in hochelektrifizierten Ländern, wie beispielsweise in Norwegen und Kanada, heute schon bei jährlich etwa 2000 kWh je Einwohner und darüber, ohne daß noch ein Ende der Aufwärtsbewegung zu sehen ist.

Als Rohstoffquellen kommen im wesentlichen Stein- und Braunkohle, Öl und Wasser in Betracht.

Mit Ausnahme des Wassers werden diese Rohstoffe ausschließlich zur Wärmeerzeugung verwendet und die Wärme als Zwischenstufe zur Umwandlung in elektrische Energie herangezogen (Wärme- oder thermische Kraftwerke). Dabei wird die Wärme meist zur Erzeugung von Dampf verwendet, der dann die Dampfmaschinen treibt, die ihrerseits mit den elektrischen Generatoren gekuppelt sind. Während man ursprünglich die Steinkohle wegen des hohen Heizwertes gerne verfeuerte, zwingt die zunehmende Entwicklung zum Haushalten mit diesem hochwertigen Rohstoff, der in immer stärkerem Maße in der Eisen- und chemischen Industrie gebraucht wird und dort nicht durch andere Stoffe oder auch durch mindere Kohlensorten ersetzt werden kann. Zur Verfeuerung unter den Kesseln wird daher in immer mehr zunehmendem Maß Braunkohle verwendet. Da der Transport der Braunkohle wegen seines geringen Heizwertes über größere Entfernungen unwirtschaftlich ist, werden die Braunkohlenwerke meist in der Nähe der Gruben errichtet, wo die Kohle anfällt. Es muß dann die elektrische Energie über Leitungen transportiert werden.

Das Öl ist zwar ebenfalls ein sehr hochwertiger Brennstoff, doch beschränkt sich seine Verwendung für die Elektrizitätserzeugung mehr auf Spitzen- und Sonderwerke.

Alle als Brennstoffe verwerteten Rohstoffe werden bei ihrer Verwendung verbraucht. Ihre verfügbare Substanz wird also dauernd kleiner. Im Gegensatz hiezu steht das Wasser, das nach Abarbeitung durch die Kraft der Sonne wieder gehoben und als Regen und Schnee dem Energiekreislauf immer wieder kostenlos zur Verfügung gestellt wird. Aus dieser Tatsache allein ergibt sich schon die außerordentliche Bedeutung des Ausbaues der vorhandenen Wasserkräfte. Natürlich muß auch hier für eine Fortleitung der erzeugten elektrischen Energien gesorgt werden. In Europa sind es vor allem die Alpen- und die skandinavischen Länder, die über ausschlaggebende Wasserkräfte verfügen. Dazwischen liegt eine breite Steinkohlen- und Braunkohlenzone, die sich von England über Belgien, Deutschland und Polen nach Rußland hineinzieht.

Je nach der Bedeutung der Werke und je nach der Größe des zu versorgenden Gebietes unterscheidet man Ortswerke, Überlandwerke, Landeswerke und Reichswerke. Als Stromarten kommen für die Kleinversorgung Gleich- oder Wechselstrom in Frage. Gleichstrom hat vor allem den Vorteil der Speicherfähigkeit und der einfachen und sehr befriedigenden Drehzahlregelung der Motoren. Dem steht als Nachteil die Unmöglichkeit der Spannungstransformation gegenüber und der vergleichsweise hohe Preis der Gleichstrommotoren. Das Anwendungsgebiet erstreckt sich demgemäß auf kleinere Eigenanlagen, Hilfsbetriebe, chemische Betriebe und Kleinbahnen (Straßenbahnen, Obuslinien, Überlandbahnen, ausnahmsweise auch Vollbahnen). Der eminente Vorteil der Wechselstromsysteme liegt vor allem in der leichten Transformierbarkeit. Damit besteht die Möglichkeit der Wahl einer wirtschaftlichen Übertragungsspannung, unabhängig von den jeweils gewünschten Gebrauchsspannungen. Für Drehstrom lassen sich ferner sehr preiswerte und robuste Motoren (Asynchronmotoren) bauen, die allerdings nur schwierig geregelt werden können. Das Hauptanwendungsgebiet liegt in der Großkraftübertragung, in der Versorgung der Industrie und großer Versorgungsgebiete und im Vollbahnbetrieb (heute noch vorzugsweise Einphasenstrom mit $16^2/_3$ Hertz).

Die Beurteilung einer Elektrizitätsversorgung nimmt ihren Ausgang von den Belastungskurven, die den Verlauf der Belastung zu den einzelnen Tageszeiten angeben. Je nachdem, ob das Versorgungsgebiet eine größere Stadt, ein Industriegebiet oder ein landwirtschaftliches Gebiet ist, zeigen die Kurven sowohl innerhalb eines Tages als auch saisonmäßig verschieden geformte und verschieden starke Schwankungen. Vor allem zeigt sich bei vorwiegendem Lichtanschluß die gefürchtete Abendspitze, die ein Vielfaches der Durchschnittsbelastung ausmachen kann und für die das Kraftwerk ausgelegt werden muß. Bei den landwirtschaftlichen Betrieben wird sich meist ein großer Unterschied zwischen der Herbst- und Winterzeit (Dreschzeit) gegenüber dem Frühjahr und Sommer ergeben. Durch Zusammenschluß größerer und verschiedenartiger Abnahmegruppen läßt sich ein wirtschaftlicher Belastungsausgleich erzielen (Elektrizitätsgroßwirtschaft).

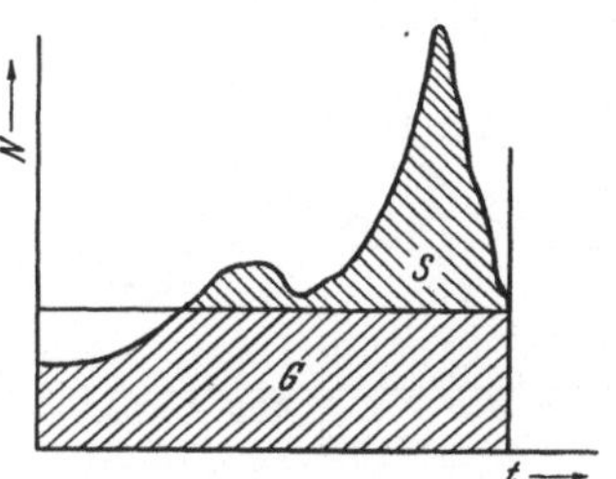

Abb. 1 Aufteilung der Belastungen
Grund- und Spitzenlast

Die Summe aller an ein Werk angeschlossener Verbraucherleistungen ergibt dessen Anschlußwert. Dieser wird erfahrungsgemäß niemals als tatsächliche Belastung auftreten, da die Verbraucher niemals alle gleichzeitig ihre Vollbelastung angeschlossen haben. Der auftretende Höchstwert ist daher immer kleiner als der Anschlußwert. Das Verhältnis der Höchstbelastung zum Anschlußwert heißt Gleichzeitigkeitsfaktor und kann etwa zwischen 0,2 und 0,4 liegen.

Ein zweites Verhältnis, nämlich der Quotient aus Durchschnittsbelastung und Höchstbelastung gibt Auskunft über die Ausnützung der Maschinen. Er wird Belastungsfaktor genannt und liegt zwischen etwa 15 bis 20% bei kleineren Anlagen und bis 45 bis 60% bei Großversorgungen.

Als Belastungs- oder Benutzungsdauer bezeichnet man das Verhältnis der Energieabgabe (Konsum) zur Höchstleistung. Er gibt also die Zeit an, innerhalb der die Maschinen die tatsächliche Gesamtleistung abgeben würden, wenn sie voll belastet wären. Je höher die Benutzungsdauer, desto besser ausgenützt sind die Kraftwerke. Auf das Jahr bezogene Erfahrungswerte sind etwa 2000 . . . 4000 h bei städtischen Elektrizitätswerken, 5000 . . . 7000 h in chemischen Industrien, 5000 . . . 8760 h in Grundlastwerken und 1000 . . . 1500 h in Spitzenwerken. Grundlastwerke sind dabei solche, denen man, wie es etwa die Abb. 1 zeigt, den möglichst konstant verlaufenden Grundanteil der Belastung zuordnet, während die darüberliegenden Anteile und Spitzen dem Spitzenwerk zugewiesen werden. Das Grundlastwerk wird dann immer das wirtschaftlich bessere Werk (das modernere Werk mit dem besseren Wirkungsgrad) sein, während das Spitzenwerk auch ein weniger wirtschaftlich arbeitendes Werk (ältere Anlage) sein kann, dessen schlechterer Wirkungsgrad infolge der kleinen Benutzungsdauer nicht so sehr ins Gewicht fällt. Das Spitzenwerk muß ferner stets betriebsbereit sein, um die jeweils anfallende Spitzenlast sofort liefern zu können. Es wird also in der Regel ein Wasserkraft- oder Dieselwerk sein, da ein Dampfkraftwerk lange Anfahrzeiten (Stunden!) braucht, es sei denn, daß die Kessel dauernd unter Dampf gehalten werden, was aber wegen der hohen Leerlaufverluste sehr unwirtschaftlich wäre.

Da die auftretenden Spitzen das vorhandene Wasserdargebot meist weit überschreiten, werden die Spitzenwerke häufig Speicherwerke sein müssen, das heißt Werke, bei denen das zufließende Wasser in Zeiten schwachen Verbrauches in Speicherbecken gesammelt und zu Zeiten größeren Bedarfes daraus entnommen werden kann. Bei Dampfkraftwerken ist eine Speicherung einfach durch Lagerung des Rohstoffes (Kohle, Öl) durchzuführen.

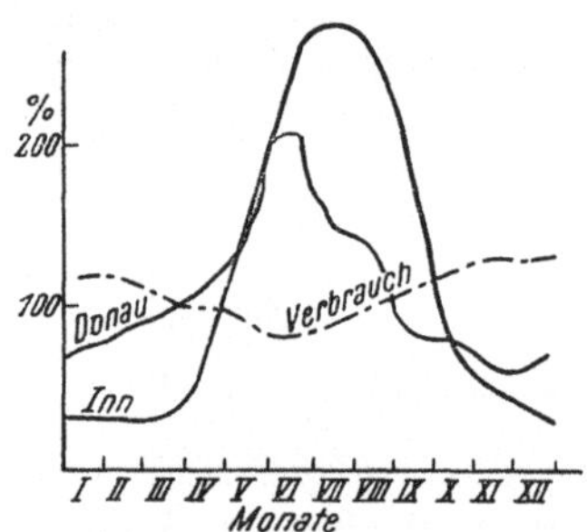

Abb. 2 Verlauf von Verbrauch und Dargebot

Eine Wasserspeicherung ist aber auch bei Grundlast fahrenden Großkraftwerken in größtem Stil erforderlich, weil das natürliche Dargebot mit dem Verbrauch zeitlich nicht übereinstimmt. Wie die Abb. 2 zeigt, steht dem sommerlichen Höchstdargebot ein Tiefpunkt im Verbrauch gegenüber, während für den winterlichen Höchstverbrauch gerade am wenigsten Wasser zur Verfügung steht. Ein Ausgleich kann nur durch Speicherung des Überschußwassers erfolgen. Großkraftwerke ohne solche vorgeschaltete Großspeicher für den Jahresausgleich sind wertlos. Anderseits erfordern solche Bauten die Investierung großer Kapitalien, die ihrerseits wieder den Strompreis ungünstig beeinflussen.

Die Selbstkosten der Stromerzeugung setzen sich dabei im wesentlichen aus zwei Anteilen zusammen, den festen Kosten und den veränderlichen Kosten. Die festen Kosten werden, unabhängig von der Belastung, bestimmt durch den Kapitaldienst, nämlich die Verzinsung des Anlagekapitals, Abschreibungen, Unterhaltungs- und Reparaturkosten, Gehälter und Löhne, Verwaltungskosten, Versicherungen usw. Die veränderlichen Kosten sind ungefähr proportional der Belastung und beinhalten die Kosten für den Betriebsstoff, Schmieröl, Putzmaterial und die Verluste.

Aus dieser Zusammenstellung geht hervor, daß Wasserkraftanlagen mit ihren ausgedehnten Bauten, der kostenlosen Beistellung des Betriebsstoffes und dem geringen erforderlichen Personal durch hohe feste und niedrige veränderliche Kosten gekennzeichnet sind, während es bei den Wärmekraftanlagen gerade umgekehrt ist, wobei diese infolge der Notwendigkeit einer großen Zahl von Hilfseinrichtungen ein Vielfaches an Personal benötigen.

Dem Wesen der Selbstkostenzusammensetzung muß auch die Tarifbildung für den Verkauf elektrischer Energie angepaßt werden. Neben einer Reihe von Sondertarifen hat sich hier der am meisten verbreitete Grundgebührentarif bewährt, bei dem zunächst eine Grundgebühr anteilmäßig an den festen Kosten zur Bereitstellung der Leistung erhoben wird, wozu dann noch eine Arbeitsgebühr für den tatsächlichen Verbrauch kommt. Für Großabnehmer tritt dazu noch manchmal ein Überverbrauchstarif, der den über einen festgesetzten Leistungshöchstwert liegenden Verbrauch zu erhöhten Preisen verrechnet, was eine Senkung der Spitzenbelastungen zur Folge haben soll. Desgleichen findet man auch häufig noch einen zusätzlichen Blindlasttarif zur Erfassung größerer Blindlastverbraucher Überverbrauchs- und Blindlasterfassung benötigen getrennte Zähler und Verrechnung.

Eine wesentliche Verbesserung der Wirtschaftlichkeit der Energieerzeugung und -verteilung kann in einer systematisch betriebenen Verbundwirtschaft erzielt werden. Es werden hiezu Erzeugeranlagen und Konsumgebiete verschiedener Charakteristik miteinander gekuppelt und so ein natürlicher Ausgleich geschaffen, bei dem Überschußenergien in jene Gebiete transportiert werden, die gerade Belastungsspitzen aufweisen und deren regionale Erzeugeranlagen diese Spitzenleistung entweder gar nicht oder nur schwer oder unwirtschaftlich aufzubringen vermögen. Der Erfolg ist eine bessere Ausnützung der Kraftwerke, eine Verkleinerung der erforderlichen Reservehaltung, eine Erhöhung der Betriebssicherheit, eine rationelle Ausnützung der Rohstoffe und im ganzen eine wesentliche Steigerung der Wirtschaftlichkeit. Solche Verbundbetriebe erfordern natürlich den Bau entsprechend leistungsfähiger Kuppelleitungen und Verbundnetze. Sie können sowohl im kleinen in regionalen Versorgungen als auch im großen in der Landesversorgung (Landessammelschienen) mit Nutzen vorgesehen werden. In letzter Zeit denkt man bereits an einen überstaatlichen Verbundbetrieb, z. B. in Europa an einen Ausgleich zwischen den Alpenwasserkräften und den skandinavischen Wasserkräften einerseits mit der Kohlenzone Mitteleuropas anderseits[1].

§ 7 Abriß der Fernmeldetechnik

Die Fernmeldetechnik befaßt sich mit der Übertragung von Zeichen, Sprache, Bildern und Meßwerten auf mehr oder minder große Entfernungen. Diese Übertragung kann entweder über Drahtleitungen oder drahtlos erfolgen. Je nach der Art der zu übertragenden Größe, der zu überbrückenden Entfernung und der Anzahl der zu übertragenden Größen werden sehr verschiedene Übertragungsmittel verwendet.

Für die Übertragung auf Drähten sind die Grundgesetze der Leitungstheorie ebenso maßgebend wie in der Starkstromtechnik. Den einzelnen, in das Problem eingehenden Größen kommt aber unter Umständen ein völlig anderes Gewicht zu. So arbeitet die Starkstromtechnik im wesentlichen mit einer einzigen, genormten Frequenz (50 Hz) und mit möglichst konstant bleibender Spannung. Ferner wird angestrebt, die Verluste so niedrig und die Wirkungsgrade so hoch als möglich zu halten, da bei den großen im Spiele stehenden Leistungen jeder Bruchteil am Wirkungsgrad großen Energieverlustmengen entspricht, die die Wirtschaftlichkeit entscheidend beeinflussen können. In der Fernmeldetechnik liegen dagegen die Leistungen vergleichsweise niedrig; ein etwas schlechterer Wirkungsgrad spielt wirtschaftlich kaum eine Rolle. Auch die Spannungshaltung ist nicht so ausschlaggebend, da Spannungserniedrigungen stets durch Verstärker ausgeglichen werden können. Dagegen spielt das unterschiedliche Verhalten der Übertragungsteile gegenüber verschiedenen Frequenzen — ihr „Frequenzgang" — eine ausschlaggebende Rolle. Da jedes beliebige Zeichen aus Sinusschwingungen verschiedener Frequenz zusammengesetzt werden kann, muß die Übertragung für alle Teilschwingungen mit gleicher Auswirkung erfolgen, wenn bei der Zusammensetzung der Teilschwingungen am Übertragungsende wieder ein Zeichen gleicher Form erscheinen soll.

Bei kleineren, durch Freileitungen oder Kabel überbrückten Entfernungen treten keine wesentlichen Schwierigkeiten auf. Die Übertragung erfolgt entweder mittels vereinbarter, aus kurzen und längeren Impulsen (Punkten und Strichen)

---

[1] Siehe z. B. G. OBERDORFER: Die Rolle Österreichs in einem europäischen Verbundnetz. Wien: Springer-Verlag 1950.

bestehenden Zeichen (Morsealphabet), die am Empfangsort einen Elektromagneten (Relais) mit Schreibstift betätigen und die Zeichen auf einem ablaufenden Papierstreifen vermerken (Telegraphie), oder durch Anschluß der bekannten Telephone.

Werden die Entfernungen aber größer, so treten eine Reihe von erschwerenden Umständen ein, die sich bei der Starkstromleitung erst bei Entfernungen von mehreren Hundert Kilometer bemerkbar machen. Zunächst zeigt sich, daß alle auf der Leitung zu übertragenden Größen (Spannungen, Ströme) Zustände auf der Leitung ergeben, die so zustande kommen, daß je eine Welle von einem Leitungsende zum anderen läuft und daß sich diese Wellen überlagern. Für jede Welle hat dabei die Verteilung entlang der Leitung die gleiche Form wie die zeitliche Veränderung an jeder Stelle der Leitung. Wird also am Anfang der Leitung eine zeitlich sinusförmig veränderliche Spannung aufgedrückt, so läuft zunächst eine räumlich sinusförmig verteilte Welle gegen das Ende der Leitung. Sie wird dort reflektiert und wandert als rückwärtslaufende Welle wieder zum Leitungsanfang zurück (Abb. 1). Die Überlagerung beider Wellen gibt den tatsächlichen Zustand auf der Leitung wieder.

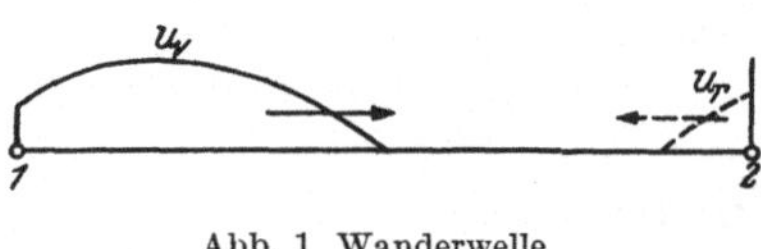

Abb. 1 Wanderwelle

Für jede Welle ist das Verhältnis von Spannung zu Strom dasselbe und nur von den Leitungskonstanten (Induktivität und Kapazität der Längeneinheit) abhängig. Dieses Verhältnis wird der *Wellenwiderstand* der Leitung genannt.

Eine zweite, die Übertragung kennzeichnende und ebenfalls durch die Leitungskonstanten bestimmte Größe ist das *Übertragungsmaß*. Dieses hat zwei Komponenten, das *Dämpfungsmaß* und das *Winkelmaß*. Die Strom- und Spannungswerte werden nämlich beim Lauf entlang der Leitung gedämpft. Der Logarithmus des Verhältnisses der Spannungen oder der Ströme zwischen zwei um die Längeneinheit auseinander liegenden Punkten der Leitung ist das Dämpfungsmaß der Leitung. Es läßt sich bei kleinen Leitungswiderständen R auch mit dem Wellenwiderstand Z durch die Gleichung

$$\beta = \frac{R}{2Z} \tag{1}$$

darstellen.

Da der Wellenwiderstand selbst eine Funktion des Induktivitäts- und Kapazitätsbelages (auf die Längeneinheit bezogene Induktivität und Kapazität), nämlich

$$Z = \sqrt{\frac{L}{C}} \tag{2}$$

ist, sieht man, daß die Dämpfung durch Erhöhen der Induktivität der Leitung verkleinert werden kann. Das geschieht in der Praxis beispielsweise durch Einschalten von Spulen (Pupinspulen) in regelmäßigen Abschnitten oder durch Umhüllen mit einem Eisendraht (Krarupkabel).

Die zweite Komponente des Übertragungsmaßes, das Winkelmaß, gibt an, um wieviel Strom und Spannung beim Durchlaufen der Leitung je Längeneinheit phasenverschoben werden. Diese Komponente ergibt sich bei kleinen Leitungswiderständen zu

$$\alpha = \omega \sqrt{LC}. \tag{3}$$

Sie ist also dann der Frequenz verhältnisgleich. Es werden also Schwingungen verschiedener Frequenz verschieden stark phasenverschoben. Ein aus Sinusschwingungen zusammengesetztes Zeichen wird also am Ende der Leitung eine andere Form bekommen, es wird „verzerrt".

Die am Ende der Leitung ankommende Übertragungsgröße wird nicht vollständig reflektiert. Ist der Widerstand der Belastung W, so ergibt sich die Spannung der rücklaufenden Welle zu

$$U_{2r} = \frac{W-Z}{W+Z}\, U_{2v}.$$

Der Quotient

$$p = \frac{W-Z}{W+Z} \tag{4}$$

wird „Reflexionsfaktor" genannt. Man sieht, daß im Leerlauf die Spannung auf den doppelten Wert ansteigt. Besonders interessant ist der Fall der Belastung mit dem Wellenwiderstand ($W = Z$). Rücklaufende Wellen verschwinden dann; der Reflexionsfaktor ist Null. Man sagt, die Belastung ist der Leitung „angepaßt". Da dann die Übertragung optimale Verhältnisse aufweist, trachtet man, womöglich die Belastung anzupassen.

Bei der Übertragung wird also zunächst eine Schwächung der aufgegebenen Ströme auftreten. Um sie dennoch zur Betätigung der Apparate verwenden zu können oder die Zeichen vielleicht auf weitere Leitungen weiterzuleiten, müssen sie verstärkt werden. Die diesem Zwecke dienenden *Verstärker* nützen im wesentlichen die im Bild (242/4) gezeigte Eigenschaft der Dreipolröhre aus, mit kleinster Gitterspannung einen vergleichsweise hohen Anodenstrom im Takte der Gitterspannung steuern zu können. Die auf das Gitter gebrachte Spannung kann so als verstärkte Spannung an einem Widerstand im Anodenstromkreis abgenommen werden. Wesentlich ist dabei wieder eine entsprechende Anpassung des Verstärkers an die Leitung. Außerdem wird noch vorher eine Entzerrung vorgenommen. Die angekommenen Frequenzen wurden nämlich auf der Leitung verschieden stark gedämpft, und zwar die höheren Frequenzen stärker als die niedrigeren. Im Entzerrer findet das Umgekehrte statt. Auf die Schaltungen der Verstärker, die sehr mannigfaltig sind, kann hier nicht eingegangen werden. Je nach dem Einbauort der Verstärker unterscheidet man zwischen Endverstärkern an den Leitungsenden und Zwischenverstärkern im Zuge der Leitungen.

Eine wichtige Vergleichsgröße bei den Übertragungsproblemen ist der sogenannte *Pegel*. Bei den Pegelangaben geht man von einer Normalspannung U_0, dem „Normalpegel", aus, der gleich 0,775 Volt gesetzt wird, das ist eine Spannung, die auch an einem „Normalwiderstand" von 600 Ω auftritt, wenn dieser vom „Normalstrom" von 1,29 mA durchflossen oder in ihm eine Leistung von 1 mW verbraucht wird. Hat nun irgendein Punkt einer Übertragungsleitung die Spannung U, so wäre sowohl die Differenz $U - U_0$ als auch der Quotient U/U_0 ein Maß für die Dämpfung, die die Spannung entlang der Leitung erfährt. Es hat sich nun als besonders günstig erwiesen, keinen der beiden Werte, sondern den Logarithmus $\ln \dfrac{U}{U_0}$ als Maß für die Dämpfung zu definieren. Dieses Maß wird dann als Spannungspegel bezeichnet und der Normalspannung der Pegel 0 beigelegt. Dem Pegel $p = -1,0$ entspricht dann eine Spannung von $U = e^p\, U_0 = \dfrac{U_0}{e} = 0,285$ V; zum Pegel $p = +1,0$ gehört die Spannung $U = e\, U_0 = 2,106$ V. Der Spannungspegel nimmt also entlang der Leitung ab, wird aber in den Verstärkern je nach dem Grad der Verstärkung wieder gehoben. Aufgabe der Verstärker ist es dann, am Ende der Übertragungsleitung einen Pegelstand zu erzielen, der das einwandfreie Arbeiten der angeschlossenen Apparate sicherstellt. Als Beispiel zeigt die Abb. 2 ein Pegeldiagramm einer einfachen Kabelleitung mit drei Verstärkerstationen.

Die Schwierigkeiten der Übertragungstechnik wurzeln vor allem darin, daß sehr viele Zeichen zum Großteil auch gleichzeitig übertragen werden müssen. Ordnet man jedem Übertragungssystem eine eigene Leitung zu, so kommt man bald zu einer untragbaren Zahl von Übertragungsleitungen. Man war daher bemüht, die Übertragungskanäle durch Kunstschaltungen mehrfach auszunützen oder Systeme anzuwenden, die eine Überlagerung der Sendungen gestatten. Dabei sollen sich die Übertragungen auf nebeneinander liegenden Übertragungswegen möglichst nicht gegenseitig beeinflussen (Nebensprechen).

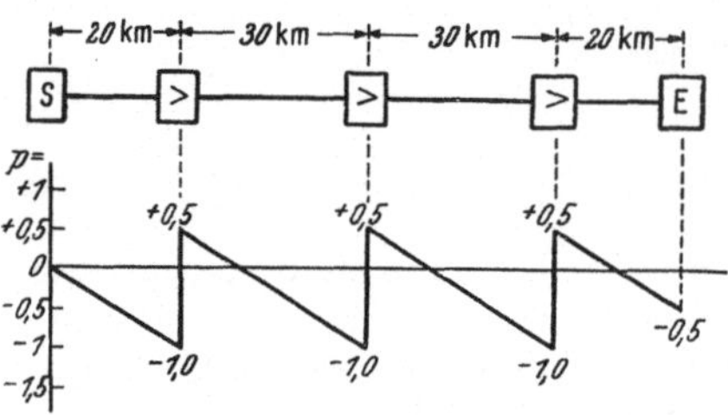

Abb. 2 Pegeldiagramm einer Übertragungsleitung

Eine Mehrfachausnützung einer Übertragungsleitung zeigt die in der Abb. 3 angegebene Simultanschaltung. Die Ströme des Teilnehmers 1 gehen in normaler Weise über die Stationstransformatoren (in der Fernmeldetechnik Übertrager genannt) und die Leitung, wie es die voll ausgezogenen Pfeile zeigen. Daneben ist über die Mittelanzapfungen der Übertrager mit Erde als Rückleitung ein zweiter Stromkreis gebildet, der als Übertragungsweg für die Teilnehmer 2 verwendet wird, wie es die strichlierten Pfeile zeigen. Dabei teilt sich der Strom in der Leitung in zwei Teile, die bei symmetrischer Leitung gleich groß sind und dann in den Leitungsübertragern keine Übertragung auf die Teilnehmer 1 ergeben.

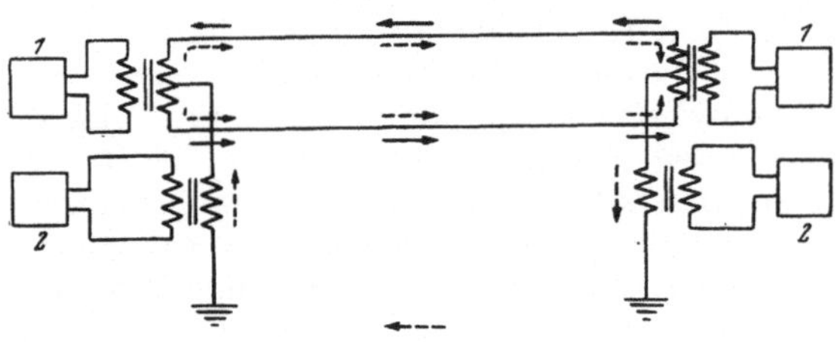

Abb. 3 Simultanschaltung

Eine Erweiterung zeigt die Viererschaltung nach Abb. 4, mit der drei Teilnehmer unabhängig voneinander verbunden werden können, nämlich

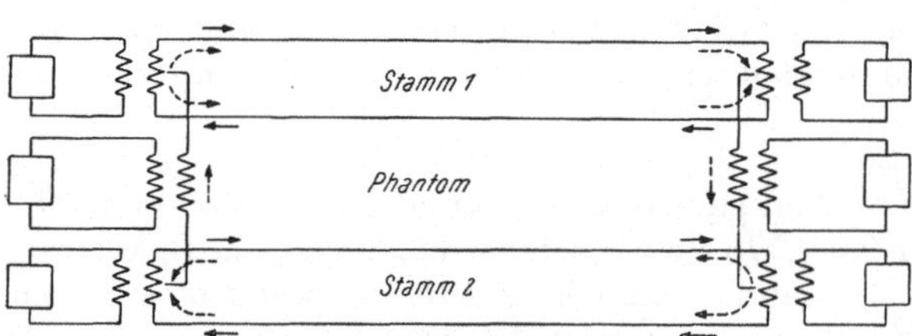

Abb. 4 Phantom-Vierschaltung

über die „Stammverbindungen" 1 und 2 und dem „Viererkreis" oder „Vierer" 3. Weitere Kombinationen sind möglich und gebräuchlich. Mit der Einführung solcher Kunstschaltungen ergaben sich natürlich Spezialfragen im Bau und in der Auslegung der Verstärker und der notwendigen Zusatzgeräte, auf die hier aber nicht eingegangen werden kann.

Ein weiteres Verfahren zur Mehrfachausnützung von Übertragungsleitungen bedient sich der sogenannten Trägerfrequenzen. Dabei wird das erste Gespräch als normales „Niederfrequenzgespräch" ausgeführt, während die weiteren Gespräche durch Überlagerung besonderer Frequenzen, den „Trägerfrequenzen", in eine höhere Frequenzlage umgesetzt und so neben dem Niederfrequenzgespräch übertragen werden können. Die Trägerfrequenzgeräte müssen an beiden Enden der Leitung angeordnet werden, einerseits, um die Trägerfrequenz der Leitung

zuzuführen und anderseits, um sie wieder in die ursprüngliche Frequenzlage
zurückzubringen.

Ein grundsätzliches Beispiel einer Trägerfrequenzverbindung zeigt die Abb. 5.
Die Teilnehmer 1 arbeiten mit niedriger Frequenz. Sie passiert den „Tiefpaß" TP,
das ist eine Schaltung aus Blindwiderständen, die für Frequenzen ab einer bestimmten Höhe einen sehr großen Widerstand aufweisen, und gelangt so über
die Leitung zur Empfangsstation, in der wieder ein Tiefpaß vorhanden ist, der
nur die niederfrequenten Schwingungen durchläßt und diese dem Empfänger 1
zuführt. Die Niederfrequenz des zweiten Teilnehmers 2 wird zuerst dem
„Modulator" M zugeführt, der sie in eine höhere Frequenzlage umsetzt und über
den „Hochpaß" HP der Leitung zuführt. Der Hochpaß ist das dem Tiefpaß

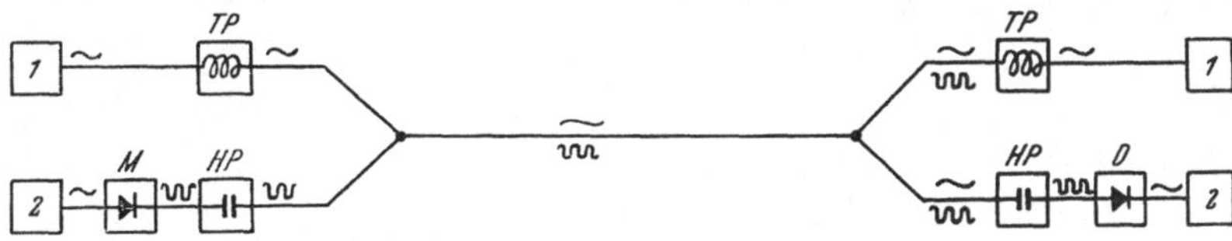

Abb. 5 Trägerfrequenzübertragung

analoge Gerät, das aber nur Schwingungen über einer bestimmten Frequenz
durchläßt und den darunter befindlichen einen großen Widerstand entgegensetzt.
Am Empfängerende durchläuft die Schwingung neuerlich einen Hochpaß und
den „Demodulator" D, der sie wieder in die ursprüngliche Frequenzlage zurück-
versetzt. Die Hoch- und Tiefpässe sorgen also
dafür, daß die verschiedenen Frequenzen den
richtigen Teilnehmern zugeführt und von den
anderen abgehalten werden.

Sollen mehrere Übertragungen auf einem einzigen Übertragungssystem (auch „Kanal" genannt)
durchgeführt werden, so kann dies etwa so erfolgen,
daß jeder Übertragung ein eigenes Frequenzband
zugewiesen wird (Einzelkanalsystem), oder daß
die Kanäle der in einer Richtung zu erfolgenden
Übertragungen neben einander liegen (Gruppen-
system). Auf nähere Einzelheiten kann hier nicht
eingegangen werden. Die verschiedenen Systeme
unterscheiden sich vor allem in der Anordnung
und Anzahl der Verstärker und Filter sowie der
Zahl der Modulationsstufen.

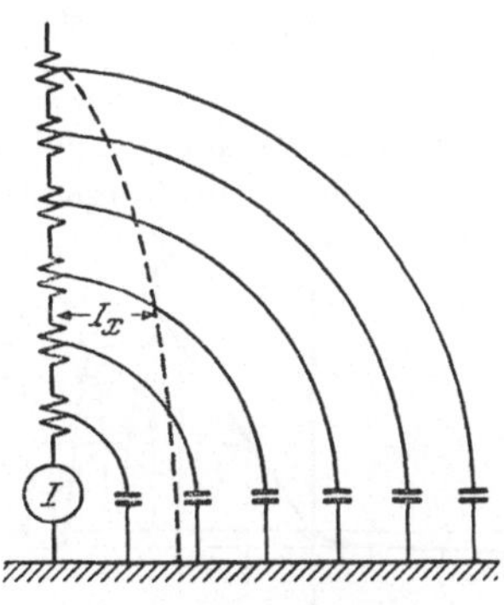

Abb. 6 Ersatzschaltbild einer
Antenne

Erhöht man in einem Wechselstromkreis die Frequenz immer mehr, so stellen
sich bald neue charakteristische Erscheinungen ein. Da die Ausbreitung eines
elektromagnetischen Vorganges zwar äußerst kurze, aber doch endliche Zeit
benötigt, kann diese Ausbreitungsgeschwindigkeit, die ja bei jeder Wechselstrom-
erscheinung vorhanden ist, nicht mehr vernachlässigt werden, wenn die Wechsel-
stromerscheinung selbst sich mit Geschwindigkeiten ändert, die in die Größenordnung der Ausbreitungsgeschwindigkeit fällt. Bei hohen Frequenzen werden
also die Ströme und Spannungen in den einzelnen Punkten einer Anlage nicht
nur zu gleichen Zeitpunkten verschiedene Werte aufweisen, sondern es wird auch
deren Phasenlage von Punkt zu Punkt verschieden sein. Dasselbe gilt natürlich
auch von den Wirkungen in der Umgebung stromdurchflossener Leiter, also
auch im besonderen von den erregten magnetischen Feldern. Da diese bei zeitlichen Änderungen um sich wieder elektrische Felder hervorrufen und umgekehrt,

so pflanzt sich eine Änderung im ursprünglichen Leiter in die Umgebung fort, indem sie sich als elektromagnetische Welle vom Leiter ablöst und mit etwa Lichtgeschwindigkeit in den Raum hinauseilt. Wo dies gewollt ist oder als Ziel der Anordnung betrachtet wird, wird der Leiter als *Antenne* bezeichnet. Die Abb. 6 soll die grundsätzliche Eigenheit einer Antenne andeuten. Danach handelt es sich um eine stetig verteilte Anordnung von Induktivität und Kapazität ähnlich der bei einer langen Leitung. Die Stromstärke nimmt gegen das obere Ende der Antenne gegen Null ab, indem entlang des Antennendrahtes gleichmäßig verteilt Kondensatoren angeordnet erscheinen, durch die Teilströme abfließen.

Die sich von der Antenne ablösenden elektromagnetischen Wellen pflanzen sich mit der Lichtgeschwindigkeit

$$c = 3 . 10^{10}\frac{\text{cm}}{\text{s}} \tag{5}$$

in den Raum fort. Sie besitzen eine Wellenlänge λ, die sich daraus ergibt, daß nach Ablauf einer vollständigen Schwingung (Periode) der zurückgelegte Weg der Wellenlänge gleich sein muß. Mit der Frequenz f besteht demnach folgender Zusammenhang

$$\lambda = \frac{c}{f}. \tag{6}$$

Bei 10^6 Hz ergibt sich damit beispielsweise eine Wellenlänge von

$$\lambda = \frac{3 . 10^{10}}{10^6}\ \frac{\text{cm s}}{\text{s}} = 3 . 10^4\,\text{cm} = 300\,\text{m}$$

usw.

Die sich in den umgebenden Raum ausbreitenden Wellen können ihrerseits wieder von „Empfangsantennen" aufgefangen und „Empfängern" zugeleitet werden, das sind geeignete Geräte, in denen durch die ankommenden Wellen Schwingungen angeregt werden, wenn vor allem deren Schaltung auf die zu empfangende Frequenz abgestimmt ist (Resonanz). Hochfrequente elektromagnetische Wellen können somit auch vorteilhaft zur Nachrichtenübertragung verwendet werden, wobei jetzt Übertragungsleitungen entfallen. Bei einer solchen Übertragung sind dann die Hauptteile der Sender und der Empfänger.

Der *Sender* besteht im wesentlichen aus einer Hochfrequenzquelle und der an diese angeschlossenen Antenne. Die von der Stromquelle gelieferte Leistung

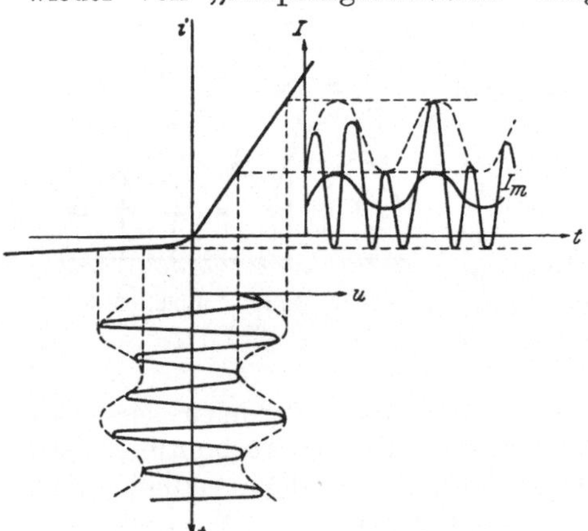

Abb. 7 Demodulation

wird nur zum geringen Teil als Strahlungsleistung in den Raum ausgestrahlt, ein Großteil wird als Verlustleistung in Wärme umgewandelt. Die Wellenlänge der zu übertragenden Welle hängt von der „Eigenfrequenz" der Antenne ab, die durch deren Selbstinduktion und Kapazität bestimmt ist. In die Antenne geschaltete Spulen oder Kondensatoren ändern die Eigenfrequenz der Antenne (Verlängerungsspule und Verkürzungskondensator), so daß eine bequeme Anpassung auf verschiedene Sendefrequenzen vorgenommen werden kann.

Zur Übertragung tonfrequenter (das ist hörbarer) Schwingungen bedient man sich einer Hochfrequenzschwingung, deren Amplituden im Takt der zu übertragenden Tonfrequenz geändert werden. Um aus dieser „modulierten" Hochfrequenzschwingung am Empfangsort die Tonfrequenz abzuspalten, verwendet man einen Detektor oder Gleichrichter. Die Wirkungsweise sei an Hand der Abb. 7 etwas näher erläutert. Sie zeigt zunächst die Kennlinie $I = \mathrm{f}\,(U)$ des Gleichrichters oder Detektors. Dieser hat die Eigenschaft, den Strom in der einen Richtung wesentlich besser durchzulassen als in der anderen, in der er einen beträchtlichen Widerstand darstellt. Wird einem solchen Gleichrichter eine modulierte Spannung u zugeführt, wie es die Abbildung unten zeigt, so läßt er einen Strom von der rechts im Bild gezeigten Form durch. Ein etwa angeschlossener Telephonhörer registriert den Mittelwert I_m des Stromes, der die gleiche Form hat als die zu übertragende Tonfrequenzschwingung. Die Formgetreuheit ist allerdings von dem Grad der Geradlinigkeit der Gleichrichterkennlinie abhängig.

Der Empfang geht nun so vor sich, daß beim Empfänger ein mit der Empfangsantenne gekoppelter Schwingungskreis auf die zu empfangende Hochfrequenz abgestimmt wird und damit eine größtmögliche Stromstärke führt. Die in die Hochfrequenz einmodulierte Tonfrequenz wird dann über einen Gleichrichter in der bereits besprochenen Weise wahrnehmbar gemacht. Dabei kann es vorkommen, daß die am Empfangsort noch vorhandene Energie zu klein ist, um neben den verschiedenen Störenergien aufzukommen. Es werden dann eine Reihe von Hilfsmittel notwendig, um den Empfang dennoch zu ermöglichen. Eines dieser Hilfsmittel, das auch einen zu kurzen und damit wenig selektiv wirkenden Arbeitsbereich auf der Gleichrichterkennlinie vermeidet, ist die Hochfrequenzverstärkung, bei der die ankommende Hochfrequenz vor der Zufuhr zum Gleichrichter noch verstärkt wird.

Auf die Ausbreitung der Wellen haben noch eine Reihe von Erscheinungen, wie die Bodeneinwirkung, das Vorhandensein einer leitenden, hochgelegenen Ionenschicht über der Erdkugel (Ionosphäre) u. dgl. m. einen oft sehr bedeutenden Einfluß. Hierauf kann im Rahmen dieses Buches aber nicht näher eingegangen werden. Desgleichen muß auch eine nähere Besprechung der vielen in Gebrauch stehenden Empfangsschaltungen hier unterbleiben.

Maßsysteme

An keiner Stelle des Buches sind ernstliche Schwierigkeiten in der Begriffsbildung, Erklärung der Grundgrößen und Einheitengebung aufgetreten. Das
hatte seinen Grund in der konsequenten Befolgung der im § 12 angeführten

I. Natürliches

Mechanik						Elektrizi-		
Größe		Dimension	**Einheit**		Gebräuchliche andere Einheiten	**Größe**		Dimension
Name	Symbol		Name	Symbol		Name	Symbol	
Länge	*l*	$[l]$	Meter	m				
Zeit	*t*	$[t]$	Sekunde	s		magnet. Fluß	Φ	$[\Phi]$
Wirkung	*H*	$[H]=[\Phi][Q]$	Planck	P	$1\,\mathrm{P} = \mathrm{Ws}^2$			
Arbeit, Energie	*A* *W*	$[H][t]^{-1}$	Joule	J	$1\,\mathrm{J} = 1\,\mathrm{Ws}$; $1\,\mathrm{Erg} = 10^{-7}\,\mathrm{J}$	El. Spannung	*U*	$[\Phi][t]^{-1}$
Leistung	*N*	$[H][t]^{-2}$	Watt	W	$1\,\mathrm{PS}=75\,\mathrm{m\,kp/s}= = 736\,\mathrm{W}$			
Kraft	*P*	$[H][l]^{-1}[t]^{-1}$	Newton	N	$1\,\mathrm{N} = 1\,\mathrm{kgm/s}^2 = = \frac{1}{9{,}81}\,\mathrm{kp}$; $1\,\mathrm{dyn} = 10^{-5}\,\mathrm{N}$; $1\,\mathrm{kp} = 9{,}81^{*)}\,\mathrm{N}$	El. Feldstärke	$\mathfrak{E}$	$[\Phi][l]^{-1}[t]^{-1}$
Masse	*m*	$[H][l]^{-2}[t]$	Kilogramm	kg				
						Magn. Feldstärke	$\mathfrak{B}$	$[\Phi][l]^{-2}$
Feldparameter						Feld-		
El. Widerstand	*R*	$[\Phi][Q]^{-1}$	Ohm	Ω	$1\,\Omega = 1\,\mathrm{V/A}$	Gravitationskonstante		
Leitwert	*G*	$[\Phi]^{-1}[Q]$	Siemens	S	$1\,\mathrm{S} = 1\,\mathrm{A/V}$	Dielektrizitätskonstante des leeren Raumes (Influenzkonstante)		
Induktivität	*L*	$[\Phi][Q]^{-1}[t]$	Henry	H	$1\,\mathrm{H} = 1\,\Omega\,\mathrm{s}$			
Kapazität	*C*	$[\Phi]^{-1}[Q][t]$	Farad	F	$1\,\mathrm{F} = 1\,\mathrm{S\,s}$	Permeabilität des leeren Raumes (Induktionskonstante)		

Grundregeln, vor allem bei der Aufstellung der Naturgesetze. Bei der systematischen Entwicklung der wissenschaftlichen Grundlagen ist dabei so vorgegangen worden, daß eine neue Größe als nicht näher erklärbar erst dann angesehen wurde, als ihre Ableitung aus den bis dorthin bekannten Größen nicht mehr möglich war. Man kam so zu den Grundgrößen Länge, Zeit, Elektrizitätsmenge und magnetische Feldstärke (oder magnetischer Fluß). Demgemäß sind die Dimensionen $[l]$, $[t]$, $[Q]$ und $[\Phi]$ als Grunddimensionen des verwendeten Maßsystems gewählt worden. Die daraus abgeleiteten Dimensionen der übrigen Größen sind in der folgenden Maßsystemtabelle zusammengestellt.

Für die Praxis wichtiger sind die Einheiten. Auch hier müssen zunächst vier Einheiten als Grundeinheiten gewählt werden, aus denen dann die anderen

Maßsystem

tätslehre			Magnetismus					
Einheit		Gebräuchliche andere Einheiten	Größe		Dimension	Einheit		Gebräuchiiche andere Einheiten
Name	Symbol		Name	Symbol		Name	Symbol	
Weber	Wb	1 Vs = 1 Wb 1 M = 10^{-8} Wb (M…Maxwell)	**El. Ladung**	**Q**	$[Q]$	Coulomb	C	1 As = 1 C
Volt	V		El. Stromstärke	I	$[Q][t]^{-1}$	Ampere	A	1 Gilbert = = 10 A
V/m			Magn. Erregung	$\mathfrak{H}$	$[Q][l]^{-1}[t]^{-1}$	A/m		1 Oersted = = 1 Ö = = $\dfrac{10^3}{4\,\pi}$ A/m
Wb/m²		1 Gauß = 1 G = 10^{-4} Wb/m² = = 10^4 M/m² = = 1 M/cm²	Verschiebung	$\mathfrak{D}$	$[Q][l]^{-2}$	C/m²		

konstante		
$[H]^{-1}[l]^{5}[t]^{-3}$	$K = 0{,}0665 \cdot 10^{-9}\,\dfrac{\mathrm{m}^3}{\mathrm{kg\,s}^2}$	*) 9,81 m/s² …. Erdbeschleunigung c = 2,99776 . 10^8 m/s
$[\Phi]^{-1}[Q][l]^{-1}[t]$	$\varepsilon_0 = 8{,}859 \cdot 10^{-12}\,\dfrac{\mathrm{As}}{\mathrm{Vm}}$ $\left(= \dfrac{10^7}{4\,\pi\,c^2}\,\dfrac{\mathrm{Am}}{\mathrm{Vs}}\right)$	Anm.: Fettdruck …. Grundgrößen
$[\Phi][Q]^{-1}[l]^{-1}[t]$	$\mu_0 = 1{,}256 \cdot 10^{-6}\,\dfrac{\mathrm{Vs}}{\mathrm{Am}}$ $\left(= 4\,\pi\,10^{-7} \cdot \dfrac{\mathrm{Vs}}{\mathrm{Am}}\right)$	Eingerahmte Einheiten …. Grundeinheiten

auf Grund der vorhandenen Größengleichungen abzuleiten sind. Führt man dabei ausschließlich kohärente Einheiten ein (s. S. 3), so verlieren die gewählten Grundeinheiten ihren Sondercharakter, so daß nur mehr ein System völlig gleichberechtigter Einheiten übrigbleibt. Diese Einheiten (Giorgi-Einheiten) sind ebenfalls in der Tabelle enthalten.

Die Nennung von Namen für vier Grundeinheiten machen diese Einheiten natürlich noch nicht zu realen Wirklichkeiten. Sie müssen vielmehr noch an vier, in der Natur mit unveränderlicher Konstanz auftretenden Objekten angeknüpft werden. Diese werden *Urmaße* genannt. Derzeit werden als Urmaße benützt:

1. Das *Urmeter* als Länge des bei Paris aufbewahrten Metallstabes aus Platin-Iridium bei $0°$ C. Diese Länge ist die im Maßsystem mit *Meter* bezeichnete Einheit.

2. Das *Urkilogramm* als die Masse des bei Paris aufbewahrten Gewichtsstückes, die zur Definition der Masseneinheit *Kilogramm* dient.

II. Vergleich mit

| Größe | Elektrostatisches Maßsystem ($K_e = 1$) | | | | Elektromagnetisches | |
| | Einheit | | entspricht | | Einheit | |
	Name	Symbol	el.-magn. Einheiten	natürl. Einheiten	Name	Symbol
Länge	Zentimeter	cm	1 cm	10^{-2} m	Zentimeter	cm
Zeit	Sekunde	s	1 s	1 s	Sekunde	s
Masse	Gramm	g	1 g	10^{-3} kg	Gramm	g
Kraft	Dyne	dyn	1 dyn	10^{-5} N	Dyne	dyn
Energie	Erg	—	1 Erg	10^{-7} J	Erg	—
Leistung	Erg/Sekunde	—	1 Erg/s	10^{-7} W	Erg/Sekunde	—
Elektr. Ladung .	el.-stat. Einh.	—	$\frac{1}{3} 10^{-10}$ el.-m. E.	$\frac{1}{3} 10^{-9}$ C	el.-magn. E.	—
Elektr. Spannung	el.-stat. Einh.	—	$3 . 10^{10}$ el.-m. E.	$3 . 10^2$ V	el.-magn. E.	—
El. Stromstärke .	el.-stat. Einh.	—	$\frac{1}{3} 10^{-10}$ el.-m. E.	$\frac{1}{3} 10^{-9}$ A	el.-magn. E.	—
Magn. Erregung	el.-stat. Einh. (d. Feldstärke)	—	$\frac{1}{3} 10^{-10}$ el.-m. E.	$\frac{1}{12\pi} 10^{-7} \frac{A}{m}$	el.-magn. E.	—
Magn. Feldstärke	el.-stat. Einh. (der Induktion)	—	$3 . 10^{10}$ el.-m. E.	$3 . 10^6 \frac{Wb}{m^2}$	el.-magn. E.	—
Magn. Fluß	el.-stat. Einh.	—	$3 \cdot 10^{10}$ el.-m. E.	$3 . 10^2$ Wb	el.-magn. E.	—
Widerstand	el.-stat. Einh.	—	$9 . 10^{20}$ el.-m. E.	$9 . 10^{11}\ \Omega$	el.-magn. E.	—
Induktivität	el.-stat. Einh.	—	$9 . 10^{20}$ cm	$9 . 10^{11}$ H	Zentimeter	cm
Kapazität	Zentimeter	cm	$\frac{1}{9} 10^{-20}$ el.-m. E.	$\frac{1}{9} 10^{-11}$ F	el.-magn. E.	—

[1] 1 Kilopond (kp) = 9,80665 N.　　　　[2] 1 Oersted $= \frac{1}{4\pi} 10^3 \frac{A}{m} \,\hat{=}\, 1$ el.-m. E.

3. Der *mittlere Sonnentag*, dessen 86400ter Teil die Zeiteinheit *Sekunde* darstellt.

4. Die *Induktionskonstante*, der man willkürlich den Wert

$$\mu_0 = 4\,\pi\,10^{-7}\,\frac{\text{Vs}}{\text{Am}} \tag{1}$$

beilegt und die im sogenannten Ampereschen Gesetz

$$F = \frac{\mu_0}{2\,\pi}\,\frac{I_1 I_2}{d}\,l \tag{2}$$

enthalten ist, das die Kraft beschreibt, mit der sich zwei parallele, von den Strömen I_1 und I_2 durchflossene, im Abstand d voneinander befindliche Leiter beeinflussen. Die Stromstärkeneinheit *Ampere* wird an dieses Urmaß als jene Stromstärke angeknüpft, die in zwei geradlinigen, unendlich dünnen und un-

älteren Maßsystemen

Maßsystem ($K_\mathrm{m} = 1$)		Kohärentes natürliches Maßsystem			
entspricht		Einheit		entspricht	
el.-stat. Einheiten	natürl. Einheiten	Name	Symbol	el.-stat. Einheiten	el.-magn. Einheiten
1 cm	10^{-2} m	Meter	m	10^2 cm	10^2 cm
1 s	1 s	Sekunde	s	1 s	1 s
1 g	10^{-3} kg	Kilogramm	kg	10^3 g	10^3 g
1 dyn	10^{-5} N	Newton[1]	N	10^5 dyn	10^5 dyn
1 Erg	10^{-7} J	Joule	J	10^7 Erg	10^7 Erg
1 Erg/s	10^{-7} W	Watt	W	10^7 Erg/s	10^7 Erg/s
$3 \cdot 10^{10}$ el.-st. E.	10 C	Coulomb	C	$3 \cdot 10^9$ el.-st. E.	10^{-1} el.-magn. E.
$\frac{1}{3}\,10^{-10}$ el.-st. E.	10^{-8} V	Volt	V	$\frac{1}{3}\,10^{-2}$ el.-st. E.	10^8 el.-magn. E.
$3 \cdot 10^{10}$ el.-st. E.	10 A	Ampere	A	$3 \cdot 10^9$ el.-st. E.	10^{-1} el.-magn. E.
$3 \cdot 10^{10}$ el.-st. E.	$\frac{1}{4\pi}\,10^3\,\frac{\text{A}}{\text{m}}$	Ampere/Meter[2]	$\frac{\text{A}}{\text{m}}$	$12\,\pi \cdot 10^7$ el.-st. E.	$4\,\pi \cdot 10^{-3}$ el.-m. E.
$\frac{1}{3}\,10^{-10}$ el.-st. E.	$10^{-4}\,\frac{\text{Wb}}{\text{m}^2}$	Weber/Quadratmeter[3]	$\frac{\text{Wb}}{\text{m}^2}$	$\frac{1}{3}\,10^{-6}$ el.-st. E.	10^4 el.-magn. E.
$\frac{1}{3}\,10^{-10}$ el.-st. E.	10^{-8} Wb	Weber[4]	Wb	$\frac{1}{3}\,10^{-2}$ el.-st. E.	10^8 el.-magn. E.
$\frac{1}{9}\,10^{-20}$ el.-st. E.	$10^{-9}\,\Omega$	Ohm	Ω	$\frac{1}{9}\,10^{-11}$ el.-st. E.	10^9 el.-magn. E.
$\frac{1}{9}\,10^{-20}$ el.-st. E.	10^{-9} H	Henry	H	$\frac{1}{9}\,10^{-11}$ el.-st. E.	10^9 cm
$9 \cdot 10^{20}$ cm	10^9 F	Farad	F	$9 \cdot 10^{11}$ cm	10^{-9} el.-magn. E.

[3] 1 Gauß (G) $= 10^{-4}\,\frac{\text{Wb}}{\text{m}^2} \triangleq 1$ el.-m. E.   [4] 1 Maxwell (M) $= 10^{-8}$ Wb $\triangleq 1$ el.-m. E.

endlich langen Leitern unverändert fließend, die beiden Leiter mit einer Kraft von $2 \cdot 10^{-7}$ Newton je Meter Länge beeinflussen würde, wenn die Leiter einen Abstand von einem Meter voneinander haben und im leeren Raum angeordnet sind.

Der klare und einfache Standpunkt in der Maßsystemfrage ist eine Errungenschaft erst der letzten Zeit. Seinerzeit glaubte man, auch die elektrischen Größen lediglich durch mechanische Größen erklären und definieren zu sollen. Da dies aber nicht ohne weiteres ging, hat man kurzer Hand im Priestleyschen Gesetz (211/1) und später auch im Coulombschen Gesetz (2311/7) den Proportionalitätsfaktor gestrichen. Das gibt jetzt zwar falsche und irreführende Dimensionsausdrücke, aber die formale Möglichkeit, die elektrischen und magnetischen Größen aus rein mechanischen darzustellen. Trotzdem konnte man maßzahlmäßig richtig rechnen, weil ja von der Maßzahlseite her lediglich der Zahlenwert der Proportionalitätskonstanten 1 gesetzt und damit bestimmte Einheiten definiert wurden. Da diese Einheiten noch manchmal im Gebrauch stehen, ist in der zweiten Tabelle noch ein Vergleich der wichtigsten dieser Einheiten gegeben, wodurch auch das Studium des älteren Schrifttums erleichtert und die jederzeitige einfache Umrechnung in moderne Einheiten ermöglicht wird.